# 奶中的生物活性成分及其在人类营养中的作用

张养东　郑　楠　王加启　编译

中国农业科学技术出版社

图书在版编目（CIP）数据

奶中的生物活性成分及其在人类营养中的作用 / 张养东，郑楠，王加启编译. —北京：中国农业科学技术出版社，2020.4
ISBN 978-7-5116-4574-6

Ⅰ.①奶… Ⅱ.①张…②郑…③王… Ⅲ.①牛奶-食品营养 Ⅳ.①R151.3

中国版本图书馆 CIP 数据核字（2020）第 004633 号

| | |
|---|---|
| 责任编辑 | 崔改泵 |
| 责任校对 | 李向荣 |

| | |
|---|---|
| 出 版 者 | 中国农业科学技术出版社<br>北京市中关村南大街 12 号　邮编：100081 |
| 电　　话 | （010）82109194（编辑室）　（010）82109702（发行部）<br>（010）82109709（读者服务部） |
| 传　　真 | （010）82106650 |
| 网　　址 | http：//www.castp.cn |
| 经 销 者 | 各地新华书店 |
| 印 刷 者 | 北京建宏印刷有限公司 |
| 开　　本 | 787mm×1 092mm　1/16 |
| 印　　张 | 12.5 |
| 字　　数 | 260 千字 |
| 版　　次 | 2020 年 4 月第 1 版　2020 年 4 月第 1 次印刷 |
| 定　　价 | 76.00 元 |

◆◆◆ 版权所有·翻印必究 ◆◆◆

# 《奶中的生物活性成分及其在人类营养中的作用》
## 编译者名单

主 编 译：张养东　郑　楠　王加启

副主编译：金　迪　程广燕

编译人员（按姓氏笔画排序）：

　　　　王　蓓　王长法　王加启　毛学英
　　　　申军士　任大喜　刘长全　李　明
　　　　张养东　林树斌　金　迪　郑　楠
　　　　郑百芹　赵善仓　赵静雯　顾佳升
　　　　董晓霞　程广燕

# 项目资助

奶业创新团队在科研和本书编译工作中得到以下资助和支持，在此衷心感谢。

农业农村部奶产品质量安全风险评估实验室（北京）
农业农村部奶及奶制品质量监督检验测试中心（北京）
农业农村部奶及奶制品质量安全控制重点实验室（北京）
国家奶业科技创新联盟
动物营养学国家重点实验室
国家奶产品质量安全风险评估重大专项
中国农业科学院科技创新工程
中国农业科学院农业科技创新工程重大产出科研选题
国家奶牛产业技术体系
农产品（生鲜奶、复原乳）质量安全监管专项
公益性行业（农业）科研专项

# 前　言

2003年1月至2018年7月，历时15年，涵盖5大洲、21个国家的年龄在35~70岁的13.6万人，研究了奶制品摄入量和奶制品类型与心血管疾病发病率和死亡率之间的关系，发现每天摄入488g奶制品（牛奶或酸奶）的人，与不摄入奶制品的人相比，其死亡率和重大心血管疾病的发病风险降低16%，重大心血管疾病的患病风险降低22%，心血管疾病的死亡风险降低23%。研究认为发挥作用的物质是奶中存在的生物活性成分。

2015年，时任IDF科学教育委员会主席的P.F.Fox教授在再版他的《Dairy Chemistry and Biochemistry》时，新增了单独的一章《第11章　奶中的生物活性物质》。在专门总结了最近20来年全世界科学家对奶中存在的生物活性物质这一事实的最新认识之后，指出："在加工过程中如何开发利用和保存奶中的生物活性成分，是全球乳品工业目前面临的新的技术挑战。"

2013年，我的导师王加启研究员提出《建议我国实施优质乳工程》，王加启研究员、顾佳升老师等奶业专家奔走呼吁、亲力亲为，在奶源上，提升品质，分级应用；在加工上，优化工艺，降低热伤害，节能减排；在品质评价上，创建方法，统一标准；在宣传引导上，科学宣传，理性消费；为建设健康中国而努力。2014年开始付诸实践，至今已有25个省区市的50家奶制品企业在示范应用。

从对奶的乳脂肪、乳蛋白等基础营养成分到奶中生物活性成分的认知，是对哺乳动物生命科学的再认知，是对机体生理功能营养需求的再认知。

唯愿此书能给您新的启发。鉴于编译者水平有限，译文中难免存在偏误，恳请读者批评指正。

张养东
2019年10月

# 序 言

Alessandra Durazzo

Consiglio per la ricerca in agricoltura e l'analisi dell'economia agraria—Centro di ricerca CREA—Alimenti e Nutrizione, Via Ardeatina 546, 00178 Rome, Italy; alessandra. durazzo@ crea. gov. it

  此专刊从多个方面介绍了人类平衡膳食中非常重要的一种成分——奶相关的知识。

  为本专刊出版做出贡献的一些科学家研究和测试了乳品推广行动和奶类日消费量的增加，尤其对改善儿童饮奶这一重要目标的效果[1-4]。Gennaro 等为改善学生的健康饮食习惯提供了一个新的消费策略，强调要聚焦于奶类消费的重要性[3]。Emerson 等[1]介绍了其中一种策略，一些小奖励增加了小学生的原味牛奶和蔬菜的选择，并没有影响牛奶总购买量。其中有两个研究重点关注了消费者对于推荐1%低脂牛奶的反应[2,4]。非常值得关注的是，Lucarini 对于奶中的生物活性肽从加密序列到健康应用的研究。作者重点讲述了化学、生物利用度的开发，以及生物活性肽的生化特性如何作为营养保健和功能食物的关键工具，以及其在生物经济和生物炼制领域的重要作用[5]。另外，在本专刊中，Vincenzetti 等的综述重点介绍了奶中蛋白和一些生物活性肽对营养品质的作用，以及驴奶中的潜在有益物质[6]。

  Melini 的研究介绍了生乳和热处理过的牛奶的微生物学、营养学和感官特性[7]。为了评价牛奶饮用的真实风险和益处，Gambelli 提供了一个测定乳糖的新方法[8]。另外，本刊中也有研究探讨了一些乳成分的潜在特性[9,10]，以及关于脂溶性维生素和碘含量的相关内容，指导人们从营养的角度应该如何考虑有机奶和传统奶[11]。

  非常感谢本专刊文章作者们的辛勤付出，他们的研究贡献将能够帮助我们更好地理解与推动奶在营养中的关键作用。

## 参考文献

[1] Emerson, M. ; Hudgens, M. ; Barnes, A. ; Hiller, E. ; Robison, D. ; Kipp, R. ; Bradshaw, U. ; Siegel, R. Small Prizes Increased Plain Milk and Vegetable Selection by Elementary School Children without Adversely Affecting Total Milk Purchase. *Beverages* 2017, 3: 14.

[2] Finnell, K. J.; John, R. Research to Understand Milk Consumption Behaviors in a Food-Insecure Low-Income SNAP Population in the US. *Beverages* 2017, 3: 46.

[3] Gennaro, L.; Durazzo, A.; Berni Canani, S.; Maccati, F.; Lupotto, E. Communication Strategies to Improve Healthy Food Consumption among Schoolchildren: Focus on Milk. *Beverages* 2017, 3: 32.

[4] John, R.; Finnell, K. J.; Kerby, D. S.; Owen, J.; Hansen, K. Reactions to a Low-Fat Milk Social Media Intervention in the US: The Choose 1% Milk Campaign. *Beverages* 2017, 3: 47.

[5] Lucarini, M. Bioactive Peptides in Milk: From Encrypted Sequences to Nutraceutical Aspects. *Beverages* 2017, 3: 41.

[6] Vincenzetti, S.; Pucciarelli, S.; Polzonetti, V.; Polidori, P. Role of Proteins and of Some Bioactive Peptides on the Nutritional Quality of Donkey Milk and Their Impact on Human Health. *Beverages* 2017, 3: 34.

[7] Melini, F.; Melini, V.; Luziatelli, F.; Ruzzi, M. Raw and Heat-Treated Milk: From Public Health Risks to Nutritional Quality. *Beverages* 2017, 3: 54.

[8] Gambelli, L. Milk and Its Sugar-Lactose: A Picture of Evaluation Methodologies. *Beverages* 2017, 3: 35.

[9] Gupta, C.; Prakash, D. Therapeutic Potential of Milk Whey. *Beverages* 2017, 3: 31.

[10] Norris, G. H.; Porter, C. M.; Jiang, C.; Blesso, C. N. Dietary Milk Sphingomyelin Reduces Systemic Inflammation in Diet-Induced Obese Mice and Inhibits LPS Activity in Macrophages. *Beverages* 2017, 3: 37.

[11] Manzi, P.; Durazzo, A. Organic vs. Conventional Milk: Some Considerations on Fat-Soluble Vitamins and Iodine Content. *Beverages* 2017, 3: 39.

# 目　录

增加学龄儿童健康食品（重点是牛奶）消费的沟通策略 …………………… 1

小奖品可以增加小学儿童对原味牛奶和蔬菜的选择而不影响牛奶总购买量 ……… 16

对美国低脂牛奶社交媒体干预——"选择1%低脂牛奶活动"的反应 …………… 25

美国食物不安全低收入SNAP受益人群牛奶消费行为研究 …………………… 44

奶中的生物活性肽：从隐藏序列到营养保健功能 …………………………… 59

乳蛋白和生物活性肽对驴奶营养品质及对人健康的影响 …………………… 71

生乳和热处理乳：从公共健康风险到营养品质 ……………………………… 96

奶及其乳糖评价方法简述 ………………………………………………………… 136

乳清的药用潜力 …………………………………………………………………… 143

膳食牛奶鞘磷脂可减轻饮食诱导的肥胖小鼠全身炎症并抑制巨噬细胞中的LPS
　　活性 …………………………………………………………………………… 160

有机牛奶与传统牛奶脂溶性维生素和碘含量比较 …………………………… 178

# 增加学龄儿童健康食品（重点是牛奶）消费的沟通策略

Laura Gennaro*, Alessandra Durazzo, Sibilla Berni Canani, Fabrizia Maccati and Elisabetta Lupotto

Consiglio per la Ricerca in Agricoltura e l'Analisi dell'Economia Agraria, Centro di Ricerca CREA-Alimenti e Nutrizione, Via Ardeatina 546, 00178 Roma, Italy; alessandra.durazzo@crea.gov.it（A.D.）；sibilla.bernicanani@crea.gov.it（S.B.C.）；fabrizia.maccati@crea.gov.it（F.M.）；elisabetta.lupotto@crea.gov.it（E.L.）

**摘要**：本文对新近提出的改善学龄儿童的健康饮食习惯（重点是牛奶消费的重要性）的沟通策略进行了综述。文章对两个主要领域进行了研究，即与沟通方法相应的研究方法的主要方向和要点，特别是对多策略及其增加牛奶日消费量的特点的确认方法进行了剖析。一般认为学校是有助于培养良好饮食习惯和生活方式的最佳环境，学校环境有利于健康相关信息的传播，可增加学生的体育锻炼活动。就这一点而言，一些研究揭示了以学校为基础的大规模干预的重要性和有效性，同时也考虑到包括提早干预以及教师、学生和家庭的参与等多种情况。采取的有效措施包括从对食品价格的干预和对健康食品及非健康食品易得性的干预，到开设普及学生及家长食品知识、提高食品选购能力的教育项目。从营养的角度来看，牛奶是均衡饮食（特别是儿童）的重要组成部分，因为牛奶含有必需的营养素。牛奶提供了人们日常摄入的相当大一部分能量；然而，牛奶消费量往往随着年龄增长而减少，并变得不足。因此，制定增加牛奶消费的策略是一个重要的目标。

**关键词**：儿童；健康饮食习惯；牛奶；模型和环境；学校计划

# 1 前言

童年和青春期的健康饮食对人的身体发育和认知发展都非常重要[1]。饮食行为在婴幼儿时期会发生变化：孩子们会问吃什么、什么时候吃以及吃多少等问题。他们

---

\* Correspondence：laura.gennaro@crea.gov.it

通过直接品尝食物及观察他人的饮食行为来了解食物[2]。对食物的好恶源于遗传因素和环境因素之间的相互作用,二者的相互作用导致个体差异的产生[3-5]。偏食是儿童食物摄入的主要预测因子[6]。了解偏食的好处是可以通过多种因素的组合减轻甚至逆转对某种食物的厌食。因此,通过儿童对食物的好恶了解这些偏食是如何形成的,是一个很重要的问题,它与影响儿童和青少年饮食选择的几个因素有关,即幼年食物暴露、特定食物类型的获取和偏好、份量大小、教养方式和模仿[7,8]。饮食行为是在婴幼儿时期建立并持续到成年期,因此童年是形成健康饮食习惯的关键时期[9-11]。

许多研究对父母和孩子的饮食行为的相互影响进行了分析[2,12-15]。儿童对食物的态度以及对饱腹感的评判可能会受到家庭的影响[16,17]。

Rhee 等[18]描述了父母 3 种不同类型的影响:父母特有的喂养方式、父母普遍的行为和全球性父母育儿模式的影响。最近,Yee 等[19]系统评价和荟萃分析了父母的做法对儿童食物消费行为的影响,揭示出父母行为的次数与儿童的饮食行为密切相关。然而,作者指出,对儿童食物消费习惯有影响的父母行为有 3 个未充分研究的重要领域:主动指导/教育、社会心理影响因素和父母普遍教养方式的干扰影响[19]。例如,一些研究发现,在看到大人或同龄人食用水果、蔬菜和牛奶后,儿童对这些食物的摄入量增加了[20-23]。

正面的身教是一种间接却十分有效的培养儿童健康饮食习惯的策略。Hebestreit 等[24]在欧洲一个多个中心的研究中,指出亲子沟通方法是健康教育的关键要素。在 2013—2014 年,对 8 个欧洲国家家庭食物摄入的局部性进行了评估,以确定儿童与父母的饮食结构之间是否存在关联,以及家庭饮食环境(共餐次数或用餐时备有碳酸饮料)是否影响这种联系,结果显示:碳酸饮料和父母的负面身教是儿童饮食模式的重要预测因子[25]。

目前,国家和相关国际组织都制定了有关均衡饮食和身体锻炼的指南[26]。例如,在"营养教育指南"[27]的框架中,意大利教育部已经意识到,改善儿童饮食习惯应该考虑儿童大部分时间所处的各种环境,如家庭和学校,还有卫生保健和社会环境等。其中,学校可以满足儿童大部分的营养需求,从这点来讲,学校是实施培养儿童形成健康饮食习惯策略的理想场所[28-31]。这也表明,教师作为权威人物,可以通过自身的饮食习惯给学生起到示范作用,从而在整个学年甚至多个学年中影响学生的饮食习惯[32-34]。

因此,相关机构已经针对学校和其他生活环境制订出许多方案[34-39]。从这个角度来看,开展适当的宣传活动,是鼓励学生养成包括身体锻炼等正确生活方式的重要措施之一。其目的是在学校组织的活动中制订出全方位的策略和行动方案(计划、方案等),让校内和校外的各种人(包括学生、教师、家庭、公共团体等)都参与进来。其目标是改变个体或人群的行为(教育方法),以及改变维持不良饮食习惯的社会环境（社会生态学方法）[40]。

## 2 材料和方法

本研究的检索策略是使用搜索引擎 Scopus、Science Direct 和 PubMed，搜索的关键词是：communication strategies and children's dietary habits（沟通策略和儿童的饮食习惯）；dietary habits and childhood（饮食习惯和童年）；teacher and children's dietary habits（教师和儿童的饮食习惯）；family and children dietary habits（家庭和儿童的饮食习惯）；dietary habits and elementary school（饮食习惯和小学）；fruit and communication strategies（水果和沟通策略）；vegetable and communication strategies（蔬菜和沟通策略）；nutrition programmes and childhood（营养计划和童年）。

为强调对牛奶的侧重，又增加了关键词：milk consumption and schoolchildren（牛奶消费和学龄儿童）；flavoured milk consumption and schoolchildren（调味奶消费量和学龄儿童）；chocolate milk consumption and schoolchildren（巧克力奶消费和学龄儿童）；communication strategies and children's milk consumption（沟通策略和儿童的牛奶消费）。

## 3 改善儿童饮食习惯必须注重多种策略：沟通策略的实例和新进展

本研究通过最新的、有针对性的实例，对研究方法（重点是多种策略）的主线和要点作了描述和提取。首先是基于这样的认识，即培养儿童形成健康的饮食习惯行之有效的办法包括许多以学校为基础的干预措施，从对食品价格、健康食品与非健康食品易得性的干预，到提高学生和家长的食品知识和食品选购能力的教育计划[2,41-45]。

Dudley 等[35]对 49 篇符合条件文献的荟萃分析发现，主要的策略是：课程强化法（n=29），跨课程法（n=11），父母参与法（n=10），体验式学习法（n=10），酌情强化法（即对学生好的行为给予激励或奖励）（n=7），读书启迪法（即让儿童阅读或给他们读文学作品，让作品中的人物来起促进和示范作用）（n=3），游戏法（n=2）和基于网络的方法（n=2）。值得一提的还有，Decosta 等[46]最近的综述对干预进行了如下分类：父母管教、奖励/食物奖励、社会性易化、烹饪项目、学校菜园、感官教育和品尝课程、选择架构和助推，品牌宣传，食品包装和代言人以及让儿童自己选择。

一种方法是反复多次吃健康食品[47]。正如 Knai 等[48]所报道，多吃健康食品（即水果和蔬菜）是一个关键的干预措施，有助于促使儿童形成更健康的饮食习惯。

Roe 等[49]在对 61 名 3~5 岁儿童的交叉试验中证明，在幼儿园中给儿童提供各种蔬菜和水果作为课间餐，可以增加这两种食物的摄入量。然而，激励也是促使孩子吃水果和蔬菜的另一个重要因素。事实上，一些研究人员得出的结论是，采用奖励食物或奖励小奖品的办法让儿童吃一种食品，可以增加儿童对该食物的喜爱度[41,43,50]。相反，强迫孩子吃的食物他们反而不喜欢吃。同样，不让孩子吃某些食物，但当他们可自由选择这些食物时，会导致过度食用[51]。此外，Birch 等[2]报道并强调，对学龄前儿童的食物选择行为进行奖励，可能会造成孩子在没有奖励后就不会选择该食物。相反，Loewenstein 等[52]最近的研究表明，短期激励产生的行为变化在停止激励后仍可能持续存在。至于经济奖励，Jensen 等[53]对其在学校促进学生养成健康营养习惯的有效性进行了评估，发现这些激励措施能有效改变学校环境中的消费模式。

另一种潜在的方法是在学校环境中制定或实施食品政策，限卖或禁卖零食和碳酸饮料等非健康食品。据 Cullen 等报道[54]，校内有增肥食品供应与对不健康食品的偏爱和食物选择习惯有关。一般而言，食物的易得性和可获取性是食物选择的关键决定因素[55]。

2015 年，Losasso 等[56]在意大利东北部进行了一个个案研究，在公立学校制定了几项营养政策。目的是比较校内和校外两种不同环境中饮料和零食的消费量，研究结果证实了教育机构在推广健康饮食模式中的积极作用。

Song 等[57]报道了包括餐厅环境干预和课堂营养计划的双重策略对小学生饮食行为的影响，认为这是学校营养计划的成功范例。但在该研究中，作者也发现行为经济方法与食品教育相结合时会产生更好的结果。

在这种情况下，从事菜园劳动可被视为促进儿童形成健康饮食行为的另一种有利策略。值得一提的是 Berezowitz 等[58]的综述对参加学校菜园劳动可提高学习成绩、改善儿童饮食习惯的研究的总结，证实基于菜园劳动的学习不仅不会对学习成绩或水果和蔬菜的消费量产生负面影响，反而可能有正面影响。然而，考虑到研究的数量不多，作者也强调有必要采用其他试验设计和观察指标进行进一步研究[58]。Savoie-Roskos 等[59]的系统综述显示，虽然目前证据不一且存在很大局限性，但大多数研究表明，学校、社区或课外活动中以菜园为基础的干预措施可以对儿童的水果或蔬菜摄入量产生一定积极影响。

在学校，另一个有效措施是延长午餐时间。科恩等[60]研究了 8.4~15.6 岁学生午餐时间长短与在学校选择的食物及食物的摄入量的关系，结果发现，午餐时间太短与主菜、牛奶和蔬菜摄入显著减少有关系。

该研究表明，学校至少应安排 25min 的午餐时间，以减少食物浪费和增加膳食摄入量。一般来说，正如 Cohen 等在另一项研究[61]所报道的那样，学校应该考虑与厨师合作并采用一定的选择计划以增加水果和蔬菜的选择；该研究也强调不放弃更健康的饮食选择的重要性，即使最初遇到学生反对也不要放弃[61]。Just 等[62]的初步研究表明，厨师创新菜式可以提高学校午餐就餐率，增加水果和蔬菜摄入量。

一项通过营养信息的传播增加健康饮食行为的有效方法是"基于图像的策略"，即表情包，用简单的表情来传递健康相关信息（即，快乐=健康，悲伤=不健康）。Siegel 等[63]发现，在小学餐厅使用笑脸表情包后，蔬菜和原味脱脂奶的购买量分别增加了29%和141%。而其他几个研究则将表情包和小奖品结合起来作为激励策略。比如 Barnes 等[64]就发现，采取先用表情包，随后再用小奖品对选择健康食品进行奖励的方法可以明显改善并维持学生的饮食行为。

为了提高饭菜质量、增加体育活动，很重要的一点是干预工作需要有学校员工、教师、家长和学生的共同参与[65-71]。当前，饮食和缺乏身体锻炼是可预防性死亡和肥胖等残疾的主要原因[72]。目前，已有采用多种策略和综合策略来进行干预的报道。

Sacchetti 等[73]在以学校为基础，采取干预措施促进学生的健康行为的研究中发现有计划地采取多方面的措施来培养学生形成良好的饮食习惯、鼓励他们参与体育锻炼的重要性。参加该干预研究的有 11 个班的学生，研究从他们读 3 年级开始到 5 年级时结束连续 3 年，学生年龄是 8~11 岁。干预试验的目的是改变不良行为和引起不良行为的环境，包括教师和体育教练的培训模式、课堂的教学活动、学校的运动和游戏、烹饪体验课、教材的编写和肌肉运动等。结果表明，干预后饮食习惯有所改善。上午吃健康课间餐儿童比例明显增加（$P<0.0001$），而晚餐后吃零食和饮料的儿童比例明显下降（$P<0.01$）。同时报告指出，每日食用五份或更多份水果和蔬菜的儿童比例有所增加，但并不显著。此外，在运动表现方面没有观察到显著的改变。

Moss 等[74]对另一种干预策略进行研究，根据准试验法分析了儿童健康综合办法（Coordinated Approach to Child Health，CATCH）[75]营养课程和农场到校园项目[76]相结合的效果，以评估 3 年级学生的营养知识。CATCH 是一个以学校为基础的健康协调项目，该项目的具体做法是在开展教学活动（包括体育活动）的基础上，通过规划和开设营养课程，并将其与农场到校园项目结合起来，鼓励学生吃本地生产的食物以支持当地的农民。研究结果表明，CATCH 营养教育和农场之旅可以对学龄儿童的营养知识和水果和蔬菜消费行为产生积极影响[74]。

在这方面，Prelip 等[77]的研究观察了一个"混合的"校内营养干预计划对果蔬消费态度、观念和行为的影响，很有意思的是研究渗透到整个大城市社区。这种混合干预包括社区的策略、当地学校制定的策略，以及教师自己制定的策略或活动。干预导致教师对学生对于果蔬的态度的影响发生明显改变（$P<0.05$），也导致学生对蔬菜的态度发生了显著变化（$P<0.01$），甚至在对性别、年级和人种/种族做了校正之后还是如此[77]。

考虑当今的孩子们花费大量时间在移动设备和社交网络上，并且经常接触到各种形式的互动广告[78]，另一种培养儿童健康习惯的策略是通过基于学校和媒体干预的综合方法来实现的。例如，Grassi 等[79]的研究证实，该方法可以有效增加意大利儿童的水果和蔬菜摄入量，而 Blitstein 等[80]的研究则显示，将针对父母的社会营销活动纳入营养教育干预策略很有益处。此外，值得一提的还有互补性的在线干预实例。Dumas 等[81]最近的研究显示，可采用干预映射法创建一个明证博客来向母亲普及健康饮食知识。

Roccaldo 等[82]最近的研究表明，在"学校水果计划"发放水果的同时教师对学生进行相关知识培训，提高了他们对地中海饮食的依从度。这说明了将教师的培训计划纳入沟通策略以改善儿童健康饮食习惯的重要性。

在这方面，值得一提的是 Hall 等[83]的研究。其研究揭示健康教育者开设课程的设计、实施和评估阶段，应与教师合作，以便更好地满足学生的需求，利于高质量营养教育活动的开展。

Goldberg 等[84]的研究介绍了以学校为基础的美味少浪费（Great Taste, Less Waste, GTLW）的干预措施。这是将健康饮食与环境联系起来，以改善从家里自带食物质量的沟通策略的初步实例。GTLW 很受欢迎，但学生带到学校的食物质量没有发生明显变化。学校是否是一个有效的干涉环境仍有待进一步探究。

此外，Kastorini 等[85]的研究很有意思，通过队列研究，评估了食物援助和健康营养促进计划（"DIATROFI"计划）对希腊学生饮食质量的影响。在干预结束时，儿童和青少年、男孩和女孩对所有推介的食品，包括牛奶、水果、蔬菜和全谷物产品的消费频率都增加了（$P \leqslant 0.002$）。该研究说明以学校为基础的营养计划尤其要关注倾向于选择不健康食物的社会经济地位较低的群体的重要性。

## 4 增加学龄儿童每日牛奶消费量策略的一些其他特征

在多元和跨学科沟通方式的情况下，对增加学龄儿童每日牛奶消费量的策略进行评估。找出这些策略的其他特征以制订出增加牛奶消费量的措施是本文的主要目的，下面将对此加以讨论。

牛奶是均衡饮食的一个重要组成部分，尤其是对儿童来说更是如此，因为牛奶含有必需的营养素。牛奶可提供每日摄入的相当部分能量；然而，牛奶也会影响学生在午餐或当天晚些时候的补偿消费方式，比如选择一种甜食。作者认为食品经营者必须仔细评估撤掉巧克力牛奶的得失，并找出使原味牛奶变得更方便、更有吸引力的办法，并使它成为学生的不二选择[100]。

一些研究指出，让原味牛奶变成学生的首选，让选购风味牛奶没那么方便（但不撤掉），可使选购原味牛奶的比例立即升高，同时也可减少可能存在的争议[95,101,102]。

如今，在一些欧洲国家（特别是在北欧）牛奶是从家里带到学校的。在一些学校，牛奶也通过自动售货机出售。此外，有些营养计划也开始推行在上午课间休息或午餐时在学校分发牛奶的做法[103]。

值得一提的是，List 和 Samek[104] 的研究表明，学校餐厅采取奖励措施，对来自低收入家庭的儿童对牛奶的选择进行奖励，这种做法取得了较好效果。他们指出，在餐厅就餐期间是教导儿童做出正确的健康选择的好时机。Sao 等[105] 的研究发现，通过让儿童到农场学习手工制作奶制品，可以有效增加儿童对牛奶和奶制品的消费。

Hendrie 等[106] 重点关注的是能增加儿童奶制品消费量或钙摄入量的干预措施。

## 5 结论

本文揭示了多元、跨学科沟通策略对改善学龄儿童健康饮食习惯的有效性。其后又总结出推广均衡饮食与体育锻炼相结合应成为现代沟通策略的出发点。这是一个必须与其他创新活动如教师的培训课程、农场到校园课程以及强化课程等办法相结合的重要步骤。

增加学龄儿童每日牛奶消费量的策略应该朝着这个方向走。由于牛奶的消费量随着年龄增长而下降并且变得不足，因此，制定提高牛奶消费量的策略是一个重要的目标。至于其他具体情况，笔者认为，应该考虑推广低脂牛奶和研发显著减少含糖量的调味牛奶。

## 参考文献

[1] Jacka, F. N.; Kremer, P. J.; Berk, M.; de Silva-Sanigorski, A. M.; Moodie, M.; Leslie, E. R.; Pasco, J. A.; Swinburn, B. A. A Prospective Study of Diet Quality and Mental Health in Adolescents. PLoS ONE 2011, 6: e24805.

[2] Birch, L.; Savage, J. S.; Ventura, A. Influences on the development of children's eating: From infancy to adolescence. Can. J. Diet. Pract. Res. 2007, 68, s1-s56.

[3] Breen, F. M.; Plomin, R.; Wardle, J. Heritability of food preferences in young children. Physiol. Behav. 2006, 88: 443-447.

[4] Llewellyn, C. H.; van Jaarsveld, C. H.; Boniface, D.; Carnell, S.; Wardle, J. Eating rate is a heritable phenotype related to weight in children. Am. J. Clin. Nutr. 2008, 88: 1560-1566.

[5] Gahagan, S. The Development of Eating Behavior—Biology and Context. J. Dev. Behav. Pediatr. 2012, 33: 261-271.

[6] Gibson, E. L.; Wardle, J.; Watts, C. J. Fruit and vegetable consumption, nutritional knowledge and beliefs in mothers and children. Appetite 1998, 31: 205-228.

[7] Patrick, H.; Nicklas, T. A. A review of family and social determinants of children's eating patterns and diet quality. J. Am. Coll. Nutr. 2005, 24: 83-92.

[8] Scaglioni, S.; Arrizza, C.; Vecchi, F.; Tedeschi, S. Determinants of children's eating behavior. Am. J. Clin. Nutr. 2011, 94: 2006S-2011S.

[9] Mikkilä, V.; Räsänen, L.; Raitakari, O. T.; Pietinen, P.; Viikari, J. Longitudinal changes in diet from childhood into adulthood with respect to risk of cardiovascular diseases: The Cardiovascular Risk in Young Finns Study. Eur. J. Clin. Nutr. 2004, 58: 1038-1045.

[10] Neumark-Sztainer, D.; Wall, M.; Larson, N. I.; Eisenberg, M. E.; Loth, K. Dieting and disordered eating behaviors from adolescence to young adulthood: Findings from a 10-year longitudinal study. J. Am. Diet. Assoc. 2011: 111, 1004-1011.

[11] Nicklaus, S.; Remy, E. Early origins of overeating: Tracking between early food habits and later eating patterns. Curr. Obes. Rep. 2013, 2: 179-184.

[12] Faith, M. S.; Scanlon, K. S.; Birch, L. L.; Francis, L. A.; Sherry, B. Parent-Child Feeding Strategies and Their Relationships to Child Eating and Weight Status. Obes. Res. 2004, 12: 1711-1722.

[13] Pearson, N.; Biddle, S. J. H.; Gorely, T. Family correlates of fruit and vegetable consumption in children and adolescents: A systematic review. Public Health Nutr. 2008, 12: 267-283.

[14] Anzman, S. L.; Rollins, B. Y.; Birch, L. L. Parental influence on children's early eating environments and obesity risk: Implications for prevention. Int. J. Obes. 2010, 34: 1116-1124.

[15] Briggs, L.; Lake, A. A. Exploring school and home food environments: Perceptions of 8-10-year-olds and their parents in Newcastle upon Tyne, UK. Public Health Nutr. 2011, 14: 2227-2235.

[16] Birch, L. L.; McPhee, L.; Shoba, B. C.; Steinberg, L.; Krehbiel, L. Clean up your plate: Effects of child feeding practices on the conditioning of meal size. Learn. Motiv. 1987, 18: 301-317.

[17] Nicklas, T. A.; Baranowski, T.; Baranowski, J.; Cullen, K.; Rittenberry, L.; Olvera, N. Family and child-care provider influences on preschool children's fruit, juice, and vegetable consumption. Nutr. Rev. 2001, 59: 224-235.

[18] Rhee, K. Childhood overweight and the relationship between parent behaviors, parenting style, and family functioning. Ann. Am. Acad. Pol. Soc. Sci. 2008, 615: 11-37.

[19] Yee, A. Z.; Lwin, M. O.; Ho, S. S. The influence of parental practices on child promotive and preventive food consumption behaviors: A systematic review and meta-analysis. Int. J. Behav. Nutr. Phys. Act. 2017, 14: 47.

[20] Raynor, H. A.; Van Walleghen, E. L.; Osterholt, K. M.; Hart, C. N.; Jelalian, E.; Wing, R. R.; Goldfield, G. S. The relationship between child and parent food hedonics and parent and child food group intake in children with overweight/obesity. J. Am. Diet. Assoc. 2011, 111: 425-430.

[21] Wang, Y.; Beydoun, M. A.; Li, J.; Liu, Y.; Moreno, L. A. Do children and their

[22] parents eat a similar diet? Resemblance in child and parental dietary intake: Systematic review and meta-analysis. J. Epidemiol. Community Health 2011, 65: 177-189.

[22] Draxten, M.; Fulkerson, J. A.; Friend, S.; Flattum, C. F.; Schow, R. Parental role modeling of fruits and vegetables at meals and snacks is associated with children's adequate consumption. Appetite 2014, 78: 1-7.

[23] Robinson, L. N.; Rollo, M. E.; Watson, J.; Burrows, T. L.; Collins, C. E. Relationships between dietary intakes of children and their parents: A cross-sectional, secondary analysis of families participating in the family diet quality study. J. Hum. Nutr. Diet. 2014, 28: 443-451.

[24] Hebestreit, A.; Keimer, K. M.; Hassel, H.; Nappo, A.; Eiben, G.; Fernández, J. M.; Kovacs, E.; Lasn, H.; Shiakou, M.; Ahrens, W. What do children understand? Communicating health behavior in a European multi-centre study. J. Public Health 2010, 18: 391-401.

[25] Hebestreit, A.; Intemann, T.; Siani, A.; Dehenauw, S.; Eiben, G.; Kourides, Y. A.; Kovacs, E.; Moreno, L. A.; Veidebaum, T.; Krogh, V.; et al. Dietary Patterns of European Children and Their Parents in Association with Family Food Environment: Results from the I. Family Study. Nutrients 2017, 9: 126.

[26] Istituto Nazionale di Ricerca per gli Alimenti e la Nutrizione (INRAN). Linee Guida per Una Sana Alimentazione Italiana; INRAN: Roma, Italy, 2003.

[27] Ministero dell'Istruzione, dell'Università e della Ricerca (MIUR). Linee Guida per L'educazione Alimentare, 2015. Direzione Generale per lo Studente, l'Integrazione e la Partecipazione. Aoodgsip. Registro Ufficiale (U); MIUR: Roma, Italy, 2015.

[28] Larson, N. I.; Story, M.; Wall, M.; Neumark-Sztainer, D. Calcium and dairy intakes of adolescents are associated with their home environment, taste preferences, personal health beliefs, and meal patterns. J. Am. Diet. Assoc. 2006, 106: 1816-2431.

[29] Story, M.; Kaphingst, K. M.; French, S. The role of schools in obesity prevention. Future Child 2006, 16: 109-142.

[30] Lee, A. Health-promoting schools: Evidence for a holistic approach to promoting health and improving health literacy. Appl. Health Econ. Health Policy 2009, 7: 11-17.

[31] Fernández-Alvira, J. M.; Mouratidou, T.; Bammann, K.; Hebestreit, A.; Barba, G.; Sieri, S.; Reisch, L.; Eiben, G.; Hadjigeorgiou, C.; Kovacs, E.; et al. Parental education and frequency of food consumption in European children: The IDEFICS study. Public Health Nutr. 2012, 12: 1-12.

[32] Kubik, M. Y.; Lytle, L. A.; Hannan, P. J.; Story, M.; Perry, C. L. Food-related beliefs, eating behavior, and classroom food practices of middle school teachers. J. Sch. Health 2002, 72: 339-345.

[33] Prelip, M.; Erausquin, T.; Slusser, W.; Vecchiarelli, S.; Weightman, H.; Lange, L.; Neumann, C. The role of classrooms teachers in nutrition and physical education. Calif. J.

[34] Perikkou, A.; Gavrieli, A.; Kougioufa, M. M.; Tzirkali, M.; Yannakoulia, M. A novel approach for increasing fruit consumption in children. J. Acad. Nutr. Diet. 2013, 113: 1188-1193.

[35] Dudley, D. A.; Cotton, W. G.; Peralta, L. R. Teaching approaches and strategies that promote healthy eating in primary school children: A systematic review and meta-analysis. Int. J. Behav. Nutr. Phys. Act. 2015, 12: 28.

[36] Lloyd, J.; Wyatt, K. The Healthy Lifestyles Programme (HeLP) —An Overview of and Recommendations Arising from the Conceptualisation and Development of an Innovative Approach to Promoting Healthy Lifestyles for Children and Their Families. Int. J. Environ. Res. Public Health 2015, 12: 1003-1019.

[37] Miller Lovell, C. 5-2-1-0 Activity and Nutrition Challenge for Elementary Students. J. Sch. Nurs. 2017.

[38] Kessler, H. S. Simple interventions to improve healthy eating behaviors in the school cafeteria. Nutr. Rev. 2016, 74: 198-209.

[39] Foltz, J. L.; May, A. L.; Belay, B.; Nihiser, A. J.; Dooyema, C. A.; Blanck, H. M. Population-level intervention strategies and examples for obesity prevention in children. Annu. Rev. Nutr. 2012, 32: 391-415.

[40] Moore, L.; de Silva-Sanigorski, A.; Moore, S. N. A socio-ecological perspective on behavioural interventions to influence food choice in schools: Alternative, complementary or synergistic? Public Health Nutr. 2013, 16: 1000-1005.

[41] Horne, P. J.; Tapper, K.; Lowe, C. F.; Hardman, C. A.; Jackson, M. C.; Woolner, J. Increasing children's fruit and vegetable consumption: A peer-modelling and rewards-based intervention. Eur. J. Clin. Nutr. 2004, 58: 1649-1660.

[42] Kristjansdottir, A. G.; Johannsson, E.; Thorsdottir, I. Effects of a school-based intervention on adherence of 7-9-year-olds to food-based dietary guidelines and intake of nutrients. Public Health Nutr. 2010, 13: 1151-1161.

[43] Delgado-Noguera, M.; Tort, S.; Martínez-Zapata, M. J.; Bonfill, X. Primary school interventions to promote fruit and vegetable consumption: A systematic review and meta-analysis. Prev. Med. 2011, 53: 3-9.

[44] Boddy, L. M.; Knowles, Z. R.; Davies, I. G.; Warburton, G. L.; Mackintosh, K. A.; Houghton, L.; Fairclough, S. J. Using formative research to develop the healthy eating component of the CHANGE! School-based curriculum intervention. BMC Public Health 2012, 12: 710.

[45] Wang, D.; Stewart, D. The implementation and effectiveness of school-based nutrition promotion programmes using a health-promoting schools approach: A systematic review. Public Health Nutr. 2013, 16: 1082-1100.

[46] DeCosta, P.; Møller, P.; Frøst, M. B.; Olsen, A. Changing children's eating

behaviour—A review of experimental research. Appetite 2017, 113: 327-357.

[47] Cooke, L. The importance of exposure for healthy eating in childhood: A review. J. Hum. Nutr. Diet. 2007, 20: 294-301.

[48] Knai, C.; Pomerleau, J.; Lock, K.; McKee, M. Getting children to eat more fruit and vegetables: A systematic review. Prev. Med. 2006, 42: 85-95.

[49] Roe, L. S.; Meengs, J. S.; Birch, L. L.; Rolls, B. J. Serving a variety of vegetables and fruit as a snack increased intake in preschool children. Am. J. Clin. Nutr. 2013, 98: 693-699.

[50] List, J. A.; Samek, A. S. The Behavioralist as Nutritionist: Leveraging Behavioral Economics to Improve Child Food Choice and Consumption. J. Health Econ. 2015, 39: 135-146.

[51] Savage, J.; Fisher, J. O.; Birch, L. Parental Influence on Eating Behavior: Conception to Adolescence. J. Law Med. Ethics 2007, 35: 22-34.

[52] Loewenstein, G.; Price, J.; Volpp, K. Habit formation in children: Evidence from incentives for healthy eating. J. Health Econ 2016, 45: 47-54.

[53] Jensen, J. D.; Hartmann, H.; de Mul, A.; Schuit, A.; Brug, J.; ENERGY Consortium. Economic incentives and nutritional behavior of children in the school setting: A systematic review. Nutr. Rev. 2011, 69: 660-674.

[54] Cullen, K. W.; Eagan, J.; Baranowski, T.; Owens, E.; de Moor, C. Effect of a la carte and snack bar foods at school on children's lunchtime intake of fruits and vegetables. J. Am. Diet. Assoc. 2000, 100: 1482-1486.

[55] Azétsop, J.; Joy, T. R. Access to nutritious food, socioeconomic individualism and public health ethics in the USA: A common good approach. Philos. Ethics Hum. Med. 2013, 8: 16.

[56] Losasso, C.; Cappa, V.; Neuhouser, M. L.; Giaccone, V.; Andrighetto, I.; Ricci, A. Students' consumption of beverages and snacks at school and away from school: A case study in the Northeast of Italy. Front. Nutr. 2015, 2: 30.

[57] Song, H.-J.; Grutzmacher, S.; Munger, A. L. Project ReFresh: Testing the Efficacy of a School-Based Classroom and Cafeteria Intervention in Elementary School Children. J. Sch. Health 2016, 86: 543-551.

[58] Berezowitz, C. K.; Bontrager Yoder, A. B.; Schoeller, D. A. School Gardens Enhance Academic Performance and Dietary Outcomes in Children. J. Sch. Health 2015, 85: 508-518.

[59] Savoie-Roskos, M. R.; Wengreen, H.; Durward, C. Increasing fruit and vegetable intake among children and youth through gardening-based interventions: A systematic review. J. Acad. Nutr. Diet. 2017, 117: 240-250.

[60] Cohen, J. F. W.; Jahn, J. L.; Richardson, S.; Cluggish, S. A.; Parker, E.; Rimm, E. B. Amount of time to eat lunch is associated with children's selection and consumption of school meal entrée, fruits, vegetables, and milk. J. Acad. Nutr. Diet. 2015, 116: 123-128.

[61] Cohen, J. F. W.; Richardson, S. A.; Cluggish, S. A.; Parker, E.; Catalano, P. J.;

Rimm, E. B. Effects of Choice Architecture and Chef-Enhanced Meals on the Selection and Consumption of Healthier School Foods: A Randomized Clinical Trial. JAMA Pediatr. 2015, 169: 431-437.

[62] Just, D. R.; Wansink, B.; Hanks, A. S. Chefs move to schools. A pilot examination of how chef-created dishes can increase school lunch participation and fruit and vegetable intake. Appetite 2014, 83: 242-247.

[63] Siegel, R. M.; Anneken, A.; Duffy, C.; Simmons, K.; Hudgens, M.; Lockhart, M. K.; Shelly, J. Emoticon Use Increases Plain Milk and Vegetable Purchase in a School Cafeteria Without Adversely Affecting Total Milk Purchase. Clin. Ther. 2015, 37: 1938-1943.

[64] Barnes, A. S.; Hudgens, M. E.; Ellsworth, S. C.; Lockhart, M. K.; Shelley, J.; Siegel, R. M. Emoticons and Small Prizes to Improve Food Selection in an Elementary School Cafeteria: A 15 Month Experience. J. Pediatr. Child Nutr. 2016, 2: 100108.

[65] Nemet, D.; Barkan, S.; Epstein, Y. Short- and long-term beneficial effects of a combined dietary-behavioral-physical activity intervention for the treatment of childhood obesity. Pediatrics 2005, 115: 443-449.

[66] Taylor, R. W.; McAuley, K. A.; Barbezat, W.; Strong, A.; Williams, S. M.; Mann, J. I. APPLE Project: 2-y findings of a community-based obesity prevention program in primary school age children. Am. J. Clin. Nutr. 2007, 86: 735-742.

[67] Silveira, J. A.; Taddei, J. A.; Guerra, P. H.; Nobre, M. R. C. Effectiveness of school-based nutrition education interventions to prevent and reduce excessive weight gain in children and adolescents: A systematic review. J. Pediatr. 2011, 87: 382-392.

[68] Coleman, K. J.; Shordon, M.; Caparosa, S. L.; Pomichowski, M. E.; Dzewaltowski, D. A. The healthy options for nutrition environments in schools (Healthy ONES) group randomized trial: Using implementation models to change nutrition policy and environments in low income schools. Int. J. Behav. Nutr. Phys. Act. 2012, 9: 80.

[69] Katz, D. L.; Katz, C. S.; Treu, J. A.; Reynolds, J.; Njike, V.; Walker, J.; Smith, E.; Michael, J. Teaching healthful food choices to elementary school students and their parents: The Nutrition Detectives™ Program. J. Sch. Health. 2011, 81: 21-28.

[70] Martin, A.; Saunders, D. H.; Shenkin, S. D.; Sproule, J. Lifestyle intervention for improving school achievement in overweight or obese children and adolescents. Cochrane Database Syst. Rev. 2014, 3, CD009728.

[71] Girelli, L.; Manganelli, S.; Alivernini, F.; Lucidi, F. A Self-determination theory based intervention to promote healthy eating and physical activity in school-aged children. Cuade. Psicol. Deporte 2016, 16: 13-20.

[72] An, R. Diet quality and physical activity in relation to childhood obesity. Int. J. Adolesc. Med. Health 2017, 1: 29.

[73] Sacchetti, R.; Dallolio, L.; Musti, M. A.; Guberti, E.; Garulli, A.; Beltrami, P.; Castellazzi, F.; Centis, E.; Zenesini, C.; Coppini, C.; et al. Effects of a school based

[74] Moss, A.; Smith, S.; Null, D.; Long Roth, S.; Tragoudas, U. Farm to School and Nutrition Education: Positively Affecting Elementary School - aged Children's Nutrition Knowledge and Consumption Behavior. Child Obes. 2013, 9: 51-56.

[75] Coordinated Approach to Child Health (CATCH). CATCH is Working in 8500 Schools and Afterschool Programs. Available online: www.catchinfo.org/whats-catch/ (accessed on 19 November 2012).

[76] National Farm to School Network. Nourishing Kids and Community. Available online: www.farmtoschool.org/aboutus.php/ (accessed on 16 November 2012).

[77] Prelip, M.; Slusser, W.; Thai, C. L.; Kinsler, J.; Erausquin, J. T. Effects of a school-based nutrition program diffused throughout a large urban community on attitudes, beliefs, and behaviors related to fruit and vegetable consumption. J. Sch. Health 2011, 81: 520-529.

[78] Shin, W.; Huh, J.; Faber, R. J. Developmental antecedents to children's responses to online advertising. Int. J. Advert. 2012, 31: 719-740.

[79] Grassi, E.; Evans, A.; Ranjit, N.; Pria, S. D.; Messina, L. Using a mixed-methods approach to measure impact of a school-based nutrition and media education intervention study on fruit and vegetable intake of Italian children. Public Health Nutr. 2016, 19: 1952-1963.

[80] Blitstein, J. L.; Cates, S. C.; Hersey, J.; Montgomery, D.; Shelley, M.; Hradek, C.; Kosa, K.; Bell, L.; Long, V.; Williams, P. A.; et al. Adding a Social Marketing Campaign to a School-based Nutrition Education Program Improves Children's Dietary Intake: A Quasi-Experimental Study. J. Acad. Nutr. Diet. 2016, 116: 1285-1294.

[81] Dumas, A. A.; Lemieux, S.; Lapointe, A.; Provencher, V.; Robitaille, J.; Desroches, S. Development of an Evidence-informed Blog to Promote Healthy Eating Among Mothers: Use of the Intervention Mapping Protocol. JMIR Res. Protoc. 2017, 6: e92.

[82] Roccaldo, R.; Censi, L.; D'Addezio, L.; Berni Canani, S.; Gennaro, L. A teachers' training program accompanying the "School Fruit Scheme" fruit distribution improves children's adherence to the Mediterranean diet: An Italian trial. Int. J. Food Sci. Nutr. 2017.

[83] Hall, E.; Chai, W.; Albrecht, J. A. A Qualitative Phenomenological Exploration of Teachers' Experience with Nutrition Education. Am. J. Health Educ. 2016, 47: 136-148.

[84] Goldberg, J. P.; Folta, S. C.; Eliasziw, M.; Koch-Weser, S.; Economos, C. D.; Hubbard, K. L.; Tanskey, L. A.; Wright, C. M.; Must, A. Great Taste, Less Waste: A cluster-randomized trial using a communication campaign to improve the quality of foods brought from home to school by elementary school children. Prev. Med. 2015, 74: 103-110.

[85] Kastorini, C. M.; Lykou, A.; Yannakoulia, M.; Petralias, A.; Riza, E.; Linos, A. on behalf of the DIATROFI Program Research Team. The influence of a school-based intervention programme regarding adherence to a healthy diet in children and adolescents from disadvan-

taged areas in Greece: The DIATROFI study. J. Epidemiol. Community Health 2016: 1-7.

[86] Pereira, P. C. Milk nutritional composition and its role in human health. Nutrition 2014, 30: 619-627.

[87] Kling, S. M. R.; Roe, L. S.; Sanchez, C. E.; Rolls, B. J. Does milk matter: Is children's intake affected by the type or amount of milk served at a meal? Appetite 2016, 105: 509-518.

[88] Institute of Medicine (IOM). Nutrition Standards for Foods in Schools: Leading the Way Toward Healthier Youth; The National Academies Press: Washington, DC, USA, 2007.

[89] Institute of Medicine (IOM). School Meals: Building Blocks for Healthy Children; The National Academies Press: Washington, DC, USA, 2010.

[90] Li, X. E.; Drake, M. Sensory perception, nutritional role, and challenges of flavored milk for children and adults. J. Food Sci. 2015, 80, R665-R670.

[91] Murphy, M. M.; Douglass, J. S.; Johnson, R. K.; Spence, L. A. Drinking flavored or plain milk is positively associated with nutrient intake and is not associated with adverse effects on weight status in US children and adolescents. J. Am. Diet. Assoc. 2008, 108: 631-639.

[92] Davis, M. M.; Spurlock, M.; Ramsey, K.; Smith, J.; Beamer, B. A.; Aromaa, S.; McGinnis, P. B. Milk Options Observation (MOO): A Mixed Methods Study of Chocolate Milk Removal on Beverage Consumption and Student/Staff Behaviors in a Rural Elementary School. J. Sch. Nurs. 2017.

[93] Fayet-Moore, F. Effect of flavored milk vs. plain milk on total milk intake and nutrient provision in children. Nutr. Rev. 2016, 74: 1-17.

[94] Quann, E. E.; Adams, D. Impact on milk consumption and nutrient intakes from eliminating flavored milk in elementary schools. Nutr. Today 2013, 48: 127-134.

[95] Waite, A.; Goto, K.; Chan, K.; Giovanni, M.; Wolff, C. Do environmental interventions impact elementary school students' lunchtime milk selection? Appl. Econ. Perspect. Policy 2013, 35: 360-376.

[96] Yon, B. A.; Johnson, R. K.; Stickle, T. R. School children's consumption of lower-calorie flavored milk: A plate waste study. J. Acad. Nutr. Diet. 2012, 112: 132-136.

[97] Yon, B. A.; Johnson, R. K. Elementary and middle school children's acceptance of lower calorie flavored milk as measured by milk shipment and participation in the National School Lunch Program. J. Sch. Health 2014, 84: 205-211.

[98] Cohen, J. F. W.; Richardson, S.; Parker, E.; Catalano, P. J.; Rimm, E. B. Impact of the New U. S. Department of Agriculture School Meal Standards on Food Selection, Consumption, and Waste. Am. J. Prev. Med. 2014, 46: 388-394.

[99] Henry, C.; Whiting, S. J.; Finch, S. L.; Zello, G. A.; Vatanparast, H. Impact of replacing regular chocolate milk with the reduced-sugar option on milk consumption in elementary schools in Saskatoon, Canada. Appl. Phys. Nutr. Metab. 2016, 41: 511-515.

[100] Hanks, A. S.; Just, D. R.; Wansink, B. Chocolate milk consequences: A pilot study e-

valuating the consequences of banning chocolate milk in school cafeterias. PLoS ONE 2014, 9: e91022.

[101] Patterson, J.; Saidel, M. The removal of chocolate milk in schools results in a reduction in total milk purchases in all grades, K-12. J. Am. Diet. Assoc. 2009, 109: A97.

[102] Just, D.; Price, J. Default options, incentives and food choices: Evidence from elementary-school students. Public Health Nutr. 2013, 16: 2281-2288.

[103] European Commission. European School Milk Scheme. Available online: http://ec.europa.eu/agriculture/milk/school-milk-scheme_en (accessed on 4 July 2017).

[104] List, J. A.; Samek, A. A Field Experiment on the Impact of Incentives on Milk Choice in the Lunchroom. Public Financ. Rev. 2017, 45: 44-67.

[105] Seo, T.; Kaneko, M.; Kashiwamura, F. Changes in intake of milk and dairy products among elementary schoolchildren following experiential studies of dairy farming. Anim. Sci. J. 2013, 84: 178-184.

[106] Hendrie, G. A.; Brindal, E.; Baird, D.; Gardner, C. Improving children's dairy food and calcium intake: Can intervention work? A systematic review of the literature. Public Health Nutr. 2013, 16: 365-376.

# 小奖品可以增加小学儿童对原味牛奶和蔬菜的选择而不影响牛奶总购买量

Megan Emerson[1], Michelle Hudgens[2], Allison Barnes[2], Elizabeth Hiller[3], Debora Robison[3], Roger Kipp[3], Ursula Bradshaw[4] and Robert Siegel[2]*

1. College of Medicine and Life Sciences, University of Toledo, Toledo, OH 43614, USA; Megan.Emerson@rockets.utoledo.edu; 2. Center for Better Health and Nutrition, Cincinnati Children's Hospital Medical Center, Cincinnati, OH 45229, USA; Michelle.Hudgens@cchmc.org (M. H.); Allison.Barnes@cchmc.org (A. B.) 3. Norwood City School District, Norwood, OH 45212, USA; hiller.e@norwoodschools.org (E. H.); Robison.D@norwoodschools.org (D. R.); kipp.r@norwoodschools.org (R. K.) 4. James M. Anderson Center for Health Systems Excellence, Cincinnati Children's Hospital Medical Center, Cincinnati, OH 45229, USA; ursula.bradshaw@cchmc.org

**摘要**：小儿肥胖一直是一个重要公共卫生问题，而学校餐厅食物选择不当是风险因素之一。巧克力牛奶或草莓味牛奶受到大多数小学生的喜爱。先前的一些改善健康措施增加了小学生对原味牛奶的选择，但可能会影响牛奶的总购买量。本研究中，我们调查了小奖品对改善小学生健康饮食选择的有效性。在为期2学年的研究中，在中西部一个小学学区，凡是选择"Power Plate"（PP）的小学生都发给小奖品。"Power Plate"（PP）是由原味牛奶、水果、蔬菜和全谷物主食搭配而成的健康食品。结果显示每位学生选择PP套餐的概率由0.05提高到0.19，增加了271%（$P<0.001$）。所有健康食物的选择概率都有所增加，其中原味牛奶选择概率增加最高，由0.098增加到0.255，增加159%（$P<0.001$）；每位学生总牛奶购买率由0.916增加到0.956（$P=0.000331$）。综上，给选择健康食物学生提供小奖品可以大大增加其对健康食物的选择概率，并且这种效果在2学年中可以持续存在。

**关键词**：牛奶；肥胖；小奖品

---

\* Correspondence: bob.siegel@cchmc.org

# 1 引言

儿童肥胖仍然是世界范围内普遍存在的一大健康问题[1,2]，而小学生在学校餐厅选择不健康食品如巧克力或草莓味牛奶是引起肥胖的一个风险因素[3]。儿童牛奶消费量与体重指数的改善和必需营养素的有效摄入有关[4]。美国许多学校为学生提供加糖调味奶和原味牛奶作为美国农业部免费和减价午餐项目的一部分，但大多数学生比较喜欢调味奶[5]。

通过一些措施如调整产品摆放位置、有吸引力的展示和特色的命名（给食物起个有趣的名字）以及快捷付款通道（购买健康食物者可以到优先通道付账）等一般可以使健康食物选择率提高20%~100%[6,7]。Privatera等研究表明，可用表情符号影响学龄儿童对食物的选择[8]。

通过一些激励措施改善成年人的生活方式可以实现减肥、戒烟和全球健康倡议等目标[9-11]。1978年，麦当劳公司成功地引入了"快乐餐"的概念，以增加对儿童的销售额[12]。Hobin等用小奖品作为奖励措施使健康包装套餐的选择增加了100%[13]。Just等证明，如果给予奖品，学龄儿童午餐时选择水果和蔬菜的概率可提高80%[14]。随后，List和Samek对这种类型的干预做了进一步的研究，在不同的干预项目中发现，给学龄儿童提供小奖品，学生对原味牛奶选择率由16%增长到40%，对更为健康加餐的选择率由17%提高到75%[15,16]。

为增加学生对健康食品的选择，我们研究小组曾在辛辛那提市中心小学进行过单独使用表情符号和小奖品加表情符号的试验[17,18]。单独使用"绿色笑脸"表情符号，学生对脱脂原味牛奶和蔬菜的选择率分别增加了141%和29%，但对水果和全谷物主食的选择没有改善[17]。为了进一步增加对健康食物的选择，我们在PPP（PP计划）中也增加了表情符号[18]。其中，"Power Plate"（PP）被视为学校午餐计划最健康的套餐，有原味牛奶、水果、蔬菜和全谷物主食（搭配销售）。表情符号摆放在不同PP食物旁边，尽管学生仍然会分别选择单项食物，但是如果在提供PP套餐日，小学生选择了由水果、蔬菜、全谷物主食和原味牛奶的PP套餐则会获得小奖品，奖品包括贴纸、纹身贴纸或价值低于40美分的小玩具。在PPP实施的前10周，原味牛奶选择概率增加超过500%，蔬菜增加71%，水果增加20%，而"PP日"的频率（1周2次 VS 每天）和奖品的质量对选择影响甚小。在后续15个月的随访中，每周2次发给贴纸或纹身奖品时，学生对原味牛奶的选择仍然比基准高出253%[19]。

根据我们的初步试验，我们确定使用表情符号再加上小奖品奖励增加了学生对健康食品的选择。此外，我们还测试了PPP是否会影响学生剩饭菜的数量，发现PP套餐的任何一种食物的餐余量都没有显著差异[20]。最后，我们又在Norwood市学区（NCSD）的3所小学进行了PPP项目的试点，3所小学的学生种族多样，经济状况各异。在短暂的 3 周试点中，PP 选择率增加超过 500%[21]。因而，其他研究人员和我们团队的研究表明，表情符号标签和小奖品可以作为激励措施用于提高小学儿童对健康食物的购买。本研究描述了表情符号和小奖品在历时超过 2 学年的 1 个多种族的学校系统中的使用效果。

## 2　材料与方法

Norwood 市学区 3 所小学都参加了 PPP 扩展项目。学校学生统计资料见表 1。

表 1　参加试验的学校学生统计情况

| 小学 | 注册人数 | 黑人(%) | 白人(%) | 西班牙裔(%) | 女孩(%) | 男孩(%) | 低收入*(%) |
|---|---|---|---|---|---|---|---|
| Norwood View | 409 | 12.7 | 68.7 | 13.9 | 48 | 52 | 70.4 |
| Sharpsburg | 260 | 12.7 | 71.2 | 8.8 | 44 | 56 | 72.7 |
| Williams Avenue | 291 | 12.4 | 75.3 | 6.5 | 48 | 52 | 75.9 |
| 总计 | 960 | 12.6 | 71.3 | 10.2 | 47 | 53 | 72.7 |

资料来源：参考文献[22]。* 是贫困线的 70%

Norwood View 和 Williams Avenue 小学从幼儿园到 6 年级的儿童参加了 PPP 项目。Sharpsburg 小学只有 3~6 年级的学生参加了该项目，因为从幼儿园到 2 年级的学生在另一个餐厅就餐，儿童不能自选食物。参加 NCSD 午餐计划的学生必须选择 1 份全谷物主食（搭配在一起销售）和 1 份蔬菜。同时，可以选 2 种水果，1 种原味牛奶或巧克力牛奶，有时还可以再选 1 种蔬菜。因此，大多数时候，学生每天最多可以选择 2 种蔬菜（至少 1 种）和 2 种水果。3 所学校实施 PPP 时间如下：Norwood View 小学 2014 年 11 月 3 日，Sharpsburg 小学 2015 年 1 月 5 日，Williams Ave. 小学 2015 年 4 月 13 日。学校的自助餐厅收银机配有 1 个按钮，可以用来记录学生选择水果、蔬菜、原味牛奶和全谷物主食的时间。PP 数据收集工作从各学校开始实施 PPP 项目之前四周即开始。项目实施的第 1 周，"绿色笑脸"表情摆放在 PP 食品和饮料旁边，第 1 天，如果选择了 PP，会得到 1 个手环。图 1 是摆放在 PFFM 旁边的"绿色笑脸"表情符号（a）和手环（b），在项目启动的第 1 周，选择 PP 的学生会得到这种小奖品。

随后，在该学年每周二和周四，餐厅工作人员和志愿者会给选择 PP 套餐的学生发放贴纸或临时纹身。在 PPP 项目实施期间，学生仍然必须独立选择食品和饮料，但在供应 PP 套餐的时候，如果他们选择 PP 套餐（1 种水果，1 种蔬菜，1 份全谷物主食和 1 杯原味牛奶），则会获得奖品。在该计划的第 2 个学年，3 所学校又在 2015 年 9 月重启 PPP 项目，并持续至 2016 年 5 月底。这样，干预时间总共有 56 周，第 2 学年开始时的第 23~26 周有 3 周的空档期。从 PPP 项目干预之前 1 个月至整个干预

原味牛奶

（a）

（b）

**图1 表情符号示例和佩戴"启动手环"的学生**

（a）原味牛奶表情符号；（b）佩戴手环的学生，旁边是 Power Plate（PP）

期收集自助餐厅收银机收款数据。

收集除全谷物主食外其他所有食物的数据，因为所有学生凡购买午餐都会得到一份全谷物主食。从收银机获得的购买数据由 NCSD 食品服务部提供。采用 Z 检验的统计分析方法比较基准期间（无干预）和干预期（使用表情符号和 PP 奖励）学生每天选择食物种类比率的差异。NCSD 参与了我们干预措施的设计、实施和分析。此项目经辛辛那提儿童机构审查委员会审查，确定其并非以人为研究对象的研究项目，所以获得了豁免。

## 3 结果

我们对 2014 年 10 月 2 日至 2016 年 5 月 25 日 3 所小学学生购买的 158 596 份午餐进行了调查。表 2 列出了 PP 套餐和单一食品的购买情况，对基线期（PPP 项目开始之前 1 个月）和至第 2 学年末整个干预期间的购买情况进行对比。比率是每名学生每次午餐时间所选择的特定食物或饮料的数量。其中，PP（271%）、原味牛奶（159%）、水果（18%）和蔬菜（9%）等增长率都显著提高，巧克力牛奶的购买量减少了 14%，而牛奶总量（原味+巧克力牛奶）增加幅度不太大，仅 4%，但也达到显著水平。然而，蔬菜选择的增加则有些出乎意料，因为在 NCSD 的学校所有参加学校午餐计划的学生都会自动得到1份蔬菜和全谷物主食。水果和牛奶种类由学生自行选择，由于每顿午餐通常提供2种水果和2种蔬菜，所以学生一顿饭也可以选择两种蔬菜或两种水果。在第20~25周的时候，PP套餐选择出现了下降，这刚好是第1学年末餐厅没有志愿者来帮助这个项目和第2学年刚开学PPP项目尚未重新开始那段时间。

表2　奖励前后Norwood小学学生食物选择比较

| 食物 | 奖励前每位学生选择率 n=13 506 午餐 | 95%置信区间 | 有奖励时每位学生选择率 n=145 090 午餐 | 95%置信区间 | P值有无奖励对比 |
|---|---|---|---|---|---|
| Power Plate* | 0.0522 | 0.05~0.06 | 0.194 | 0.19~0.20 | <0.0000001 |
| 原味牛奶* | 0.0984 | 0.09~0.11 | 0.255 | 0.25~0.26 | <0.0000001 |
| 巧克力牛奶* | 0.818 | 0.80~0.84 | 0.700 | 0.70~0.71 | <0.0000001 |
| 牛奶总量（巧克力+原味）* | 0.916 | 0.90~0.94 | 0.956 | 0.95~0.96 | 0.000331 |
| 蔬菜* | 1.299 | 1.27~1.32 | 1.416 | 1.41~1.42 | <0.0000001 |
| 水果* | 0.667 | 0.65~0.69 | 0.790 | 0.79~0.80 | <0.0000001 |

\* 干预前与干预期间相比发生显著变化（$P<0.05$）。

每名学生平均PP套餐选择率有奖品前为0.0522，在每周2次对选用PP套餐的学生进行奖励之后增加到0.194。图中显示的是基线期和PP实施期间数据（注：各学校起始日期不同，所以用周数而不是日期来表示）。虽然图中的x轴是以周表示，但每个点还是代表1天。从图中的"之字形"曲线可看出，每逢周二和周四有奖品时PP套餐销量就增加，而无奖品的时候PP套餐销量则减少。红色的"平均"线表示整个干预前（基线）和干预期间的平均数。

图2是2014—2015学年3所学校学生选择PP套餐占在校时间的比例。尽管开始日期是错开的，但各学校的影响相似，表明时间不是选购PP套餐的影响因素。在图中，我们也对项目实施期间发生的事作了标注，如基准期、PP开始日期，以及可能影响项目有效性的事项，如Sharpsburg学校餐厅员工换人或学校协助项目实施的营养实习生去休暑假等。

## 4　讨论

本研究结果显示，采用小奖品，对在午餐自助餐厅就餐时选择较健康的食物及饮品的学生进行奖励的计划是成功的，在有奖品分发的日子，这种效果维持了相当长时间，在3所学生种族身份各异的学校都是如此。这项干预措施使学生对健康食品的选

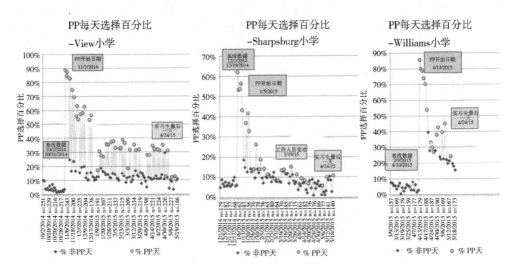

**图 2　第 1 学年各学校每日 PP 套餐购买情况**

每个点代表 1 天。在奖励日 PP 套餐选购增加，呈"之字形"模式。在学年末 Sharpsburg 学校餐厅员工换人时，PP 套餐选购出现急剧下降。

择率增加了 5 倍，并且这种影响持续了 2 个学年。而相比而言，旨在改善学生在学校餐厅的食物选择的其他类型的干预措施，增加率范围通常在 20%~100%[6,7,14]，而这项每周两次提供贴纸或纹身作为选择健康食品（用绿色笑脸表情包标示）的"奖品"的干预措施，与其他改善食物选择的干预措施相比更为有效。具体来说，原味牛奶的选择增长幅度最大，比基线期原味奶销售增加 150%。由于 960 名学生中约有 60% 参加了学校午餐计划，这样 3 所学校每天就增加了约 100 盒原味牛奶。在 PPP 项目实施期间，水果选择比基线期增加了 18%。而变化最小的是蔬菜，购买率比基线期增加了 9%。但考虑到学校食堂工作人员本来就会自动为学生提供一种蔬菜，所以这样的增加率仍然是十分显著的。

牛奶被认为是儿童钙和其他营养物质的重要来源[23]。大多数小学生在参加美国农业部主导的学校午餐计划时会选择巧克力牛奶而非原味牛奶[24]。虽然巧克力牛奶与原味牛奶相比对健康状况有什么影响还存在不确定性，但巧克力牛奶的含糖量是原味牛奶的两倍。在学校食堂，撤走巧克力牛奶只提供原味牛奶虽然会使原味牛奶购买量增加，但是同时也会导致牛奶购买总量减少 10%~26%，造成牛奶消费量减少[25,26]。我们在干预项目中有效地增加了原味牛奶的购买量，牛奶总购买量不但没减少，甚至还有小幅增加。

我们的研究也存在几个局限。正如 Birch 等之前所描述的，有些人担心在选择食物时给予外在奖励，可能会导致在奖励停止时不再选择某种特定的食物[27,28]。我们也确实看到 PP 套餐购买量在没有奖励时出现下降，但 PP 套餐销售额仍然比基准期略高。即使我们的干预时间很长，在没有奖品的日子里，孩子们对食物的选择回落到接近基线期的水平,这表明这种干预方法虽然可以改变食物的购买或选择,但仍不足以改变其对食物的偏好。干预结束后的后续数据可以说明这种小幅增长是否具有持续性,令人担忧的是,在第1个学年末PPP项目结束时,PP套餐的选购量马上下降。这项研究另一个局限是没有评估干预对儿童整体饮食的影响,并且,我们只有学生购买食物的数据,并没有测定食品/饮料的实际消费量。我们无法分析研究期间消费量有没受到影响,也无法分析单次购买量是如何变化的。但在之前的一次市内小学试点中实施PPP项目的消费量数据显示,剩饭菜的数量不受该计划的影响。

在执行和维持PPP项目时也存在一些实际问题。该项目是学校餐厅现有员工和志愿者管理的,虽然这样PPP项目的开支比较少,但学校食堂员工工作繁忙,员工和志愿者可能由于有其他工作而分心。另外,这项计划是在2个学年内以研究的形式(由餐厅现有员工和志愿者)成功实施的,但其中1所学校的数据显示,餐厅员工的变动对PPP项目的有效性产生了负面影响。因此,要将这种干预方法推广到更多学校甚至推广至整个州,当食堂工作人员发生变动时,可能还需要一些支持措施。这项研究的优点是,我们直接通过查看餐厅长达2个学年的收据对午餐的购买情况进行考查,数据量很大。由于PPP项目是在现有资源条件下执行的,如果该计划推广到全州时,可能具有成本效益和可持续性。

# 5 结论

PPP项目是增加小学生对健康食品选择的有效干预措施,效果最显著的是增加了原味牛奶购买率,减少了风味牛奶购买率。

# 参考文献

[1] Ng, M.; Fleming, T.; Robinson, M.; Thomson, B.; Graetz, N.; Margono, C.; Mullany, E. C.; Biryukov, S.; Abbafati, C.; Abera, S. F.; et al. Global, regional, and national prevalence of overweight and obesity in children and adults during 1980−2013: A systematic analysis for the Global Burden of Disease Study 2013. Lancet 2014, 384: 766−781.

[2] Ogden, C. L.; Carroll, M. D.; Kit, B. K.; Flegal, K. M. Prevalence of childhood and adult obesity in the United States, 2011-2012. JAMA 2014, 311: 806−814.

[3] Finkelstein, D. M.; Hill, E. L.; Whitaker, R. C. School food environments and policies in US public schools. Pediatrics 2008, 122: e251-e259.

[4] Zheng, M.; Rangan, A.; Allman-Farinelli, M.; Rohde, J. F.; Olsen, N. J.; Heitmann, B. L. Replacing sugary drinks with milk is inversely associated with weight gain among young obesity-predisposed children. Br. J. Nutr. 2015, 114: 1448−1455.

[5] Hutchins, E. Flavored Milk and the National School Lunch Program. Available online: http: //

uknowledge. uky. edu/cph_ etds/23 (accessed on 11 October 2016).

[6] French, S. A.; Stables, G. Environmental Interventions to Promote Vegetable and Fruit Consumption Among Youths in School Settings. Prev. Med. 2003, 37: 593–610.

[7] Hanks, A. S.; Just, D. R.; Smith, L. E.; Wansink, B. Healthy convenience: Nudging students toward healthier choices in the lunchroom. J. Pub. Health 2012, 34: 370–376.

[8] Privitera, G. J.; Taylor, E. P.; Misenheimer, M.; Paque, R. The effectiveness of "emo-labeling" to promote healthy food choices in children preschool through 5th grade. Int. J. Child. Health Nutr. 2014, 3: 48–54.

[9] Cawley, J.; Price, J. A. A case study of a workplace wellness program that offers financial incentives for weight loss. J. Health Econ. 2013, 32: 794–803.

[10] Volpp, K. G.; Troxel, A. B.; Pauly, M. V.; Glick, H. A.; Puig, A.; Asch, D. A.; Galvin, R.; Zhu, J.; Wan, F.; DeGuzman, J.; Corbett, E. A randomized, controlled trial of financial incentives for smoking cessation. N. Engl. J. Med. 2009, 360: 699–709.

[11] Baicker, K.; Cutler, D.; Song, Z. Workplace wellness programs can generate savings. Health Aff. (Millwood) 2010, 29: 304–311.

[12] Brownell, K.; Horgen, K. Food Fight: The Inside Story of the Food Industry, America's Obesity Crisis, and What We Can Do About It; Contemporary Books: Chicago, IL, USA, 2004.

[13] Hobin, E. P.; Hammond, D. G.; Daniel, S.; Hanning, R.; Manske, S. R. The Happy Meal® effect: The impact of toy premiums on healthy eating among children in Ontario, Canada. Can. J. Public Health 2012, 103: e244–e248.

[14] Just, D. R.; Price, J. Using incentives to encourage healthy eating in children. J. Human Resour. 2013, 48: 855–872.

[15] List, J. A.; Samek, A. S. The behavioralist as nutritionist: Leveraging behavioral economics to improve child food choice and consumption. J. Health Econ. 2015, 39: 135–146.

[16] List, J. A.; Samek, A. A field experiment on the impact of incentives on milk choice in the lunchroom. Public Finan. Rev. 2015, 45: 44–67.

[17] Siegel, R. M.; Anneken, A.; Duffy, C.; Simmons, K.; Hudgens, M.; Lockhart, M. K.; Shelly, J. Emoticon use increases plain milk and vegetable purchase in a school cafeteria without adversely affecting total milk purchase. Clin. Ther. 2015, 37: 1938–1943.

[18] Siegel, R. M.; Hudgens, H.; Annekin, A.; Simmons, K.; Shelly, J.; Bell, I.; Kotagal, U. R. A Two-Tiered School Cafeteria Intervention of Emoticons and Small Prizes Increased Healthful Food Selection. IJFANS. 2016, 5. Available online: http://www.ijfans.com/ijfansadmin/upload/ijfans_5784ca415b87a.pdf (accessed on 12 October 2016).

[19] Barnes, A. S.; Hudgens, M. E.; Ellsworth, S. C.; Lockhart, M. K.; Shelley, J.; Siegel, R. M. Emoticons and Small Prizes to Improve Food Selection in an Elementary School Cafeteria: A 15 Month Experience. J. Pediatr. Child Nutr. 2016, 2: 100108.

[20] Hudgens, M.; Barnes, A.; Lockhart, M. K.; Ellsworth, S.; Beckford, M.; Siegel,

R. Small Prizes Improve Food Selection in a School Cafeteria without Increasing Waste. Clin. Pediatr. 2016.

[21] Siegel, R.; Lockhart, M. K.; Barnes, A. S.; Hiller, E.; Kipp, R.; Robison, D. L.; Ellsworth, S. C.; Hudgens, M. E. Small prizes increased healthful school lunch selection in a Midwestern school district. Appl. Physiol. Nutr. Metab. 2014, 41: 370-374.

[22] Norwood City School District. Available online: http://public-schools.startclass.com/d/d/Norwood-City-%28District%29 (accessed on 16 February 2017).

[23] Ellery, J. The nutritional importance of milk and milk products in the national diet. Int. J. Dairy Tech. 1978, 31: 179-181.

[24] Fayet-Moore, F. Effect of flavored milk vs plain milk on total milk intake and nutrient provision in children. Nutr. Rev. 2016, 74: 1-7.

[25] Quann, E. E.; Adams, D. Impact on milk consumption and nutrient intakes from eliminating flavored milk in elementary schools. Nutr. Today 2013, 48: 127-134.

[26] Hanks, A. S.; Just, D. R.; Wansink, B. Chocolate milk consequences: A pilot study evaluating the consequences of banning chocolate milk in school cafeterias. PLoS ONE 2014, 9: e91022.

[27] Birch, L. L.; Birch, D.; Marlin, D. W.; Kramer, L. Effects of Instrumental Eating on Children's Food Preferences. Appetite 1982, 3: 125-134.

[28] Birch, L. L.; Marlin, D. W.; Rotter, J. Eating as the "means" activity in a contingency: Effects on young children's food preference. Child Dev. 1984, 55: 431-439.

# 对美国低脂牛奶社交媒体干预——"选择1%低脂牛奶活动"的反应

Robert John [1]*, Karla J. Finnell [1], Dave S. Kerby [1], Jade Owen [1] and Kendra Hansen [2]

1. Health Sciences Center, University of Oklahoma, Oklahoma City, OK 73126-0901, USA; karla-finnell@ouhsc.edu (K.J.F.); dave.s.kerby@gmail.com (D.S.K.); jade-owen@ouhsc.edu (J.O.) 2. Two Rivers Public Health Department, Suite A, Kearney, NE 68847, USA; khansen@trphd.org

**摘要**：作为健康传播的主要来源，社交媒体已经变得愈发重要，但却很少受到学术界的关注。本研究的目的是对全州（本文中指俄克拉荷马州）范围内连续五周宣传饮用1%低脂牛奶的社交媒体干预的Facebook评论进行内容分析。通过形成性研究确定要宣传的健康信息并发布16条与《美国膳食指南》内容一致的健康信息。在这一干预过程中，454名Facebook用户发布了489条相关评论。使用话题定性识别的混合方法辅以聚类分析以确定用户评论内容的话题。研究结果识别出涵盖19个分话题的6个大话题：（a）糖、脂肪、营养物质；（b）无视；（c）牛奶稀薄无味；（d）个人偏好；（e）证据和逻辑；（f）纯净和天然。牛奶话题在消费者心目中是一个有争议的领域，争议之多令人惊讶，各种针锋相对的观点一直影响着牛奶消费。了解公众对通过社交媒体进行营养教育干预的反应，有助于研究人员理解受众对期望的行为产生的消费心态，要求对社交媒体宣传活动进行不断的监管，但同时也提供了一个与受众间实时互动的效用最大化的机会。

**关键词**：牛奶；社交媒体；社会营销；美国补充性营养援助计划（SNAP）；聚类分析；受众消费心态

---

\* Correspondence: robert-john@ouhsc.edu

## 1 引言

在美国人的膳食中饱和脂肪是一种过量摄入的营养物质[1]。自 1990 年以来，《美国膳食指南》一直试图让美国民众改喝1%低脂牛奶，减少饱和脂肪摄入量，但收效甚微[2]。鼓励消费脱脂奶或1%低脂牛奶的建议在《膳食指南》的每个版本中已经变得愈发明确且贯穿指南全文[3-7]。

但是证据表明美国消费者总体而言并没有留意这一建议。图1显示了美国液态奶销售额近40年的趋势[8]。从 1975 年到 20 世纪 90 年代初期，全脂牛奶销售额大幅跌落，2%乳脂牛奶销售额增长；在 20 世纪 80 年代后期其他类型的牛奶销售额则略有增加。2%乳脂牛奶的销售额在 1993 年首次超过了全脂牛奶的销售额，之后的 10 年中全脂牛奶和2%乳脂牛奶的销售额几乎一样。自 2005 年以来，2%乳脂牛奶的销售额一直超过全脂牛奶。截至 2015 年，1%低脂牛奶和脱脂牛奶的销售额占不到所有牛奶销售额的约 1/3（30.0%），这一数字在过去 10 年中并没有发生显著改变。

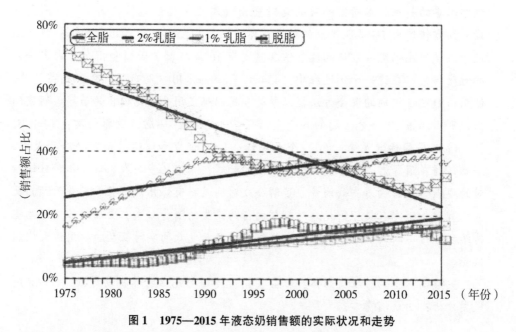

**图 1　1975—2015 年液态奶销售额的实际状况和走势**

来源：美国农业部；改编自 2016 年液态奶产品（年度）销售额[8]。

可惜牛奶消费向2%乳脂奶转变并未达到《美国膳食指南》想减少饱和脂肪摄入量的目的。用脱脂牛奶和1%低脂牛奶代替全脂牛奶和2%乳脂牛奶的做法在群体水平上显著减少了饱和脂肪和热量的摄入[9]。其中选择2%乳脂牛奶代替全脂牛奶可将饱和脂肪摄入量减少 30%，即从每杯 5 克减少到每杯 3.5 克。相比之下，喝1%低脂牛奶可将饱和脂肪摄入量减少 70%。

联邦食品和营养教育计划提倡采纳《美国膳食指南》中的建议[3]。在长期一直建议消费1%低脂或脱脂牛奶的情况下，消费者接受低脂牛奶速度缓慢理由何在？在Facebook上所做的为期5周提倡消费1%低脂牛奶的社交媒体宣传活动中，人们会在自己的Facebook时间轴中收到一篇或多篇帖子。本研究的主要目的是基于公众对这些广告帖的评论的内容进行分析，来报告这些Facebook用户在收到帖子后的自发反应。据我们所知，本研究是首个报告社交媒体营养教育干预内容分析的研究。这些反应说明了消费者针对不同类型的牛奶持有褒贬不一的观点以及社交媒体作为一种健康宣传工具的效用。

## 干预

俄克拉荷马州营养信息与教育（ONIE）计划是一个补充性营养援助计划教育（SNAP-Ed）的社会营销项目，该计划受到美国农业部通过俄克拉荷马州公共服务厅提供的资助。作为SNAP-Ed项目的一个受资助计划，ONIE计划的目的是在低收入优先受众（低于联邦贫困水平的130%），特别是在符合补充性营养援助计划（SNAP）（之前称为食品券计划）条件的民众中提倡合理营养和体育活动。

SNAP是美国最大的食品援助计划。在2014年，俄克拉何马州SNAP参与率列全美第15位，平均每月有608 492名SNAP受益者[10]，大约6个俄克拉荷马州人中就有1人受益。SNAP的受助者可随意选用不同种类的牛奶，或者不选牛奶而是选用不那么健康的含糖饮料。SNAP-Ed计划旨在为SNAP受众提供与《美国膳食指南》相一致的健康选择的营养信息[3]。俄克拉荷马州的大量SNAP受助群体为ONIE项目开展社会营销干预提供了相当大的低收入受众。

这一干预计划，即"选择1%低脂牛奶"，旨在让高脂牛奶消费者成为低脂牛奶消费者。这一多媒体社会营销干预计划是ONIE开展的2项倡导饮用低脂牛奶干预计划中的第2项。2012年实施的第1项计划，请当地1位体育明星当代言人，在俄克拉荷马市的媒体市场开展。采用准实验设计，干预前和干预后的电话调查和牛奶销售数据均显示在干预过程中干预媒体市场上饮用1%低脂牛奶的行为发生了显著、良好的变化[11,12]。选择1%低脂牛奶干预计划连续5周在全州范围内开展。社交媒体，尤其是Facebook，是一个主要渠道。从位于整个俄克拉荷马州的105家超市采集的牛奶销售数据经评估显示，在选择1%低脂牛奶干预过程中，1%低脂牛奶销售额显著增加。1%低脂牛奶市场份额从干预前1周的7.1%上升到干预刚结束后的10.1%，相对增长量为42.9%。牛奶销售总量并没有显著增加，表明1%低脂牛奶销售额的增加是高脂肪牛奶用户改喝1%低脂牛奶造成的。此外，脱脂奶销售额并无明显变化，排除了脱脂牛奶用户对1%低脂牛奶销售增加产生影响的可能性。

## 2 材料和方法

### 2.1 材料

宣传活动的标志是一只伸出去拿 1 加仑 1%低脂牛奶的手臂的图像，上面明显地展示出"选择"一词。宣传标语是"选择 1%低脂牛奶"，辅助宣传标语是"选择全家健康"（图2）。对选择的强调源于 Luntz 对政治传播的研究[13]以及我们自己对赋予自主选择权的信息显示出积极反应的形成性研究[14]。这一活动与我们之前的干预类似，其关键信息试图消除 SNAP 受众关于 1%低脂牛奶的最常见误区[14]，其中包括脂肪含量 1%的低脂牛奶、2%的弱脂牛奶的区别，1%低脂牛奶维生素和矿物质含量与全脂牛奶相同，1%低脂牛奶不是用水稀释的，2 岁及以上的儿童建议饮用 1%低脂牛奶。社交媒体上发布的所有宣传广告都着重于信息图表图像。这些图像简洁明了，寥寥数语便传达出关键的营养信息。

图 2　选择 1%低脂牛奶社交媒体信息图

### 2.2 参与者

ONIE 采集的数据来自在"选择 1%低脂牛奶"干预活动期间对"选择 1%低脂牛奶"干预的健康宣传信息作出回应写了评论的 Facebook 用户。除了在每位用户的时间轴上推送付费广告（帖子）之外，我们没做任何征求意见或推介工作来获取评论。除了现居于俄克拉荷马州和年满 18 岁的成年人外，在 Facebook 上发送宣传广告时，我们还规定了会收到这些帖子的个人的特征。表 1 列出了每篇帖子的优先受众的概况。每篇帖子都瞄准那些符合一项或多项规定特征的 Facebook 用户。因为我们不采集个人信息，所以这些 Facebook 用户中有多少人是 SNAP 受众也就不得而知了，但也没有证据表明 SNAP 受众在 Facebook 上不具有充足的代表性。

表 1  Facebook 广告宣传和社交媒体参与情况（2014 年）

| 帖子编号 | 发帖日期（月/日） | 广告宣传 | 收帖人数 | 帖子点击量 | 赞 | 分享 | 已分析评论量 | 每个参与的成本（赞、评论、分享、帖子点击量） |
|---|---|---|---|---|---|---|---|---|
| | 9/16 | 活动开始 | | | | | | |
| 1 | 9/16 | 真相：1%低脂牛奶含有2%弱脂牛奶所含全部营养物质，但脂肪含量只有后者的一半。<br>优先受众：母亲、父亲、育儿的父母、父母、孕妇、家庭和情侣 | 110 592 | 1 042 | 222 | 20 | 30 | $ 0.44 |
| 2 | 9/18 | 选择 1%低脂牛奶，为您的膳食增添一缕阳光。其维生素 D 含量跟 2%弱脂牛奶一模一样。<br>优先受众：粉丝和粉丝的朋友 | 52 608 | 157 | 72 | 4 | 5 | $ 1.24 |
| 3 | 9/19 | 别傻了！下次买牛奶，就选 1%低脂奶！<br>优先受众：母亲、父亲、育儿的父母、孕妇、家庭和情侣 | 73 888 | 2103 | 1 387 | 69 | 64 | $ 0.16 |
| 4 | 9/21 | 您知道吗，1%低脂牛奶维生素和矿物质含量跟2%弱脂牛奶一模一样，但脂肪含量只有它的一半？ http://chooseonepercent.com<br>优先受众：母亲、父亲、育儿的父母、孕妇、家庭和情侣 | 99 424 | 745 | 655 | 29 | 38 | $ 0.40 |
| 5 | 9/24 | 1%低脂牛奶，强肌又健骨。终极的蛋白饮品！http://chooseonepercent.com<br>优先受众：母亲、父亲、育儿的父母、孕妇、家庭和情侣 | 99 488 | 513 | 500 | 19 | 25 | $ 0.70 |
| 6 | 9/26 | 人人都知道 1%低脂牛奶脂肪更少，是不是维生素 D 也少呢？不是！<br>优先对象：母亲、父亲、育儿的父母、孕妇、家庭和情侣 | 110 208 | 974 | 1 081 | 62 | 41 | $ 0.34 |

（续表）

| 帖子编号 | 发帖日期（月/日） | 广告宣传 | 收帖人数 | 帖子点击量 | 赞 | 分享 | 已分析评论量 | 每个参与的成本（赞、评论、分享、帖子点击量） |
|---|---|---|---|---|---|---|---|---|
| 7 | 9/26 | 真相：1%低脂牛奶不是用水稀释的！其维生素含量跟2%弱脂牛奶一模一样，但饱和脂肪更少。http：//chooseonepercent.com 优先受众：粉丝和粉丝的朋友 | 51 344 | 366 | 150 | 11 | 9 | $ 1.15 |
| 8 | 9/30 | 真相确定如此：1%低脂牛奶维生素和钙含量跟2%弱脂牛奶一模一样，但脂肪只有它的一半！为了你和你的家人的健康，请选择1%低脂牛奶。http：//chooseonepercent.com 优先受众：低收入受众、育儿的父母、家庭和健身者 | 28 864 | 480 | 124 | 8 | 21 | $ 0.82 |
| 9 | 10/7 | 真相：2%弱脂牛奶脂肪含量是1%低脂牛奶的两倍。优先受众：18岁~65岁+ | 122 816 | 610 | 155 | 19 | 53 | $ 0.67 |
| 10 | 10/7 | 问：1%低脂牛奶和2%弱脂牛奶哪种含糖多？答：这个问题容易让人上当！两种含糖量一样。优先受众：育儿的父母 | 120 704 | 674 | 333 | 11 | 23 | $ 0.95 |
| 11 | 10/8 | 很多人认为牛奶里面的脂肪十分健康，但大多数研究证明1%低脂牛奶是更佳选项。优先受众：粉丝和粉丝的朋友 | 68 640 | 699 | 176 | 14 | 44 | $ 0.99 |
| 12 | 10/10 | 真相：小孩到了2岁，生长发育就不需要2%弱脂和全脂牛奶中的脂肪。1%低脂牛奶是健康的选择！优先受众：母亲、父亲、育儿的父母 | 147 904 | 1 053 | 750 | 92 | 103 | $ 0.55 |

（续表）

| 帖子编号 | 发帖日期（月/日） | 广告宣传 | 收帖人数 | 帖子点击量 | 赞 | 分享 | 已分析评论量 | 每个参与的成本（赞、评论、分享、帖子点击量） |
|---|---|---|---|---|---|---|---|---|
| 13 | 10/13 | 适应1%低脂牛奶的口味平均需2周的时间，但你照样可以得到牛奶的9种必需营养物质！<br>优先受众：低收入群体 | 79 648 | 1 077 | 220 | 23 | 51 | $ 0.81 |
| 14 | 10/14 | 把脂肪的真相搞清楚！<br>优先受众：18岁~65岁+ | 161 792 | 829 | 312 | 12 | 47 | $ 0.87 |
| 15 | 10/14 | 戒掉运动饮料过量的糖和添加剂。1%低脂牛奶富含你身体所需的维生素和营养物质！<br>优先受众：育儿的父母 | 102 112 | 402 | 491 | 25 | 18 | $ 1.20 |
| 16 | 10/17 | 小孩需要喝牛奶。美国儿科学会建议孩子2岁后饮用1%低脂牛奶。<br>优先受众：母亲、父亲、育儿的父母、孕妇、家庭和情侣 | 105 920 | 351 | 517 | 34 | 20 | $ 0.57 |
|  | 10/17 | 活动结束 |  |  |  |  |  |  |
|  |  | 总计 | 1 535 952 | 12 075 | 7 145 | 452 | 592 | $ 0.74 |

## 2.3 统计分析

Facebook评论的话题由4个评定者定性识别，每个评定者都反复且独立地阅读这些评论，以便熟悉它们并识别话题。这些话题并非相互排斥，因为评定者可能会将1条评论归入多个话题中。

此外，采用聚类定量分析方法对定性方法进行了补充。之所以要进行聚类分析是基于社交媒体材料缺乏小组对话，如小组（焦点）座谈的语境这一事实。然而，社交媒体的内容更简洁，缺少上下文。自20世纪60年代以来，聚类分析一直常规应用于社会科学中，新的应用领域也有陆续报道[15-17]。我们把聚类分析用作一种定量法，对每个评定者识别出的话题内容予以分类。在此研究中分析的是1组案例。每个案例均为1个独立的评定者识别出的1个话题，通过聚类分析确定了类似话题的分组[18-20]。

为了提供融合证据，我们使用了两种相似性尺度。第1种相似性尺度是Dice系数（*也称为骰子系数，用以计算两个字符串的相似度）。其范围从0到1，分数越高意味着相似度越高[21]。第 2 种相似性尺度是尤拉 Q 系数，是 1 种类似相关性的尺度，范围从-1 到+1，得分为 0 表示完全无关联[22]。尤拉 Q 系数的 1 个重要属性是，当一个评定者的话题由来自另一个评定者的话题评论的子集组成时，尤拉 Q 系数等于 1，这一关系便称为完全相似[23]。当尤拉 Q 系数比 Dice 系数高时，表明一个话题可能比另一个更宽泛，所以有必要检查这些项目，以探究这种可能性。

对于 Dice 系数和尤拉 Q 系数而言，这些话题由类间的平均距离组合而成。这一分析的最后一步又是定性分析。为了验证相似度，对这些话题开展了定性检验，评定者最后 1 次审核这些评论，来发现任何之前没有被识别出来的话题。

## 3 结果

如表 1 所示，在选择 1%低脂牛奶宣传活动中，ONIE 在 Facebook 上发布了 16 个不同的广告。154 万人（影响范围）看到了这些广告。这个数据由单个广告帖子得出，而非整个广告活动，所以这个数字包括阅读了不止一个帖子的重复观众。平均而言，每个广告影响到大约 9.6 万人（唯一值个数）。2014 年俄克拉荷马州的总人口为 3 878 051 人，这意味着每一个广告都会有占该州总人口 2.5%的民众看到[24]。共有 8 374 名 Facebook 用户参与到这 16 个帖子的互动，通过点赞、分享或评论等方式进行回应。这 16 个帖子的进一步了解该话题的点击量超过了 1.2 万次，集到超过 7 000 个赞，452 个分享。根据定义，赞是对该条信息的正面认可。分享是 Facebook 用户在他们的时间轴上分享了这篇帖子，这将使帖子的影响扩展到他们的家人和朋友。另一个参与层次是发表评论，可能是支持或反对该条健康信息。

在该活动期间，454 名 Facebook 用户发表了 592 次评论。大多数用户只评论了 1 次（81.7%）或 2 次（12.8%），有 25 个用户（5.5%）评论了 3 次以上。在我们分析的 592 条评论中，有 103 条（17.4%）与话题无关，比如有过一些用户在讨论糖尿病而没有提到牛奶的帖子。因此，有 489 条评论在某个方面与 1%低脂牛奶的健康信息有关。

这 4 个评定者分别读完了 489 条评论并识别出话题，在总共 77 个话题中分别确定了 15、18、20、24 个话题，其中一些话题使用了非常相似或完全相同的字眼来描述该话题。对这些话题进行聚类分析，将具有相同评论内容的话题分到类似的群组中。对树状图的研究表明，一个好的解决方案需要 6 个宽泛的话题组。在 6 个宽泛的话题组中总共有 19 个更具体的子话题，如表 2 中所示。在最终的定性分析步骤中，评定者对这些评论和话题进行审查，但没有识别出其他话题。假设频率高表示观点更普遍或更强烈，然后根据每个话题组的评论数量来对这些话题讨论进行排序。

表2 内容分析的话题和子话题

| 话题群组 | 子话题评论 [#表1中的Facebook帖子编号] |
|---|---|
| 1. 糖、脂肪、营养物质（n=118） | 脂肪和糖（n=37）<br>他们抽掉了全脂牛奶中的脂肪，用糖/甜味剂来代替。[#5]<br>脂肪含量越低，含糖量越高。[#1]<br>全都是糖！[#7]<br>高糖分调味奶更容易导致儿童肥胖症。[#12]<br>大错特错。别再向年轻父母兜售垃圾信息，别用糖毒害我们的孩子了……[#12]<br>是糖水 [#3]<br><br>营养物质（n=35）<br>我可能说得不对，不是所有的营养物质都在外面经过高温加热后才加进去的吗？氢化（原文如此）意味着高温加热。[#13]<br>1%低脂牛奶含有更多维生素，因为它含有更多牛奶。[#9]<br>依照这种逻辑，很多东西都"富含"营养物质，只不过总量很少。[#13]<br>1%低脂牛奶不含可以令骨骼长得强健和帮助牙齿生长的维生素。[#12]<br><br>健康的脂肪（n=31）<br>事实上，低脂肪已经证明对减肥无效。[#7]<br>人体需要脂肪来消化牛奶中含有的营养物质。[#14]<br>你知道全脂牛奶中的脂肪对人有益吗？[#4]<br>是的，脂肪和胆固醇对人有益。[#1]<br>哇，又一个谎言，这种牛奶……不含一点维生素，因为维生素在脂肪里头……上个营养班吧。[#2]<br><br>脂肪对儿童有益（n=16）<br>全脂牛奶中含有可以帮助孩子们脑部发育的脂肪。[#14]<br>对成年人还行，对孩子则不然。[#6]<br>儿童脑部的发育需要好脂肪。[#12] |
| 2. 无视（n=110） | 拒绝（n=75）<br>胡说，1%低脂牛奶没啥用处。[#4]<br>现在没人真正知道什么食物对你好，什么食物对你不好。[#3]<br>谁在乎啊！不喝1%低脂牛奶。[#10]<br><br>讽刺（n=30）<br>好吧！（语气带有不屑）[#9]<br>浪费了多少时间和金钱才得出了这么个令人难以置信的结论？[#9]<br><br>暴虐（n=8）<br>我们让父母来养孩子怎么样？1%低脂牛奶真是可笑！[#12]<br>政府现在忙活我们的家事啦！！！！[#4]<br>白痴政府教人该怎么吃，大伙还真信了。摇头。[#12] |

（续表）

| 话题群组 | 子话题评论 ［#表 1 中的 Facebook 帖子编号］ |
|---|---|
| 3. 掺水牛奶（n=98） | 感官体验（n=77）<br>还不如喝水。没啥味道。［#6］<br>有点泛蓝。［#12］<br>我喝奶是想品尝牛奶，不是水。［#9］<br>我说过全脂牛奶是……1%低脂牛奶是有点泛蓝的水！！！［#3］<br><br>掺水了（n=31）<br>我们生在奶牛场，不想要掺水的牛奶。［#3］<br>全脂牛奶能强筋健骨，而非掺了水的1%低脂假货奶！［#3］<br>多半是水。［#4］<br>只是往水里掺了一丢丢奶好吧。［#9］<br><br>价钱（n=8）<br>他们卖1%低脂牛奶赚的更多！（水多牛奶少！）［#3］<br>是钱在作怪。［#10］<br>你买的多半是水。［#13］<br>看看标签吧，大伙们。他们肯定在自来水公司入了股啦。［#16］ |
| 4. 个人偏好（n=93） | 喜欢高脂牛奶（n=50）<br>一直喝全脂牛奶。［#3］<br>全脂牛奶，我的最爱。［#5］<br>我最喜欢2%弱脂牛奶。［#6］<br><br>喜欢低脂牛奶（n=30）<br>我爱喝脱脂牛奶！［#1］<br>1%低脂牛奶是我们的选择。［#5］<br>1%低脂牛奶我们已经喝了好多年了，很喜欢喝。［#9］<br><br>生牛奶（n=23）<br>直接挤奶喝，要不就不喝。［#6］<br>不仅仅是全脂牛奶，还要全脂生牛奶才最健康。［#4］<br>我喜欢喝刚挤的鲜奶。［#8］ |
| 5. 证据和逻辑（n=79） | 科学证据（n=38）<br>虚假广告。绝对没有科学证据表明喝牛奶的人骨骼更强壮。［#3］<br>研究已经表明这不是真的。全脂牛奶才是最好的。［#12］<br>我儿子的医生说2%弱脂牛奶最好。［#12］<br>想出这种鬼主意的人，你拿出证据啊。［#12］<br><br>传闻证据（n=32）<br>全脂牛奶最好。以前没有1%低脂牛奶，人们还不是活得挺好的。［#3］<br>我觉得好笑，我们的爷爷奶奶、太爷爷太奶奶喝的要不是直接从牛身上挤出来的奶，就是全脂牛奶，还不是很长寿。［#3］<br>我一生都喝全脂牛奶，从未超重，生了两个孩子后也没超重。［#13］<br><br>锻炼（n=14）<br>多走点路，照样可享用2%弱脂牛奶。［#9］<br>脱脂或低脂解决不了问题。要管好嘴，迈开腿。［#14］<br>哇，与其在这里讨论，还不如出门走走，跟街坊邻居打个招呼，这样烧掉的脂肪比一杯牛奶的脂肪还要多。［#12］ |

(续表)

| 话题群组 | 子话题评论 [#表1中的Facebook帖子编号] |
|---|---|
| 6. 纯净和天然（n=64） | 天然（n=33）<br>上帝造的牛奶不会有错。[#12]<br>1%低脂牛奶里加了维生素和矿物质，不是天然的。[#9]<br>牛奶来自大自然。商店卖的牛奶是化学合成的。[#6]<br><br>牛奶替代品（n=21）<br>我只会喝杏仁露！[#14]<br>牛奶很差劲。我更喜欢植物奶。[#3]<br>喝不加糖的豆奶，牛奶就让该喝奶的小牛犊们喝吧。[#13]<br><br>污染（n=19）<br>可能含有维生素D，但也含有对身体有害的生长激素！！[#2]<br>牛奶含有奶牛体内的脓液、激素以及抗生素。[#13]<br>查一查究竟是用什么化学物质除掉牛奶的脂肪的！！[#6] |

*注：每个主要话题组的n是本组中非重复评论数量，可能小于该组子话题中评论n的总数。

## 3.1 话题组1：糖、脂肪和营养物质

关于糖、脂肪和营养物质的评论最多（n=118），有4个子话题。这个话题组的评论无论积极的还是消极的都是对不同类型牛奶中含有的营养物质的看法。在脂肪和糖（n=37）子话题中的评论是对糖、脂肪的评论，或两者兼有。有些评论是中性的，但很多评论包含对喝1%低脂牛奶的异议和质疑。有些Facebook用户误认为低脂牛奶加了糖。有些则认为1%低脂牛奶是偷梁换柱，脂肪少意味着糖分高。

营养物质子话题（n=35）中的评论是指关于营养的一般话题，比如提到钙或蛋白质，或营养需求的个体差异。总的来讲，这些评论都说低脂牛奶中的维生素和矿物质含量或质量都较低。还有一个错误的说法是牛奶中的所有维生素都是脂溶性的，所以饮用低脂牛奶便无法吸收牛奶中的维生素。

在我们需要脂肪的子话题中有31条评论。这些评论认为全脂牛奶更好，因为膳食脂肪十分健康或者至少不会对健康有害。而且，就像营养物质子话题中的评论一样，人们相信低脂牛奶的营养价值较低。然而，这一子话题中的评论认为牛奶中的营养物质就在脂肪中，脱脂也就意味着把营养物质也脱掉了。

最后，在脂肪有益于儿童子话题中，评论有16条。这些评论特别提到了儿童的营养需求。这些评论赞成给孩子们饮用全脂牛奶，并且许多人认为脂肪对2岁及以上的儿童的发育十分重要。事实上，大约有1/3的评论特别提到脑部发育。

## 3.2 话题组2：无视

拒绝健康宣传信息的尖酸刻薄或负面评论归入第二大话题组（n=110），其中包括3个子话题。在拒绝子话题中有75条评论对这一信息提出异议。例如，"何必费心

呢""门都没有""扯淡""呸"。有些评论充满敌意或者带有脏话，还有一些评论质疑这些关键信息的真实性。

标记为"讽刺"的子话题包含30条嘲讽帖子的评论。值得注意的是，这些评论中有一半是针对一则广告（表1，#9）——"真相：2%弱脂牛奶的脂肪含量是1%低脂牛奶的2倍"。这是说明2%弱脂牛奶和1%低脂牛奶脂肪含量的差异的关键信息。回应包括"好吧（语气不屑）"和"浪费了多少时间和金钱才得出了这么个令人难以置信的结论？"这一评论几乎没有得到赞。

第3个子话题只有8条评论，且被贴上了暴虐的标签。这些评论常常明确地说健康信息是错误的。例如，"全是废话！让孩子们喝真正的牛奶，在别处减脂肪吧。"这些评论还把这一信息称为专制政治运动，政府对民众指手画脚的实例。

### 3.3 话题组3：牛奶稀薄无味

形成性研究发现有一个普遍观念：1%低脂牛奶是全脂牛奶兑水而成，这个话题中的评论证明这是一个影响牛奶消费类型的重要观念。每个子话题代表这个观念的独特一面。

感官体验子话题将1%低脂牛奶与乳脂较高的牛奶进行了有失公允的比较，称全脂牛奶是诱人的白色牛奶，质地浓稠，口感丰富，但1%低脂牛奶有点泛蓝，质地稀薄，无味（n=31）。与此相反，在掺水了子话题中（n=33）的评论明确指出了掺水或称1%低脂牛奶为白色的水或乳白色的水。价钱是这1组的最后1个子话题，有8条评论。这些评论表达了这样一种观点：牛奶生产商和销售商在牛奶里掺水，以谋取更多钱财。

### 3.4 话题组4：个人偏好

在这一主题中的评论集中在评论者所偏爱的牛奶类型，而不是牛奶类型的属性（n=93）。占一半稍多的评论通过态度或行为表达了个人对2%或全脂牛奶的喜爱。喜欢低脂牛奶的子话题中有30个类似的评论，但个人更喜欢低脂牛奶。最后，在名为生牛奶的第3个子话题中Facebook用户们表达了喝生牛奶或者喝直接从奶牛身上挤出的鲜奶的愿望（n=33）。

### 3.5 话题组5：证据和逻辑

在这个话题中Facebook用户的评论（n=79）提供了科学、传闻证据或是公认的事实来支持他们的观点。我们标记为科学证据的子话题（n=38）中的评论通过引用科学证据来证明其立场。证据来源可能相当地模糊，比如一般会提及调查研究；也可能相当具体，比如某位提供专家建议的著名电视名人，或者他们的家庭医生。一些Facebook用户将媒体作为证据的来源或者提供来自媒体本身的研究结果的链接。

名为传闻证据（n=32）的子话题中的评论引用了个人经历或传闻证据，而非科学研究的证据。这些 Facebook 用户通常提及自己或家人多年来一直饮用全脂牛奶但身体却十分健康。有些人提到在向西部大迁移之前先辈所喝的牛奶是全脂牛奶甚至是生牛奶，认为这些先辈身体一直很健康。

名为锻炼的子话题有 14 条评论。这些评论中包含的证据的本质是可以通过增加活动量来减肥。这些评论否定了低脂牛奶对健康的益处，坚称问题可以通过锻炼来解决。

### 3.6 话题组6：纯净和天然

最后一个话题组有 64 条评论，是评论数最少的一组（占总数的 13.1%）。这些评论拒绝使用 1%低脂牛奶，理由是不纯净或不天然。

天然子话题（n=33）中的评论反映了一种观点：成人消费牛奶是非天然的，指出奶是给婴儿而非给成人饮用的。还有一些评论拒绝在商店出售的牛奶，理由是这是一种非天然的加工食品，而这些评论者们更喜欢生牛奶。类似地，但略有不同地是另一些评论拒绝低脂牛奶，声称它经过了加工，而全脂牛奶则是天然的食品。

在牛奶替代品子话题中有 21 条评论。这些评论拒绝食用牛奶，有些评论认为喝动物的奶是非天然的行为，并且建议饮用植物源奶，如杏仁奶或豆奶。

这一组中的第 3 个子话题标记为污染。这一子话题的 19 条评论提及了一种观点：奶制品受到了污染。在一些评论中污染物的性质只是含糊地提到是化学物质或添加剂，而另一些评论则说得更具体，比如提及激素、抗生素、脓液或杀虫剂等。一些 Facebook 用户将他们的评论与断言奶制品中含有大量污染物、人类消费不安全的博客连接起来，并且以此作为支持他们评论的证据。这些评论者强烈反对人类食用牛奶。

## 4 讨论

Facebook 称得上是一种新兴社区，一些用户想要积极参与或与他人互动。一场执行到位的社交媒体活动可引起受众的关注，让他们积极参与活动，发表评论。然而，公共卫生运动在利用社交媒体互动性方面却行动迟缓[25]。本研究对 Facebook 用户对一项成功的社会营销干预活动的自发性评论的内容进行了调查，这是一个全州性的社交媒体"选择 1%乳脂的牛奶"的宣传活动。

用户的评论分成 6 个宽泛的话题，包括：①糖、脂肪和营养，对牛奶营养物质的兴趣；②无视，表现对健康信息的无视和消极的态度；③牛奶稀薄无味，担心低脂牛奶掺水或口感稀薄如水；④个人偏好，是评论者对其熟悉和喜爱的奶制品的特性的肯定；⑤证据和逻辑，通过引述观点相反的坊间传闻或声称被吹捧的好处缺乏研究支持而对 1%低脂奶的健康益处予以否定；⑥纯净和天然，认为全脂牛奶纯净且天然，而低脂牛奶不洁净、掺假或非天然。

牛奶稀薄无味话题组包含最常见的感官体验子话题，其中有77条有关风味和质地的评论。这个话题在意料之中，因为对全脂牛奶和低脂牛奶感官差异的关注出现在我们的形成性研究中，而且感官偏好是一个公认的食物选择动机[26]。事实上，味觉偏好是食品选择的主导原因[26,27]。

还有一个掺水了子话题，该话题的评论表达了低脂牛奶掺水，意味着营养低劣这一观念。同样，我们早就料到会有这种观念，因为这一观念出现在形成性研究中[12,14]而且已经出现在之前关于低脂牛奶的研究中[28]。这些评论证明了关键信息的重要性以及反复推送挑战人们根深蒂固观念的信息，让他们转变态度的必要性[29]。此外，社交媒体的互动性是一个很好的特点，宣传活动团队也可发表评论来回应，纠正低脂奶掺水这一错误观点。未来活动的一个可能的策略是监控这些评论的出现频率观察它们是否会随着时间逐渐减少。

利用社交媒体互动性质的益处可用糖、脂肪和营养物质话题组来说明。这一组的一个子话题是脂肪和糖，评论者的观念是牛奶脂肪含量低意味着含糖量高。虽然这一观念并未出现在形成性研究中，却是这一群体接受低脂牛奶的一个障碍。由于Facebook不是静态的社交媒体，新广告内容的开发日新月异，成本低廉。ONIE利用这一特点发帖："问：1%低脂牛奶和2%弱脂牛奶哪种含糖多？答：这个问题容易让人上当！2种含糖量一样。"这则广告影响到了120 704名Facebook用户并获得了十分高的参与度。

有效利用社交媒体快速反应的能力，直接与受众互动也在纯净和天然话题组得到体现。一些Facebook用户认为豆奶或杏仁奶更天然，并利用选择1%低脂牛奶活动来宣传他们个人理性的营养观念。这些非牛奶用户不是选择1%低脂牛奶活动的优先受众。然而，贬低牛奶的言论可能对牛奶消费产生负面影响，这是不希望看到的负面结果。ONIE团队客气地回复了其中一些评论，向牛奶用户保证牛奶是安全的。这个研究给公共卫生执业医师一个借鉴，即在任何话题的互动宣传活动中，人们可能必须应对互有冲突的行为和其他可能不想看到的结果。

个人偏好话题组中的评论提及了大家熟悉且具有消费代表性的牛奶。这一话题类似于食物选择问卷的熟悉度动机[26]。在这份问卷中，人们表明他们选择某种食物是因为它"是我经常吃的"或者"跟我小时候吃的一个样"。ONIE的形成性研究也识别出了这一话题[12,14]。作为其减少熟悉度对饮用低脂牛奶的影响的策略，当在线评论倡导喝全脂牛奶或2%弱脂牛奶时，ONIE团队并没有给予回复；但是当评论支持1%低脂牛奶时，ONIE"赞"了这些评论并且精心回应，肯定了这种行为。通过这一方式，利用社交媒体的互动性来进一步宣传正面的健康信息。

Facebook评论的另一个话题组被称为证据和逻辑。这个受众群体主张选择食物来促进健康。不管消费的牛奶是什么类型，牛奶用户通常会把对健康的好处作为使用某一类型牛奶的激励因素[12,14]，而这一因素也通常被认为是影响食物选择的因素[26]。这部分受众希望获得关于健康益处和解决营养建议冲突的最新科学证据。先前的研究发现母亲们希望在营养计划中获得基于值得信赖的研究的信息，这包括指向更多信息的外部链接[30]，"食品英雄"计划也建议提供以研究为基础的信息[31]。为了满足这些 Facebook 用户对更多信息的需求，ONIE 项目的工作人员采用基于研究的信息并提供指向更多信息的链接予以回应。将来要开展此类宣传活动的一个策略是编写一个可信的研究结果的总结报告，并在回复中把它分享给那些想要证据来支持特定主张的人。此外，针对 ONIE 的评论也问及我们的身份和动机，因此我们也坦陈了我们的资金来源和任务。

同时，并非所有评论都表明了对科学证据的包容性。证据和逻辑话题组包含了传闻证据话题。这些评论几乎不怎么相信科学研究得出的证据，反而诉诸传闻。研究错误信息传播的学问被描述为网络社会学，"它可能和使用社交媒体讨论的特定健康话题的信息内容和科学效度具有同样的影响力"[32]。对于未来研究而言，研究坊间传言的引用如何影响公共健康信息的传播可能是有益的。

其中一个话题组被命名为"无视"。这些评论用讽刺、怀有敌意的言论、脏话、对政府表达了消极的态度，其中许多都是不适合在面向家庭的 Facebook 页面出现的言论。像这样的评论没有出现在焦点小组的形成性研究或电话调查中，所以这些负面评论看起来源于社交媒体的本质。社交媒体活动面临的一个挑战是如何应对此类负面评论。一项关于 Twitter 的研究仔细审阅了关于人乳头状瘤病毒疫苗公共卫生话题的推文，结果表明接触负面推文的用户更有可能在 Twitter 上发布负面消息[33]。ONIE 员工为了管理社交媒体夜以继日地监控评论。他们会把脏话删掉，把无端的指责屏蔽掉，除了 ONIE 员工和发表评论的 Facebook 用户外，其他人都看不到。而那些不含亵渎性或侮辱性语言，仅仅是针对健康信息的负面评论则不管。可以看出的是，这些评论许多是针对一篇帖子（表1，#9）。显然就其定义而言，或许这条信息可以被解读为高高在上或者过于简单不能引起兴趣或所含的信息量不够。因此，所有健康话题的社交媒体宣传活动可能要接受这样一个教训：信息必须简单直接但不能显得高高在上。

我们发现在此引入的聚类分析法是研究社交媒体内容的实用工具。不同于源自小组座谈的材料，Facebook 评论是简短的陈述，常常只有一句话而且有时仅仅是一个短语。但是在小组座谈中，陈述是对话的一部分并且评论与在此之前和之后的内容（即背景内容）有关。源自其他社交媒体平台的材料也是类似的独立内容，比如推文或源自 Instagram（图片分享）的图片。考虑到材料和非个性化语境缺乏上下文和叙述结构，聚类分析可能有助于识别相似的话题。4 名评定者的使用和共识也为这些结果的可靠性增加了证据。

为充分利用社交媒体的互动性，我们提出几点建议：要公开资金来源和活动目

· 39 ·

的；在反驳或挑战根深蒂固的观念的广告帖子中要反复发送关键性信息，并监控评论以确定这类评论的出现频率是否会逐渐降低；评论要简洁易懂，不可显得居高临下；对评论中出现的话题，要马上写出新帖作出回应；要设专人监控评论，删除或屏蔽那些有亵渎性或人身攻击性的内容；要与发表评论的 Facebook 用户交流并评估评论对所倡导行为的影响。另一个经验教训是，可以通过直接邀请受众参与来提高参与度，比如提出一个问题，让受众即刻参与进来。

社交媒体正迅速成为一切沟通，包括健康沟通的主要来源，它改变了沟通的对象和方式、获取信息以及表达自己观点的方式。与其他媒体渠道相比，健康宣传干预采用社交媒体这种方式会更吸引人，因为它支持对话，这是对一个话题形成批判性观点的关键因素[34]。此外，它是进入某一个人的朋友和家人社交网络的可靠途径。鉴于社交媒体的迅速扩张，公共卫生界必须接纳这一媒体并尽一切努力增加对它的了解，研究如何利用它来提高民众的健康水平。

美国改用1%低脂牛奶的过程很缓慢。要美国人改喝1%低脂牛奶，需要有一个令人信服的理由。如果改喝1%低脂牛奶能给人健康带来好处，足以证明过去6个版本的《美国膳食指南》反复向人们推荐低脂牛奶是有科学依据的，那么如何才能提升公众的饮用率呢？这16个帖子全都与1990年以来《美国膳食指南》中的建议一致，其得到的这些评论可加深我们对问题的了解。牛奶话题在消费者心目中是一个有争议的领域，基于不同类型牛奶营养含量或正确或错误的营养知识，存在着各种针锋相对的观点，各种理性和非理性的看法（科学证据 VS 个人偏好，家庭情感或个人的经历），各种相互矛盾的科研结果（好脂肪、坏脂肪），各种政治哲学和自然观，还有政府的专制和企业的贪婪。尽管有些拒绝改变牛奶消费类型的理由是可以预见到的（比如缺乏营养知识或营养知识有错误，或者喜欢素食），牛奶消费是一个充满争议的问题，人们很容易就能找到他们觉得言之成理的有关牛奶的观点。如果改用1%低脂牛奶具备所声称或预期的一切益处，那么正如过去27年的证据表明的那样，每5年在膳食指南提出一个更明确的建议，并不能迅速改变人们的消费行为。相反，承认所有这些分歧并协调一致尽可能地解决这些问题，才是实现膳食指南的建议，才是使喝1%低脂牛奶或脱脂牛奶变成一种社会风气的唯一可行的方法。

# 参考文献

[1] US Department of Agriculture and the US Department of Health and Human Services. *Scientific Report of the* 2015 *Dietary Guidelines Advisory Committee*；US Human Nutrition Information Service：Washington，DC，USA，2015.

[2] US Department of Agriculture and the US Department of Health and Human Services. *Nutrition and Your Health*：*Dietary Guidelines for Americans*，3rd ed.；US Human Nutrition Information

Service; Washington, DC, USA, 1990. Available online: https://health.gov/dietaryguidelines/1990.asp (accessed on12 April 2017).

[3] US Department of Health and Human Services and US Department of Agriculture. 2015–2020 *Dietary Guidelines for Americans*, 8th ed.; Department of Health and Human Services: Washington, DC, USA, 2015. Available online: http://health.gov/dietaryguidelines/2015/guidelines/ (accessed on 1 February 2016).

[4] US Department of Agriculture Services and US Department of Agriculture. *Dietary Guidelines for Americans*, 7th ed.; Government Printing Office: Washington, DC, USA, 2010. Available online: https://health.gov/dietaryguidelines/dga2010/dietaryguidelines2010.pdf (accessed on 20 November 2011).

[5] US Department of Agriculture Services and US Department of Agriculture. *Dietary Guidelines for Americans*, 6th ed.; Government Printing Office: Washington, DC, USA, 2005. Available online: https://health.gov/dietaryguidelines/dga2005/document/ (accessed on 12 April 2017).

[6] US Department of Agriculture and the US Department of Health and Human Services. *Nutrition and Your Health: Dietary Guidelines for Americans*, 5th ed.; Government Printing Office: Washington, DC, USA, 2000. Available online: https://health.gov/dietaryguidelines/2000.asp (accessed on 12 April 2017).

[7] US Department of Agriculture and the US Department of Health and Human Services. *Nutrition and Your Health: Dietary Guidelines for Americans*, 4th ed.; Government Printing Office: Washington, DC, USA, 1995. Available online: https://health.gov/dietaryguidelines/1995.asp (accessed on 12 April 2017).

[8] US Department of Agriculture. In Fluid milk sales by product (Annual) [Data file]; 2012. Available online: http://www.ers.usda.gov/data-products/dairy-data.aspx (accessed on 5 May 2017).

[9] Rehm, C. D.; Drewnowski, A.; Monsivais, P. Potential Population-level Nutritional Impact of Replacing Whole and Reduced-fat Milk with Low-Fat and Skim Milk among US Children Aged 2–19 years. *J. Nutr. Educ. Behav.* 2015, 47: 61–68.

[10] US Department of Agriculture Food and Nutrition Service. (2015) Supplemental Nutrition Assistance Program State Activity Report: Fiscal Year; 2014. Available online: www.fns.usda.gov/sites/default/files/ FY14% 20State% 20Activity% 20Report.pdf (accessed on 4 April 2017).

[11] Finnell, K. J.; John, R.; Thompson, D. M. 1% Low-Fat Milk has Perks!: An Evaluation of a Social Marketing Intervention. *Prev. Med. Rep.* 2017, 5: 144–149.

[12] Finnell, K. J.; John, R. A Social Marketing Approach to 1% Milk Use: Resonance is the Key. *Health Promot. Pract.* 2017.

[13] Luntz, F. *Words That Work: It is Not What You Say, It is What People Hear*; Hyperion: New York, NY, USA, 2007; ISBN-13: 978-1401302597.

[14] Finnell, K. J.; John, R. Formative Research to Understand the Psychographics of 1% Milk Consumption in a Low-Income Audience. *Soc. Mark. Q.* 2017, 23: 169-184.

[15] Blashfield, R. K. Mixture Model Tests of Cluster Analysis: Accuracy of 4 Agglomerative Hierarchical Methods. *Psychol. Bull.* 1976, 83: 377-388.

[16] Johnson, S. C. Hierarchical Clustering Schemes. *Psychometrika* 1967, 32: 241-254.

[17] Kettenring, J. R. The Practice of Cluster Analysis. *J. Classif.* 2006, 23: 3-30.

[18] Borgen, F. H.; Barnett, D. C. Applying Cluster Analysis in Counseling Psychology Research. *J. Couns. Psychol.* 1987, 34: 456-468.

[19] Clatworthy, J.; Buick, D.; Hankins, M.; Weinman, J.; Home, R. The Use and Reporting of Cluster Analysis in Health Psychology: A Review. *Br. J. Health Psychol.* 2005, 10: 329-358.

[20] Punj, G.; Stewart, D. W. Cluster Analysis in Marketing Research: Review and Suggestions for Application. *J. Mark. Res.* 1983, 20: 134-148.

[21] Dice, L. R. Measures of the Amount of Ecologic Association between Species. *Ecology* 1945, 26: 297-302.

[22] Yule, G. U. On the Methods of Measuring Association between Two Attributes. *J. R. Stat. Soc.* 1912, 75: 79-652.

[23] Kendall, M. G.; Stuart, A. Inference and Relationship. In *The Advanced Theory of Statistics*; Griffin: London, UK, 1961; Volume 2.

[24] U. S. Census Bureau. American Community Survey-1 Year Estimate: Summary File B01003: Total Population: 2014. Available online: https://factfinder.census.gov/ (accessed on 30 June 2017).

[25] Thackeray, R.; Neiger, B. L.; Smith, A. K.; Van Wagenen, S. B. Adoption and Use of Social Media among Public Health Departments. *BMC Public Health* 2012, 12: 242.

[26] Steptoe, A.; Pollard, T. M.; Wardle, J. Development of a Measure of the Motives Underlying the Selection of Food—The Food Choice Questionnaire. *Appetite* 1995, 25: 267-284.

[27] John, R.; Kerby, D. S.; Landers, P. S. A Market Segmentation Approach to Nutrition Education among Low-Income Individuals. *Soc. Mark. Q.* 2004, 10: 24-38.

[28] Wechsler, H.; Wernick, S. M. A Social Marketing Campaign to Promote Low-Fat Milk Consumption in an Inner-City Latino Community. *Public Health Rep.* 1992, 107: 202-207.

[29] Lee, N. R.; Kotler, P. A. *Social Marketing: Changing Behaviors for Good*, 5th ed.; SAGE Publications: Thousand Oaks, CA, USA, 2015; ISBN-13: 978-1452292144.

[30] Leak, T. M.; Benavente, L.; Goodel, L. S.; Lassiter, A.; Jones, L.; Bowen, S. EFNEP Graduates' Perspectives on Social Media to Supplement Nutrition Education: Focus Group Findings from Active Users. *J. Nutr. Educ. Behav.* 2014, 46: 203-208.

[31] Tobey, L. N.; Manore, M. M. Social Media and Nutrition Education: The Food Hero Experience. *J. Nutr. Educ. Behav.* 2014, 46: 128-133.

[32] Seymour, B.; Getman, R.; Saraf, A.; Zhang, L. H.; Kalenderian, E. When

Advocacy Obscures Accuracy Online: Digital Pandemics of Public Health Misinformation through an Antifluoride Case Study. *Am. J. Public Health* 2015, 105: 517-523.

[33] Dunn, A. G.; Leask, J.; Zhou, X. J.; Mandl, K. D.; Coiera, E. Associations between Exposure to and Expression of Negative Opinions about Human Papillomavirus Vaccines on Social Media: An Observational Study. *J. Med. Internet Res.* 2015, 17: 10.

[34] Freire, P. *Pedagogy of the Oppressed*, 1st ed.; The Seabury Press: New York, NY, USA, 1970, ISBN-13: 978-0826412768.

# 美国食物不安全低收入 SNAP 受益人群牛奶消费行为研究

Karla Jaye Finnell and Robert John*

Health Sciences Center, University of Oklahoma, Oklahoma City, OK 73126-0901, USA; karla-finnell@ouhsc.edu

**摘要**：牛奶价格合理，营养丰富，可以改善存在食物不安全问题或没有能力负担高品质食物家庭的膳食结构。但牛奶也可能是热量和饱和脂肪过剩的主要来源。然而，对补充营养救助项目（SNAP）受益者的牛奶消费行为，例如这个人群饮用牛奶的种类或低脂牛奶的饮用率的影响因素，人们却知之甚少。在本研究电话采访的 520 名 SNAP 受益者中，有 7.5% 通常消费低脂牛奶，低于同期全国平均水平（33.4%）。SNAP 受益人群的社会人口特征与低脂牛奶消费之间的相关性很弱；相反，低脂牛奶饮用率低与知识差距和对不同种类的牛奶营养特点的错误认知相关。通过纠正这类错误认知来提升低脂牛奶的消费，可以实现所消费食物营养价值的最大化，改善美国低收入人群的饮食结构，减少食物不安全程度。

**关键词**：牛奶；营养；食物安全；消费心理学；知识；态度和观点

## 1 引言

随着美国经济从始于 2007 年 12 月的大萧条的复苏，尽管食物不安全的比例已有下降，但 2015 年仍有近 1 600 万美国家庭在某些情况下遇到食物不安全问题[1]。这意味着 12.7% 的美国家庭无经济能力确保持续、可靠地获得健康的食物。这些食物不安全家庭大多数（59%）参加了一个或多个联邦营养救助计划，包括补充营养援助项目（SNAP）、全国学校午餐计划，以及妇女、婴儿和儿童特别营养补充计划（WIC）。其中，SNAP 提供了大部分营养支持，SNAP 的下属机构 SNAP-ED 依据美国人膳食指南为低收入家庭提供免费营养教育。

牛奶价格合理，可以改善存在食物不安全问题或没有能力负担高品质食物家

---

\* Correspondence: robert-john@ouhsc.edu

庭的膳食结构。牛奶富含蛋白质和维生素 $B_{12}$，还含有消耗不足的营养元素，比如维生素 A、维生素 D、钾、钙和镁。研究表明，牛奶平均为美国人的膳食提供了 49.5% 的维生素 D、25.3% 的钙、17.1% 的维生素 $B_{12}$ 和 11.6% 的钾[6,7]。而外，牛奶是饱和脂肪和热能的 10 大来源之一。具体来说，根据 2003—2006 年美国健康与营养调查的数据，牛奶是美国人膳食中饱和脂肪的第 3 大来源，是热能的第 7 大来源。

摄入饱和脂肪及过量热量都与肥胖、心脏病和二型糖尿病有关联，会加重慢性病的负担[11]。由此不难理解，这些疾病在经济能力有限的人群中更为常见。研究表明，参与 SNAP 项目中收入低于联邦贫困水平 130% 的成年人，比收入较高的非项目参与者，更有可能超重、肥胖，或患心脏病、中风、糖尿病[11]。

微小的饮食结构调整，可以显著减少热量的摄入与饱和脂肪的消耗，却不会影响营养摄入。脱脂奶和乳脂含量 1% 的牛奶均富含与高脂肪牛奶一样的营养物质，却含有较少的饱和脂肪及热量[2]。在一项针对 2~19 岁儿童展开调查的研究中，研究人员得出结论，用脱脂或 1% 乳脂牛奶代替全脂和 2% 乳脂牛奶可显著减少人群饱和脂肪和热量摄入，且不会影响钾和钙的营养摄入[10]。

尽管并非所有研究人员都认为从奶制品中摄取饱和脂肪会增加健康风险[12-17]，但膳食指南的科学顾问委员继续建议应通过低脂和脱脂奶制品摄取关键营养素，以控制饱和脂肪（美国人摄入过多的营养素）的摄入[18]。随后与其之前的建议一致[19,20]，2015—2020 年膳食指南[2]再次对饮用乳脂含量 1% 或脱脂奶给予肯定。这些指南是联邦食品和营养教育计划（如 SNAP-Ed）的基础。

尽管官方建议将低脂牛奶作为健康饮食的一部分，但大多数美国人还是选择了高脂牛奶。美国 2003—2004 年健康营养调查结果显示，牛奶总消费量的 74.0% 为全脂（占比 32.3%）和 2% 乳脂牛奶（占比 41.7%）；1% 乳脂和脱脂牛奶共占 26.0%（分别为 10.4% 和 15.6%）[21]。相似地，在同一时期，低脂牛奶占牛奶总销售额的 28.6%，到 2012 年，低脂牛奶仅占牛奶总销售额的约 1/3（34.4%）[22]。

在过去的 10 年中，低脂牛奶的饮用情况仅略有改善，而且家庭收入水平及教育程度较低的家庭也较少饮用低脂牛奶[23-25]。有人对 1996 年全国食物券计划调查数据进行剖析，该研究报道，饮用低脂牛奶的 SNAP 受益者占 15.6%[26]，仅为普通人群的一半[22]。家庭收入高于或等于联邦贫困水平（FPL）350% 的儿童和青少年，低脂牛奶的饮用率为 38.1%，而家庭收入低于 FPL130%（即符合参加 SNAP 的条件）的儿童和青少年，低脂牛奶饮用率为 9.4%[24]。

年龄在 2 岁以上的美国人每天消耗大约 3/4 杯（每杯 8 盎司）牛奶[8]，这远低于美国膳食指南推荐的每天 3 杯低脂牛奶的标准[2]。而且牛奶的平均摄入量随着年龄的增长而逐渐下降。也就是说，儿童消费的牛奶最多，青少年次之，成年人最少。然而，与牛奶类型不同，除青少年群体之外，家庭收入水平高低与牛奶消费量并没有明显联系。家庭收入超过 FPL 水平 350% 的青少年消费的牛奶显著多于家庭收入介于 FPL 的 101% 和 185% 之间的青少年[8]。

尽管社会经济状况不同低脂牛奶饮用确实存在较大差异，但目前还没有经同行评审研究 SNAP 受益者对低脂牛奶的了解程度、态度和看法进行探究。在一项研究中，收入高于平均水平的女性说她们忍痛割爱，告别全脂牛奶改喝低脂牛奶，是因为她们认为低脂奶更健康[27]。这些研究结果为 20 世纪 90 年代在西弗吉尼亚州进行的一系列乳脂率低于 1% 牛奶的干预项目奠定了基础[28-32]，这些干预项目的结果后来也在加利福尼亚州[33]和夏威夷州[34]的项目中得到重复。根据对一个乳脂低于 1% 牛奶计划前后收集的数据的分析[29]，Butterfield 和 Reger 得出结论，低脂牛奶消费显著增加，部分原因是因为人们对低脂牛奶健康（饱和脂肪较少）、风味和价格的看法发生了正向转变[28]。

Maglione 及其同事在 Booth-Butter 和 Reger[28]研究的基础上，探究了夏威夷地区民众对低脂牛奶的态度[25]。使用四维量表衡量态度（口味和健康益处）和 1 个三维量表来衡量规范观念（社区、医生、朋友和家人），低脂牛奶消费者对低脂牛奶的看法比高脂牛奶消费者更正面，规范观念也更为正面。研究人员用阶段变化模型衡量了饮用低脂牛奶的意向，认为推广低脂牛奶的干预计划可能会对人群产生影响，尽管他们改饮低脂牛奶的意愿并不大。其他研究也发现很少有人打算改喝别的牛奶[27,35]，大多数人认为他们现在喝的牛奶是最合适的[35]。

在纽约市 1 个拉丁裔社区进行的 1 次非正式面访调查显示，喝全脂牛奶是富足的象征，这种观念源于一些拉美国家有往牛奶里兑水来满足市场需求的做法[36]。在同一社区进行的货架调查发现货架上有低脂牛奶在售，虽然数量少于全脂牛奶，由此研究人员认为，民众选择高脂牛奶是因为他们喜欢它，不是因为别无选择[37]。

在最近的一项研究中，Bus 和 Worsley 发现，接受调查的澳洲消费者知道全脂牛奶的脂肪和热量最多，但却错以为牛奶还富含铁、维生素 C 和纤维[38]。不少人认为"低脂牛奶"富含维生素和钙，但更多人认为全脂牛奶才富含维生素和钙。此外，消费者称全脂牛奶味道好、口感好，相反更有可能认为低脂牛奶淡而无味，不纯正。

总的来说，过去的 10 年中，低脂牛奶饮用率仅略有上升，不同社会经济状况人群间存在较大差距。对导致这种现状的人们对低脂牛奶的认知、态度和看法，我们知之甚少。文献资料表明，低脂牛奶的风味和质地是其难以被人接受的障碍，并且在一些人群中，全脂牛奶丰富的口感、浓稠的质地可能具有象征意义。对 20 世纪 90 年代实施的干预项目的评估表明，通过宣传低脂牛奶的风味，宣传它既有益健康（饱和脂肪较少）又便宜省钱，使低脂牛奶消费量增加了。另外，最近澳洲的一项研究表明，虽然消费者知道低脂牛奶饱和脂肪比较少，但对于牛奶的营养含量和不同类型牛奶的差别，他们则不清楚或存有疑惑。

如果我们要缩小高收入低收入美国人群牛奶消费行为的差别，使其更符合美国膳食指南的要求[2]，就必须开展更多研究，研究出推广饮用低脂牛奶的干预策略。之前许多试图改变人们行为的项目之所以失败，主要原因在于研究者设计项目时没弄清楚优先受众的消费心理，或者不清楚希望改变行为的对象的知识、观念、看法、态度和价值观。此外，与替代饮品相比，牛奶是一种营养密集型食品，如果以减少牛奶消费为代价推广低脂牛奶，将不利于健康饮食模式的推广[10,39]。对需要力保自身营养摄入、规避食物不安全的低收入群体而言，这是一个特别尴尬的问题[40]。对问题的成因进行分析研究，弄清优先受众的想法，可减小出现一些不希望看到的后果的风险。

本研究共有以下 3 个目的——查明俄克拉何马州 SNAP 受益者（收入低于 FPL 的 130%的群体）通常购买的牛奶类型；找出这些 SNAP 受益者与饮用低脂牛奶相关的社会人口学特征；了解 SNAP 受益者对不同类型的牛奶的认知、态度和看法，因为这些对其牛奶消费行为有很大影响。

## 2 资料和方法

### 2.1 资料

本研究对居住于俄克拉荷马州的 SNAP 受益者展开横断面电话调查，调查范围包括俄克拉荷马州（共 77 个县）的 34 个县，其中 2 个被认为是城市。所有程序均经俄克拉荷马大学健康科学机构审查委员会批准。作为数据共享协议的一部分，俄克拉荷马州公众服务厅提供了包括每个 SNAP 受益家庭的责任人的社会人口学特征等身份识别信息。在受益人申请参加 SNAP 项目和 1 年 2 次的换证重审过程中都会收集这些信息。每位受访者都口头同意参加本研究。

### 2.2 参与者

在所有随机选择的参与者中，共联系到 553 名 SNAP 受益者，有效访谈 520 次（完成率为 94.0%）。受访者种族众多，包括非西班牙裔白人（61.2%），黑人（20.8%），西班牙裔（8.5%），美洲印第安人（8%）和亚洲人（1.5%）。大多数是女性（66.6%）、单亲（81.8%）、文化程度高中以下（81.2%）。所有研究参与者均参与了 SNAP 项目，也就是说，所有参与者都是低收入者，家庭收入不超过 FPL 的 130%，或一个四口之家的年收入不超过 26 668 美元。在根据种族比例对样本进行加权后，发现样本和俄克拉荷马州 SNAP 人群之间存在一个差异，即调查受访者更多生活在农村地区。但是，农村和城市地区通常购买的牛奶类型没有差异，因此使结果产生偏差的可能性较小。

## 2.3 措施

从文献中选择衡量指标，测试其表面效度和内容效度，并对与预定受众相似的人进行预测试。此外，形成性焦点小组研究的期间，也使用了此类问题，同时本研究中包含的问题具有最大的证明价值。所有数据均为自述数据。

牛奶采购模式。问受访者 1 个开放式问题，"即便您购买或饮用多种牛奶，你们家最常买的是哪种牛奶？"若选项中没有受访者购买的类型，受访者也可以说购买的是哪种牛奶。这两个问题的答案包括全脂，2%乳脂牛奶，1%乳脂牛奶，脱脂牛奶和其他类型（输入受访者购买的牛奶类型）。调查还有另外 3 个与牛奶消费模式相关的问题，包括"您多久买一次牛奶？"输入的开放式回复为每周，每 2 周，每月 1 次或 1 个月以上买 1 次；第 2 个问题是"你通常买（插入某种类型）牛奶的最大原因是什么？"（完成率 95.3%）。第 3 个问题是"过去 3 个月内购买的牛奶类型是否有变化"。

牛奶营养知识。用 10 个判断题测试了受访者对牛奶营养知识的了解情况。这些问题包括高脂和低脂牛奶的营养属性的差异，什么类型的牛奶被认为是"低脂肪"，以及多少岁儿童适宜饮用低脂牛奶。

变化的不同阶段。根据阶段变化理论（TTM）用不同的变化阶段来评估高脂奶用户改喝低脂牛奶的意愿[42]。用"我永远不会考虑换成 1%乳脂牛奶或脱脂牛奶"和"我没考虑换成 1%乳脂牛奶或脱脂牛奶"来测量无意愿改变。用"我正考虑换成 1%乳脂牛奶或脱脂牛奶"来测量正在考虑改变，用"我准备换成"和"我有时买 1%乳脂牛奶或脱脂牛奶"来测量准备改变。

## 2.4 统计分析

本文使用 SPSS 20.0 分析数据。用卡方检验分析了不同经济收入人口通常购买牛奶种类两个变量的差异。通过多元反向消除回归模型确定了与低脂牛奶消费相关的人群社会人口学特征。用单因素方差分析比较牛奶营养知识测试中平均得分的组间差异。统计学显著性检验是双尾检验，显著水平为 0.05。

两位熟悉研究项目的编码员各自独立确定受访者解释购买特定类型牛奶的原因（开放式问题的答案）的主题。他们从一级编码（开放式登录）开始，给原始数据中的想法和概念赋予不同的主题，再审核这些主题的关系并对其进行合并。虽然大多数受访者仅提到 1 个原因，但每个主题都经过编码，确保受访者给出的每种原因都被包含在分析中。出现的主题和概念都很简单，编码员之间并没出现什么分歧。

## 3 结果

### 3.1 牛奶消费模式

排除饮用其他类型牛奶的人（1.7%）之后，大多数 SNAP 受益者（92.5%）称通常购买高脂牛奶（其中 44.6% 购买全脂牛奶，47.9% 购买 2% 乳脂牛奶），7.5% 通常购买低脂牛奶（3.9% 购买 1% 乳脂牛奶，3.6% 购买脱脂牛奶）。此外，2/3 的 SNAP 受益者（67.4%）每周购买牛奶 1 次，20.0% 每两周购买 1 次。大多数人购买 1 种牛奶（85.3%）。只有 4.0% 在最近 3 个月改变了通常购买的牛奶类型。

在此类低收入人群中，社会人口学特征与其经常购买的牛奶类型仅呈现弱相关关系。性别、种族、婚姻状况、居住地类型（农村或城市）、年龄、受教育程度，或是否有孩子住在家里等单个因素，在高脂和低脂奶消费者之间并没有显著差异。若有小孩住在家里，则家长教育程度与低脂牛奶的消费有关（$Q_w = 5.6$，$df = 1$，$SE = 0.62$，$P = 0.02$）。在有小孩住在家里的 SNAP 受益家庭中，家长文化程度在大学以上的，有 14.6% 通常会购买低脂牛奶，相比之下，家长文化程度在高中以下的仅有 8% 通常会购买低脂牛奶。在有小孩住在家里的 SNAP 受益家庭中，当家长文化程度在大学以上时，饮用低脂牛奶的概率高 4.4 倍（95%CI 1.3，14.7）。若孩子不住在家中，则家长教育程度与是否饮用低脂牛奶没有关系。

### 3.2 牛奶营养知识

从是非题测试得分来看，受访者对牛奶营养知识的了解并不比猜测强多少（$M = 51.1$，$SD = 22.2$）。相反，低脂牛奶消费者（$M = 67.4$，$SD = 23.0$）得分显著高于高脂牛奶消费者 [$M = 49.8$，$SD = 21.6$；$t(494) = 4.7$，$P = 0.00$]。而且随着消费牛奶脂肪含量依次降低，SNAP 受益者对牛奶营养知识得分依次升高，$F(1\ 492) = 22.9$，$P = 0.00$。全脂牛奶消费者的平均得分为 46.0（$SD = 21.4$），2% 乳脂牛奶消费者平均得分为 53.2（$SD = 21.3$），1% 乳脂牛奶消费者平均得分为 66.0（$SD = 25.0$），脱脂牛奶消费者平均得分为 69.0（$SD = 21.2$）。

调查中大多数 SNAP 受益者都正确回答不同类型的牛奶脂肪含量有差异（表 1）。然而，很少有人知道 2% 乳脂牛奶不是低脂牛奶。但 1% 乳脂牛奶消费者比高脂牛奶消费者更清楚 2% 乳脂牛奶不是低脂牛奶 [$X^2(1, n = 479) = 6.2$，$P = 0.01$]。此外低脂牛奶与高脂牛奶消费者间对牛奶营养知识的了解还存在其他差异。更多消费低脂牛奶的 SNAP 受益者知道，1% 乳脂牛奶不是全脂牛奶兑水而成 [$X^2(1, n = 496) = 18.5$，$P = 0.00$]。此外，低脂牛奶消费者对不同类型牛奶所含营养问题的得分显著高于高脂牛奶消费者——所有类型的牛奶钙含量都相同 [$X^2(1, n = 496) = 5.1$,

$P=0.02$］，维生素 D 的含量也一样［X2（1，n=497）=7.6，$P=0.01$］。同样，低脂牛奶消费者更有可能知道 1%乳脂牛奶维生素和矿物质含量与全脂牛奶相同［X2（1，n=496）=6.9，$P=0.01$］。

表 1 牛奶营养知识测试的答对率（加权）

| 测试得分 | 总数<br>（n=496）<br>平均值<br>（标准误差） | 高脂牛奶<br>（全脂和 2%乳脂）（n=460）<br>平均值<br>（标准误差） | 低脂牛奶（1%乳脂和脱脂）（n=36）<br>平均值<br>（标准误差） | $P$ 值 |
|---|---|---|---|---|
| 总计 | 51.1（1.0） | 49.8（3.8） | 67.4（4.0） | 0.000 |
| 问题 | | | | |
| 不同类型牛奶的钙含量相同 | 45.8% | 44.3% | 63.9% | 0.02* |
| 1%乳脂牛奶的维生素及矿物质含量比全脂牛奶少 | 51.2% | 49.6% | 72.2% | 0.009* |
| 全脂牛奶对 2 岁以下儿童最有益处 | 68.3& | 68.5% | 66.7% | 0.82 |
| 1%乳脂牛奶是全脂牛奶对水稀释而成 | 43.5% | 40.9% | 77.8% | 0.000* |
| 减脂牛奶就是低脂牛奶 | 50.8% | 49.7% | 65.7% | 0.07 |
| 所有牛奶最大的差异在于脂肪所占百分比 | 79.6% | 79.6% | 77.8% | 0.79 |
| 18 岁以下的孩子需要饮用全脂牛奶以便更好地发育 | 49.4% | 47.3% | 77.8% | 0.000* |
| 全脂牛奶维生素 D 含量比其他奶多 | 39.5% | 37.7% | 61.1% | 0.006* |
| 2%乳脂牛奶是低脂牛奶 | 23.8% | 22.6% | 38.9% | 0.03* |
| 1%乳脂牛奶脂肪含量和热量低于全脂牛奶，但维生素和矿物质含量无差别 | 59.4% | 58.3% | 72.2% | 0.10 |

注：高脂与低脂牛奶消费者答对率差异显著的用 * 表示。

## 3.3 经常购买某种牛奶的原因

调查中，SNAP 受益者需要提供一个开放式回答，说明他们通常选购某种牛奶的理由。将这些回答归并进主题后，发现最常见的原因与牛奶的健康益处（41.9%）或口感（30.2%）有关。有些人根据习惯购买牛奶（7.8%），认为价格是影响因素的人非常少（1.2%）。标示为"其他"的回答是答案不明确或答不对题（14.4%）。比如说家里如何使用牛奶（如"浇在麦片上"或"用于烹调"），或者说平常家里谁喝奶最多（如"年纪大的女孩饮用 2%乳脂牛奶，婴儿饮用全脂牛奶"）。

但是，如表 2 所示，消费者消费某种类型牛奶的原因不尽相同。在通常购买全脂牛奶的 SNAP 受益者中，口味（49.5%）的影响作用显然大于健康益处（17.7%），这些全脂牛奶购买者喜欢的就是其口感及质地（表 2）。正如一位受访者所说，"它（全脂牛奶）有奶味——其他奶的味道则像乳白色的水"。

表 2　选择各种牛奶的原因（加权）

| 原因 | 全脂牛奶<br>（n=220） | 2%乳脂牛奶<br>（n=240） | 1%乳脂牛奶<br>（n=20） | 脱脂牛奶<br>（n=17） |
| --- | --- | --- | --- | --- |
| 味道 | 49.5% | 15.8% | 10.0% | 11.8% |
| 健康 | 17.7% | 57.1% | 85.0% | 88.2% |
| 不关心脂肪含量 | 1.4% | 0.0% | 0.0% | 0.0% |
| 口感/脂肪间的权衡 | 0% | 6.3% | 0.0% | 0.0% |
| 价格 | 0.5% | 2.1% | 0.0% | 0.0% |
| 其他 | 22.3% | 8.8% | 5.0% | 0.0% |
| 习惯 | 8.6% | 8.3% | 0.0% | 0.0% |
| WIC 政策 | 0.0% | 1.7% | 0.0% | 0.0% |

出于健康考虑而购买全脂牛奶的 SNAP 受益者，大多数认为全脂牛奶"更健康"，但并没有作出进一步解释。但当说到其健康益处时，许多人称全脂牛奶比低脂牛奶含有更多的维生素和矿物质。比如有人解释说"因为它维生素 D 多"，或"它相比其他牛奶含有更多的维生素 D"。其他解释还有"觉得它维生素比较多，……还有蛋白质也多"。同样，有人认为不论孩子年纪多大，饮用全脂牛奶都对他们更有好处。正如一位 SNAP 受益者所言，"它（全脂牛奶）能为我的孩子提供更多维生素"。还有人表示，"全脂牛奶对孩子更有益，因为它能够为孩子骨骼生长提供更多的钙"。

其他与健康益处有关的原因还有，是医生推荐的或由于某种健康状况。当儿童医生更建议孩子饮用全脂牛奶时，则似乎会影响全家选用的牛奶类型。也有少数人说全脂牛奶更"纯"，或者更加"天然"。

与全脂牛奶消费者不同，对饮用 2%乳脂牛奶的消费者而言，健康益处对最常选购的牛奶类型的影响作用最大（57.1%），而不是口感（表 2）。这些 SNAP 受益者说得最多的好处是，2%牛奶脂肪含量及热量较少，约四分之一的人认为脂含量 2%的牛奶更健康，表示"饮用它更好""为了健康""更加健康"。其他原因还有，2%乳脂牛奶是医生或营养师推荐的，或者因为某种健康状况，如糖尿病或乳糖不耐症而选购 2%乳脂牛奶。

此外，选购 2%乳脂牛奶的人，还给出有两种特殊的原因。少数 SNAP 受益者也很重视减少脂肪摄入的健康益处，因此出于对口感与健康之间的权衡，他们最终只是选择了2%乳脂牛奶。其中一位受访者的回答体现了这种选择对口感与营养间的折中,"我一般会尽量减少脂肪摄入,2%乳脂牛奶味道还行;1%乳脂牛奶我觉得就有点太淡了"。此外,在调查进行期间,WIC政策虽然也鼓励人喝低脂牛奶,但也允许拥有两岁及以上儿童的家庭使用代金券购买2%乳脂、1%乳脂及脱脂牛奶,这一举措使得少部分SNAP受益者选择购买2%乳脂的牛奶,"因为WIC允许我们这样做"。

1%乳脂牛奶及脱脂牛奶消费者间的看法没什么差别。在经常购买1%乳脂牛奶的消费者中,85.0%称购买这种奶最重要的原因是它有益健康。在脱脂牛奶消费者中,持这种看法的占比略增至88.2%。与许多2%乳脂牛奶的消费者一样,这些SNAP受益者选择1%乳脂和脱脂牛奶,是因为他们喜欢其脂肪含量低、热量少。说"脂肪含量低"的人要多于说"热量少"的人。

对消费全脂或2%乳脂的牛奶的消费者,习惯对消费的牛奶类型有影响,但对低脂牛奶的消费者,习惯则对他们的牛奶消费类型无影响。正如这些消费全脂或脂含量2%的牛奶的消费者所述,"是我从小到大饮用的牛奶",或者"只是我经常买的而已"。还有人提到这是受母亲的影响。比如,一位SNAP受益者提到她之所以饮用全脂牛奶,是因为她母亲以前一直是买这种牛奶。对其他受访者而言,饮用2%乳脂牛奶是一种新习惯,或者至少与他们童年时期所饮用的牛奶不同。例如,一位受访者解释道,"我刚刚习惯了这种奶的味道,以前我喜欢全脂牛奶,但现在我相信2%乳脂牛奶对身体健康更有好处"。

### 3.4 变化阶段

近3/4(74.2%)的高脂牛奶消费者处于阶段变化理论的无意愿改变阶段(图1)。这些SNAP受益者表示他们不会考虑改用1%乳脂或脱脂牛奶(42.7%),或者没想过换成1%乳脂或脱脂牛奶(31.5%)。与饮用全脂牛奶的人相比,饮用2%乳脂牛奶的SNAP受益者更愿意考虑,甚至有时饮用低脂牛奶 $[X2\ (3,\ n=453)=23.9,\ P=0.00]$。此外,在牛奶营养知识测验中得分较高的SNAP受益者更愿意考虑或有时会选择饮用低脂牛奶($M=57.4$,$SD=21.6$),而得分较低的人则不然($M=47.4$,$SD=21.1$),$t\ (452)=4.4$,$P=0.00$,95%CI [14.5,5.5]。

## 4 讨论

由本研究可知,俄克拉荷马州SNAP受益者的低脂牛奶饮用率明显低于全国牛奶销售统计数据的34.4%[22]。在俄克拉荷马州SNAP受益者的样本中,7.5%的人饮用低脂牛奶,与Kitt等人研究结果相近,他们的研究结果显示家庭收入低于FPL的130%的儿童,有9.4%消费低脂牛奶[24]。此外有证据表明,低脂牛奶饮用与社会人口学特征之间只存在微弱的相关。

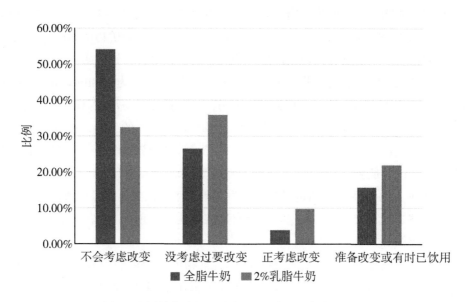

图 1　不同转变阶段（全脂及 2%牛奶消费者；加权）

相反，本研究发现，改喝低脂牛奶的障碍与缺乏牛奶营养知识和口味偏好有关。高脂牛奶消费者知道不同牛奶的脂肪含量不同，但不知道 2%乳脂牛奶不是低脂牛奶；不知道 1%乳脂牛奶含有与全脂牛奶同量的维生素和矿物质；也不知道 1%乳脂和脱脂牛奶并没有对水。

过去的干预计划集中在宣传低脂牛奶的益处，例如 20 世纪 80、90 年代实施的推广饮用 1%乳脂或更少脂含量牛奶的活动[28-34]，就将减少饱和脂肪摄入作为饮用低脂牛奶的主要好处来宣传。或许，那个时候，这个营养常识并不为人熟知。然而在本研究中，SNAP 受益者通常知道，不同类型牛奶间的主要区别在于饱和脂肪的含量，这点与 Bus 和 Worsley 研究结果相似[38]。此外，大多数 SNAP 受益者表示，少摄入饱和脂肪是他们饮用低脂牛奶（2%乳脂、1%乳脂或脱脂牛奶）的原因，这也表明这个益处很被看重。但仅凭这一点，还不足以使 2%乳脂牛奶消费者改为饮用 1%乳脂牛奶。

相反，群众对牛奶其他方面营养知识的模糊不清，似乎是选购低脂牛奶的障碍。例如，许多人认为 2%乳脂的牛奶是低脂牛奶，且似乎不知道，从饮用全脂牛奶改喝 2%乳脂牛奶，只是将每杯牛奶的饱和脂肪含量由 5g 减至 3.5g，即减少 30%。相比之下，若改成饮用 1%乳脂牛奶，则可将饱和脂肪减少至每杯 1.5g，减少 70%。可惜，对于大多数 SNAP 受益者而言，包装上的营养标签不是没被注意到，就是无法理解。因此，任何低脂牛奶的推广活动必须告诉大家，饮用 1%乳脂或脱脂牛奶可大大减少饱和脂肪及热量摄入，而不是一味宣传要大家饮用"低脂牛奶"，因为人们对"低脂牛奶"是什么意思并不太理解。

同样，可能甚至更重要的是，选购低脂牛奶的另一个障碍，是人们误认为低脂牛奶的维生素和矿物质含量低于高脂牛奶。受访者被问到通常购买某种牛奶的原因时，有人认为低脂牛奶淡而无味，是对了水的牛奶，维生素和牛奶矿物质如钙和维生素 D 含量少。同时，对牛奶营养知识测试中某些问题的答案更有力地证明了这一点。

对产品的熟悉程度，是低收入人群选择食物的另一个广为人知的动机[43]，我们的结果表明，饮用高脂牛奶，尤其是全脂牛奶，是俄克拉荷马州 SNAP 受益人群一个根深蒂固的习惯。许多 SNAP 受益者饮用与童年时期同类型的牛奶，在接受调查前 3 个月很少有人换过饮用的牛奶类型。与 Tuorila[35]的研究结果类似，大多数高脂奶消费者并未考虑改饮低脂牛奶。

无论如何，2%乳脂牛奶消费者与全脂牛奶消费者相比更愿意考虑改用低脂牛奶。他们更重视减少饱和脂肪摄入的益处。所有事实表明，目前的 2%乳脂牛奶消费者会更愿意接受改饮 1%乳脂牛奶。

之前的研究发现，价格是低收入人群选购食物的一个影响因素[43,44]。因此，低脂牛奶可以成本节约的这一优势，也被成功地应用在 1%乳脂及以下乳脂含量牛奶的推广活动中[30,31]。然而，即使在俄克拉荷马州，低脂牛奶价格通常会低于高脂牛奶，但很少有 SNAP 受益者冲着省钱去买低脂牛奶。Ariely 猜测产品价格低于同类商品时，消费者可能以为产品质量会打折扣[45]。研究结果表明，大多数 SNAP 受益者确实认为低脂牛奶不如高脂牛奶。目前尚不清楚较低的价格是否会影响这种负面评价，或是否价格相差还不够大，不足以消除对低脂牛奶的负面评价。为什么 SNAP 受益者没有因为价格低而去购买 1%乳脂或脱脂牛奶，要弄清这个问题，还需进行更多研究。

# 5 结论

美国的低收入人群一直以来都不是主要的消费群体，且市场调研在研究许多消费者问题上也经常忽视他们。因此，我们对他们的消费行为动机知之甚少。这对任何一个试图改善美国低收入人群膳食结构，按照美国膳食指南，使其营养摄入最大化，减少食物不安全问题的行动来说，是一个很大的欠账[2]。正如本研究所发现，俄克拉荷马州 SNAP 受益者的低脂牛奶饮用率低于全国平均水平。然而，除了有儿童住在家中的情况下，家长受教育程度会产生作用外，社会人口学特征对牛奶消费类型并无显著影响。相反，低脂牛奶消费率低与知识差距、对不同类型牛奶中营养物质含量存在误解有关。

为了促进低脂牛奶的饮用，在推广过程中应当注意着重强调 3 点：（1）2%乳脂牛奶不是低脂牛奶；（2）1%乳脂牛奶并没对水；（3）1%乳脂牛奶含有全脂牛奶所富含的所有维生素及矿物质。这些话在 2%乳脂年奶消费者中更容易引起共鸣，因为他们已经选择了一种他们认为更为健康的牛奶，并且更乐于接受改变，而全脂牛奶消费者则比较顽固。最终，SNAP 受益者还是不清楚何为低脂牛奶。因此，未来应将重点放在 1% 乳脂牛奶的消费上，而不是放在容易引起混乱的一大类低脂牛奶上。

## 参考文献

[1] Colemen-Jensen, A.; Rabbitt, M. P.; Gregory, C. A.; Singh, A. *Household Food Security in the United States in* 2015; ERS Rep No. 215; Department of Agriculture: Washington, DC, USA, 2016.

[2] US Department of Health and Human Services and US Department of Agriculture. 2015−2020 *Dietary Guidelines for Americans*, 8th ed.; Human Nutrition Information Service: Washington, DC, USA, 2015. Available online: http://health.gov/dietaryguidelines/2015/guidelines/ (accessed on 1 February 2016).

[3] Drewnowski, A. The nutrient rich foods index helps to identify healthy, affordable foods. *Am. J. Clin. Nutr.* 2010, 91S: 1095S−1101S.

[4] Drewnowski, A. The contribution of milk and milk products to micronutrient density and affordability of the US diet. *J. Am. Coll. Nutr.* 2011, 30: 422S−428S.

[5] Drewnowski, A.; Specter, S. E. Poverty and obesity: The role of energy density and energy costs. *Am. J. Clin. Nutr.* 2004, 79: 6−16.

[6] Huth, P. J.; Fulgoni, V. L.; Keast, D. R.; Park, K.; Auestad, N. Major food sources of calories, added sugars, and saturated fat and their contribution to essential nutrient intakes in the US diet: Data from the National Health and Nutrition Examination Survey (2003−2006). *Nutr. J.* 2013, 12: 1−10.

[7] Huth, P. J.; Fulgoni, V. L., III; DiRienzo, D. B.; Miller, G. D. Role of dairy foods in the dietary guidelines. *Nutr. Today* 2008, 43: 226−234.

[8] Sebastian, R. S.; Goldman, J. D.; Enns, C. W.; LaComb, R. *Fluid Milk Consumption in the United States: What We Eat in America*, NHANES 2005−2006; FSRG Dietary Data Brf No. 3; Agriculture ResearchService: Beltsville, MD, USA, 2010. Available online: http://ars.usda.gov/Services/docs.htm?docid=19476 (accessed on 10 November 2010).

[9] Aggarwal, A.; Monsivais, P.; Drewnowski, A. Nutrient intakes linked to better health outcomes are associated with higher diet costs in the US. *PLos ONE* 2012, 7: e37533.

[10] Rehm, C. D.; Drewnowski, A.; Monsivais, P. Potential population-level nutritional impact of replacing whole and reduced-fat milk with low-fat and skim milk among US children aged 2−19 years. *J. Nutr. Educ. Behav.* 2015, 47: 61−68.

[11] Mancino, L.; Guthrie, J. *SNAP Households Must Balance Multiple Priorities to Achieve a Healthful Diet*; Amber Waves; Economic Research Service: Washington, DC, USA, 2014. Available online: http://www.ers.usda.gov/amber-waves/2014-november/snap-households-must-balance-multiplepriorities-[to-achieve-a-healthful-diet.aspx#.VYrqhflVhBc (accessed on 24 June 2015).

[12] Huth, P. J.; Park, P. M. Influence of dairy product and milk fat consumption on cardiovascular disease risk: A review of the evidence. *Adv. Nutr.* 2012, 3: 266-285.

[13] Kratz, M.; Baars, T.; Guyenet, S. The relationship between high-fat dairy consumption and obesity, cardiovascular, and metabolic disease. *Eur. J. Nutr.* 2013, 52: 1-24.

[14] Hammad, S.; Pu, S.; Jones, P. J. Current evidence supporting the link between dietary fatty acids and cardiovascular disease. *Lipids* 2016, 51: 507-517.

[15] Stamler, J. Diet-heart: A problematic revisit. *Am. J. Clin. Nutr.* 2010, 91: 497-499.

[16] O'Sullivan, T. A.; Hafekost, K.; Mitrou, F.; Lawrence, D. Food sources of saturated fat and the association with mortality: A meta-analysis. *Am. J. Public Health* 2013, 103: e31-e42.

[17] Drehmer, M.; Pereira, M. A.; Schmidt, M. I.; Alvim, S.; Lotufo, P. A.; Luft, V. C.; Duncan, B. B. Total and full-fat, but not low-fat, dairy product intakes are inversely associated with metabolic syndrome in adults. *J. Nutr.* 2016, 146: 81-89.

[18] US Department of Agriculture and the US Department of Health and Human Services. *Scientific Report of the 2015 Dietary Guidelines Advisory Committee*; Human Nutrition Information Service: Washington, DC, USA, 2015. Available online: http://www.health.gov/dietaryguidelines/2015-scientific-report/PDFs/Scientific-Reportof-the-2015-Dietary-Guidelines-Advisory-Committee.pdf (accessed on 1 February 2016).

[19] US Department of Agriculture Services and US Department of Health and Human Services. *Dietary Guidelines for Americans* 2010, 7th ed.; Human Nutrition Information Service: Washington, DC, USA, 2011. Available online: https://health.gov/dietaryguidelines/dga2010/dietaryguidelines2010.pdf (accessed on 20 November 2010).

[20] US Department of Agriculture Services and US Department of Health and Human Services. *Dietary Guidelines for Americans*, 2005, 6th ed.; Human Nutrition Information Service: Washington, DC, USA, 2005. Available online: https://health.gov/dietaryguidelines/dga2005/document/ (accessed on 12 April 2017).

[21] Britten, P.; Marco, K.; Juan, W.; Guenther, P. M.; Carlson, A. *Trends in Consumer Food Choices within the My Pyramid Milk Group*; Nutr Insights 35; USDepartment of Agriculture and Center for Nutrition Policyand Promotion: Alexandria, VA, USA, 2007. Available online: http://www.cnpp.usda.gov/Publications/NutritionInsights/Insight35.pdf (accessed on 10 November 2011).

[22] US Department of Agriculture. *Fluid Milk Sales by Product (Annual)*; Economic Research Service: Washington, DC, USA, 2013. Available online: http://www.ers.usda.gov/data-products/dairy-data.aspx (accessed on 5 May 2017).

[23] Davis, C. G.; Dong, D.; Blayney, D.; Yen, S. T.; Stillman, R. US fluid milk demand: A disaggregated approach. *Int. Food Agribus. Manag. Rev.* 2012, 15: 25-40.

[24] Kitt, B. K.; Carroll, M. D.; Ogden, C. L. *Low-Fat Milk Consumption among Children and Adolescents in the United States*, 2007-2008; NCHS Data Brief; National Center for

Health Statistics: Hyattsville, MD, USA, 2011; pp. 1-8.

[25] Maglione, C.; Barnett, J.; Maddock, J. E. Correlates of low-fat milk consumption in a multi-ethnic population. *Calif. J. Health Promot.* 2005, 3: 21-27.

[26] Caster, L.; Mabli, J. *Food Expenditures and Diet Quality among Low-Income Households and Individuals*; Mathematica Policy Research, Inc.: Washington, DC, USA, 2010.

[27] Brewer, J. L.; Blake, A. J.; Rankin, S. A.; Douglass, L. W. Theory of reasoned action predicts milk consumption in women. *J. Am. Diet Assoc.* 1999, 99: 39-44.

[28] Booth-Butterfield, S.; Reger, B. The message changes belief and the rest is theory: The 1% or Less milk campaign and reasoned action. *Prev. Med.* 2004, 39: 581-588.

[29] Reger, B.; Wootan, M.; Booth-Butterfield, S. Using mass media to promote healthy eating: A community-based demonstration project. *Prev. Med.* 1999, 29: 414-421.

[30] Reger, B.; Wootan, M.; Booth-Butterfield, S. A comparison of different approaches to promote community-wide dietary change. *Am. J. Prev. Med.* 2000, 18: 271-275.

[31] Reger, B.; Wootan, M. G.; Booth-Butterfield, S.; Smith, H. 1% or Less: A community-based nutrition campaign. *Public Health Rep.* 1998, 113: 410-419.

[32] Reger-Nash, B.; Wootan, M. G.; Booth-Butterfield, S.; Cooper, L. The cost-effectiveness of 1% or Less media campaigns promoting low-fat milk consumption. *Prev. Chronic Dis.* 2005, 2, A05.

[33] Hinkle, A. J.; Mistry, R.; McCarthy, W. J.; Yancey, A. K. Adapting the 1% or Less milk campaign for a Hispanic/Latino population: The adelante con leche semi-descremada 1% experience. Am. J. Health Promot. 2008, 23: 108-111.

[34] Maddock, J. E.; Maglione, C.; Barnett, J. D.; Cabot, C.; Jackson, S.; Reger-Nash, B. Statewide implementation of the 1% or Less campaign. *Health Educ. Behav.* 2007, 34, 953-963.

[35] Tuorila, H. Selection of milk with varying fat content and related overall liking, attitudes, norms and intentions. *Appetite* 1987, 8: 1-14.

[36] Wechsler, H.; Wernick, S. M. A social marketing campaign to promote low-fat milk consumption in an inner-city Latino community. *Public Health Rep.* 1992, 107: 202-207.

[37] Wechsler, H.; Basch, C. E.; Zybert, P.; Shea, S. The availability of low-fat milk in an inner-city Latino community: Implications for nutrition education. *Am. J. Public Health* 1995, 85: 1690-1692.

[38] Bus, A. E.; Worsley, A. Consumers' sensory and nutritional perceptions of three types of milk. *Public Health Nutr.* 2002, 6: 201-208.

[39] Nolan-Clark, D.; Mathers, E.; Probst, Y.; Charlton, K.; Tapsell, L. C. Dietary consequences of recommending reduced-fat dairy products in the weight-loss context: A secondary analysis with practical implications for registered dietitians. *J. Acad. Nutr. Diet.* 2012, 113: 452-458.

[40] Drewnowski, A.; Darmon, N. The economics of obesity: Dietary energy density and energy

cost. *Am. J. Clin. Nutr.* 2005, 82: 265S−273S.

[41] Finnell, K. J.; John, R. Formative research to understand the psychographics of the 1% milk consumption in a low-income audience. *Soc. Mark. Q.* 2017, 23: 169−184.

[42] Prochaska, J. O.; Redding, C. A.; Evers, K. E. The transtheoretical model and stages of change. In *Health Behavior: Theory, Research, Practice*, 5th ed.; Glanz, K., Rimer, B. K., Viswanath, K., Eds.; John Wiley &Sons, Inc.: San Francisco, CA, USA, 2015.

[43] Steptoe, A.; Pollard, T. M.; Wardle, J. Development of a measure of the motives underlying the selection of food: The Food Choice Questionnaire. *Appetite* 1995, 25: 267−284.

[44] John, R.; Kerby, D. S.; Landers, P. S. A market segmentation approach to nutrition education among low-income individuals. *Soc. Mark. Q.* 2004, 10: 24−38.

[45] Ariely, D. *Predictably Irrational: The Hidden Forces That Shape Our Decisions*; Harper Perennial: New York, NY, USA, 2009. c 2017 by the authors. Licensee MDPI, Basel, Switzerland. This article is an open access article distributed under the terms and conditions of the Creative Commons Attribution (CC BY) license (http://creativecommons.org/licenses/by/4.0/).

# 奶中的生物活性肽：从隐藏序列到营养保健功能

Massimo Lucarini

Consiglio per la Ricerca in Agricoltura e l'Analisi de ll'Economia Agraria—Centro di Ricerca Alimenti e Nutrizione (CREA-AN), Via Ardeatina 546, 00178 Roma, Italy; massimo. lucarini@ crea. gov. it

**摘要：** 奶中含有许多生物活性化合物，可保护人类免受疾病和病原体的侵害。本文的目的是介绍生物活性肽的主要内容和研究方向：从化学、生物利用率和生化特性到在医疗保健领域的应用。这篇文章重点介绍了生物活性肽在营养保健品和功能性食品中的应用，以及在循环生物经济领域创新应用的前景。

**关键词：** 生物活性肽；奶；营养保健品；生物利用率；生物炼制

## 1 奶中的生物活性成分：生物活性肽

奶中含有许多生物活性化合物，可保护人类免受疾病和病原体的侵害，如免疫球蛋白、抗菌蛋白与肽、低聚糖、脂质以及许多低浓度下具有显著的健康益处的成分（图1）[1]。其中，蛋白质作为营养物质起着关键作用，并且作为生物活性肽（BP）的来源促进其生理功能和健康作用[2]。

在牛奶中，大约80%的蛋白质是酪蛋白（CN），20%是乳清蛋白。CN 由 $\alpha_{s1}$-、$\alpha_{s2}$-、β-和 k-CN 家族组成，比例约为 38：11：38：13[3]。乳清蛋白通常是 β-乳球蛋白（≈65%），α-乳白蛋白（≈25%），牛血清白蛋白（≈8%），乳铁蛋白和免疫球蛋白的混合物。蛋白质作为必需氨基酸来源的价值已被充分证明，但在 20 世纪 80 年代，人们认识到膳食蛋白质可以通过 BP 在体内发挥许多其他功能。1975 年首次分离出内源性阿片肽（称为脑啡肽），人们发现乳蛋白可通过部分酶解产生具有类阿片肽活性物质[4]。从那时起，许多人已经对食源性蛋白质，特别是乳蛋白的生物活性成分进行了研究，而且重点是对其结构和生物化学性质的研究。

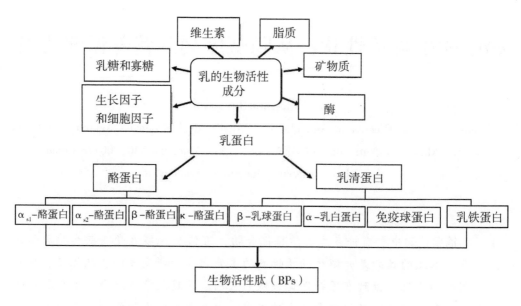

图1 奶中主要的生物活性功能物质（引自参考文献[1]）

## 2 生化特性

BPs 肽是隐藏在原来的蛋白序列中，且没有活性的，但可以通过蛋白质的酶解（在胃肠道消化，用蛋白酶进行体外水解）或在食品加工（烹饪、发酵、成熟）过程中释放和活化。一旦释放，BP 可作为调节化合物，如 β-酪啡肽和酪蛋白衍生的磷酸肽，可在牛奶和奶制品的体内胃肠道消化过程中释放[5]。强调结构与生物活性之间的密切联系是很重要的：BPs 的氨基酸序列、疏水性、电荷决定了其特殊活性。

例如，β-酪啡肽（BCMs）在氨基末端存在酪氨酸残基（δ-酪蛋白阿片类肽除外）并且在肽的第 3 和第 4 位置存在芳香族氨基酸，这代表具有类阿片活性的结构特征；特别是酪氨酸的酚羟基使大米具有负电位，这对阿片类药物活性至关重要。另一方面，Pro 残基保持酪氨酸和苯丙氨酸侧链的正确方向[6,7]。关于氨基酸序列对 BPs 活性的重要性，发现人 BCMs（Tyr-Pro-Phe-Val-Glu-Pro-Ile）比牛 BCMs 低 3~30 倍（Tyr-Pro-Phe-Pro-Gly-Pro-Ile）[7]。

BPs 的生产和性质已有许多文章进行了综述[8-10]。BPs 摄入后，可影响心血管、神经、胃肠和免疫系统。BPs 已被定义为对身体的生理和代谢功能或状况具有积极影响的特定蛋白质片段。因此，它们可能对人类健康产生至关重要的有益作用[11]。

此外，值得一提的是 Nielsen 等人最近的综述[12]，他们开发了一个乳蛋白来源的

BPs 综合数据库，可用于搜索肽或蛋白质的特定功能。同时他们提出了一种新的可视化空间排列假设：根据母蛋白质序列绘制 BPs 的可视化图谱，并在最富含这些化合物的位点上提供相关信息（http://mbpdb.nws.oregonstate.edu/）。

其主要调节作用包括以下几个方面：

- 矿物质的转运（酪蛋白磷酸肽），比如钙，以及肠道中氨基酸的转运，如亮氨酸通过 β-酪啡肽受体转运；
- 肠液的运输（β-酪啡肽）；
- 胃肠道的运动（β-酪啡肽）；
- 刺激餐后激素（胰岛素、生长抑素）的分泌（β-酪啡肽）；
- 根据葡萄糖浓度调节胰岛素分泌；
- 免疫刺激肽（α 和 β 酪蛋白片段）；
- 抗高血压肽酶抑制剂转换血管紧张素 I（ACE）（酪蛋白激肽）；
- 抗血栓形成肽如 ADP 激活的血小板聚集抑制剂，以及纤维蛋白原（γ 链）与 ADP 处理的血小板（Casoplateline）结合；
- 类阿片活性；
- 抗氧化功能；
- 降胆固醇活性；
- 抗肿瘤活性。

最近的研究表明，乳 BPs 也有助于降低肥胖和代谢疾病的风险。这些肽的链长可从 2 个到超过 20 个氨基酸残基，并且每种已确定的肽生物活性与其结构特征密切相关。在表 1 中，列出了已报道的源自酪蛋白和乳清蛋白的主要的 BPs。

一些乳 BPs 显示出多功能特性[37]。例如，酪蛋白一级结构中的一些区域含有能发挥不同生物学效应的重叠的肽序列（表 1）。这些区域被认为是部分受到保护免于水解破坏的"战略区域"[38,39]，如 β-酪蛋白序列 60~70（β-酪啡肽-11）和序列 60~66（β-酪啡肽-7）的肽具有免疫刺激、阿片样和 ACE 抑制活性。这些序列由于其高疏水性而受到保护免于被水解，这是由于脯氨酸和其他亲水性氨基酸的存在。相反，中性和碱性氨基酸会迅速水解。此外，有趣的是一些生物活性序列的结构域中含有脯氨酸。

# 3 生物有效性

消化后释放的肽量以及对人体健康的有益效果难以预测。据估计，乳蛋白中隐含的阿片肽的理论产率在 2%（来自 β-酪蛋白的 β-酪啡肽-5，f60~64）到 6%（来自 α-乳白蛋白的 α-乳清啡肽，f50~53），包括前体肽[40]。BPs 的生物有效性是指肽在口服摄入后在体内发挥生理作用的能力。因此，至关重要的是，乳源性的 BPs 必须在胃肠消化和吸收期间保持活性并且完整地到达靶位点。这意味着乳源性 BPs 必须能够抵抗胃肠道的水解才能到达外周器官[41]。肽的生物有效性取决于各种结构和化学性质，即耐水解能力、电荷、分子量、氢键电位、疏水性和特定残基的存在[42-44]。实际上，含脯氨酸和羟脯氨酸的肽比较能抵抗消化酶的降解[45-47]。肠内容物，包括食物的组成差异明显。胃的排空和肠道转运显著影响肽在胃肠道中停留时间及吸收。此外，生理 pH 值可以抑制或促进肽转运（与肽的 pKa 相关）。

例如，与合成的 ACE 抑制剂相比，一些乳源肽具有体外抑制 ACE 的活性，但表现出高的体内活性。据认为这是由于 BPs 对组织亲和力较强，消除比较慢[48]，但据猜测还有其他作用模式[16]。相反，一些 ACE 抑制肽在体外表现出高活性但在体内没有作用。例如，源自 $\alpha_{s1}$-CN[49-51] 的肽 FFWAP 在体外是一种有效的 ACE 抑制剂，但在体内没有降血压作用[15]。通常，确定体外和体内活性的直接关系的难度可能取决于不同的原因，但显然口服后的生物利用率起关键作用。尽管已进行了大量"体外"研究，但仍需要进一步研究以阐明 BPs 活性与其生物利用率间的关系。在这方面，Nongonierma 和 Fitz Gerald 最近的综述[52]总结了乳蛋白源的 BPs 在人体中的作用的科学证据，并指出需要采用基于使用通用指南的双盲随机临床试验来评估 BPs 对人的功效。

## 4 营养保健功能

全脂奶或前体蛋白经过消化酶水解之后可以得到许多生物活性肽片段。这使我们完全有理由认为，食用牛奶后，胃肠道中也会产生这些功能肽。

正因如此，不同 BPs 通过降低慢性疾病的风险或通过激活免疫应答来改善人类健康的潜力正在科学和商业领域受到越来越多的关注。事实上，由于乳蛋白富含天然活性物质，具有多种用途，是典型的具有潜在保健功能的营养保健物质，适合在食品和药物中使用[53]。

### 4.1 方法论的创新

目前正在开发用于从奶中提取、分馏和分离主要蛋白质的[54-57]实验室和工业规模的加工技术，尤其是现代的非热、清洁的和绿色的方法[58]。正如一些研究已经证明的那样，值得强调的是，每当一种功能性食品需要用到一种具有潜在保健功能的营养保健品时，都应该考虑对乳蛋白进行特定的酶解[59,60]。值得一提的是 Hafeez 等有关增加奶中 BPs 含量，以获得功能性发酵产品的各种策略的综述[61]。作者报告了 3 种方法：（1）乳酸菌（LAB）或食品级酶的蛋白水解体系，或 2 种方法结合；（2）发酵奶制品中补充从其他产品中获得的 BPs；（3）使用重组 DNA 技术的微生物[61]。Linares 等人综述并讨论了使用益生菌作为菌种或辅助培养物来开发具有特定功能特性（包括 BPs）的奶制品[62]。

## 4.2 应用

Mohanty 等最近的综述[63]对乳源性生物活性肽及其对人类健康的影响进行了初步分类，介绍了其生理功能、一般特征和改善健康的潜力，以及在营养保健和/或药物中的应用。正如 Park 和 Nam[64]的综述所指出的那样，除了它们的生化和生理功效以及多功能性外，乳源 BPs 被认为是功能性食品的有效成分。一些作者的报道表明[65-67]，奶制品和非奶制品食品配方中的乳 BP 已被开发利用。生物活性乳成分的分离纯化代表了一个新兴的市场领域，提供了创新的新产品[53,59,67]。FitzGerald 等[68]利用乳蛋白开发降血压肽，并报道了市场上几种乳蛋白来源的降血压产品，如名为"Calpis"（日本东京 Calpis 公司）的酸奶和名为"Evolus®"的发酵奶（芬兰赫尔辛基 Valio Oy 公司），其中含有来自 β-酪蛋白和 κ-酪蛋白的 IPP 和 VPP 肽（具有降血压作用的肽）。Calpis™ 和 Evolus® 已在大鼠和临床试验中进行了广泛测试[69]。

此外，Korhonen 和 Pihlanto[70]报道了其他商业奶制品和乳品原料，由于含有 BPs 而具有潜在的健康益处，例如"BioZate"（美国明尼苏达州伊登普雷里 Davisco 食品国际公司），这是一种水解乳清蛋白，据称可以降低血压。另一个例子是"Vivinal Alpha"，一种有利于放松和睡眠的成分/水解产物（Borculo Domo Ingredients-BDI-，Zwolle，荷兰）。

如今，乳和乳品加工副产品中 BPs 的回收最近引起了工业化生物提取研究人员的关注[71-73]。为了解决奶酪生产行业的副产物的高环境污染的问题，目前正采用几种新技术将奶和奶制品加工废弃物和副产物转化为高附加值产品。

值得一提的是 Patel 等[74]介绍了乳清蛋白及其衍生物在营养保健品中应用的新趋势。例如，Athira 等[75]使用响应面方法生产和表征了来自干酪乳清的具有抗氧化活性的乳清蛋白水解产物。在最近的研究中，Abd El-Salam 和 El-Shibiny[76]总结了现今在乳蛋白酶解产物的制备、性质和用途方面正在进行的研究。

## 5 结论

牛奶中 BPs 的化学、生物有效性和生化特性的利用是开发营养保健品和功能性食品的基础，尤其是从循环生物经济领域的创新应用的角度来讲。此外，对于使用这些 BPs 作为营养保健品，重要的是鼓励开展临床试验，测试其对人类的有效性，并通过公共和私人机构资助的项目支持研究。

表 1　乳源性活性肽举例

| 前体蛋白 | 片段 | 肽序 | 名称 | 生物活性 | 制备方法 | 参考文献 |
|---|---|---|---|---|---|---|
| 酪蛋白 | | | | | | |
| β-酪蛋白 | 60~70 | YPFPGPIPNSL | β-casomorphin-11 | 阿片样活性 | 消化酶或胰蛋白酶酶解 | 13 |
| | 60~66 | YPFPGPI | β-casomorphin-7 | 阿片样活性,ACE抑制,免疫调节 | 胃肠酶混合物或胰蛋白酶 | 14 |
| | 60~64 | YPFPG | β-casomorphin-5 | 阿片样活性,ACE抑制 | 胰蛋白酶水解 | 15 |
| | 177~183 | AVPYPQR | β-casokinin-7 | ACE抑制 | 胰蛋白酶水解 | 15 |
| | 193~202 | YQQPVLGPVR | β-casokinin-10 | ACE抑制,免疫调节 | 胰蛋白酶水解 | 16 |
| | 169~175 | KVLPVPQ | | ACE抑制 | 胰蛋白酶或蛋白酶水解 | 17 |
| | 63~68 | PGPIPN | Immunopeptide | 免疫调节 | 胰蛋白酶或凝乳酶水解 | 18 |
| | 191~193 | LLY | Immunopeptide | 免疫调节 | 胰蛋白酶或凝乳酶水解 | 18 |
| | 114~118 | PYVEP | βcasochemotide-1 | 免疫调节 | 蛋白酶水解 | 19 |
| | 210~221 | EPVLGPVRGPFP | | ACE抑制 | 发酵 | 20 |
| | (1~25) 4P | RELEELNVPGEIV-ESLSSSEESITR | Caseinophosphopeptide | 钙结合 | 胰蛋白酶或凝乳酶水解 | 21 |
| $\alpha_{s1}$-酪蛋白 | 90~96 | RYLGYLE | α-casein exorphin | 阿片样活性 | 胃蛋白酶水解 | 22 |
| | 90~95 | RYLGYL | α-casein exorphin | 阿片样活性 | 胃蛋白酶水解 | 22 |
| | 91~96 | YLGYLE | α-casein exorphin | 阿片样活性 | 胃蛋白酶水解 | 22 |
| | 23~27 | FFWAP | $\alpha_{s1}$-Casokinin-5 | ACE抑制 | 胰蛋白酶水解 | 16 |
| | 28~34 | FPEWFGK | $\alpha_{s1}$-Casokinin-7 | ACE抑制 | 胰蛋白酶水解 | 16 |
| | 194~199 | TTMPLW | $\alpha_{s1}$-Casokinin-6 | ACE抑制,免疫调节 | 胰蛋白酶水解 | 23 |
| | 169~193 | LGTQYTDAPSFSD-IPNPIGSENSEK | | ACE抑制 | 胰蛋白酶或蛋白酶水解 | 24 |
| $\alpha_{s2}$-酪蛋白 | 94~103 | QKALNEINQF | | 抑菌,ACE抑制 | 糜蛋白酶水解 | 25 |
| | 163~176 | TKKTKLTEEEKNRL | | ACE抑制 | 糜蛋白酶水解 | 25 |
| κ-酪蛋白 | 33~38 | SRYPSY | Casoxin 6 | 抗阿片样活性 | 胃蛋白酶水解 | 26 |
| | 25~34 | YIPIQYVLSR | Casoxin C | 抗阿片样活性 | 胰蛋白酶水解 | 27 |
| | 106~116 | MAIPPKKNQDK | Casoplatelin | 抗血栓-抑制血小板聚集 | 胰蛋白酶水解 | 28 |
| | | YPSY | Casoxin 4 | 阿片激动剂 | 合成 | 29 |
| 乳清蛋白 | | | | | | |

（续表）

| 前体蛋白 | 片段 | 肽序 | 名称 | 生物活性 | 制备方法 | 参考文献 |
|---|---|---|---|---|---|---|
| α-乳白蛋白 | 50~53 | YGLF | α-lactorphin | 阿片样激动剂，ACE 抑制 | 胃和胰腺酶水解 | 30 |
| β-乳球蛋白 | 102~105 | TLLF | β-lactorphin | 非阿片样活性，ACE 抑制 | 胰蛋白酶消化 | 31 |
| β-乳球蛋白 | 142~148 | ALPMHIR |  | ACE 抑制 | 蛋白水解 | 32, 33 |
|  | 146~149 | HIRL | β-lactotensin | 回肠收缩，降胆固醇 | 合成 | 31, 34 |
| 牛血清白蛋白 | 208~216 | ALKAWSVAR | Albutensin A | 回肠收缩，ACE 抑制 | 蛋白酶水解 | 32 |
|  | 399~404 | YGFQDA | Serorphin | 阿片样活性 | 胃蛋白酶水解 | 35 |
| 乳铁蛋白 | 17~41/42 | FKCRRWQWRMKK-LGAPSICURRAF/A | Lactoferricin | 抑菌 | 胃蛋白酶水解 | 36 |

# 参考文献

[1] Park, Y. W. Overview of bioactive components in milk and dairy products. In *Bioactive Components in Milk and Dairy Products*; Park, Y. W., Ed.; Wiley-Blackwell Publishers: Oxford, UK, 2009; pp. 3-14.

[2] Baum, F.; Fedorova, M.; Ebner, J.; Hoffmann, R.; Pischetsrieder, M. Analysis of the endogenous peptide profile of milk: Identification of 248 mainly casein-derived peptides. *J. Proteome Res.* 2013, 12: 5447-5462.

[3] Walstra, P.; Jenness, R. *Dairy Chemistry and Physics*; John Wiley: New York, NY, USA, 1984.

[4] Teschemacher, H.; Csontos, K.; Westenthanner, A.; Brantl, V.; Kromer, W. Endogenous opioids: Cold-induced release from pituitary tissue in vitro; extraction from pituitary and milk. In *Endorphins in Mental Health Research*; Usdin, E., Bunney, W. E., Kline, N. S., Eds.; Palgrave Macmillan: Basingstoke, UK, 1979; pp. 203-208.

[5] Phelan, M.; Aherne, A.; FitzGerald, R. J.; O'Brien, N. M. Casein-derived peptides: Biological effects, industrial uses, safety aspects and regulatory status. *Int. Dairy J.* 2009, 19: 643-654.

[6] Kami′nski, S.; Ciesli′nska, A.; Kostyra, E. Polymorphism of bovine beta-casein and its potential effect on human health. *J. Appl. Genet.* 2007, 48: 189-198.

[7] European Food Safety Authority (EFSA). Review of the potential health impact of β-casomorphins and related peptides. *Eur. Food Saf. Auth.* 2009, 7.

[8] Lopez-Fandino, R.; Otte, J.; van Camp, J. Physiological, chemical and technological aspects of milk-protein-derived peptides with antihypertensive and ACE inhibitory activity. *Int.*

Dairy J. 2006, 16: 1277-1293.

[9] Kamau, S. M.; Lu, R. -R.; Chen, W.; Liu, X. -M.; Tian, F. -W.; Shen, Y.; Gao, T. Functional significance of bioactive peptides derived from milk proteins. *Food Rev. Int.* 2010, 26: 386-401.

[10] Nagpal, R.; Behare, P.; Rana, R.; Kumar, A.; Kumar, M.; Arora, S.; Morotta, F.; Jain, S.; Yadav, H. Bioactive peptides derived from milk proteins and their health beneficial potentials: An update. *Food Funct.* 2011, 2: 18-27.

[11] Kitts, D. D.; Weiler, K. Bioactive proteins and peptides from food sources. Applications of bioprocesses used in isolation and recovery. *Curr. Pharm. Des.* 2003, 9: 1309-1323.

[12] Nielsen, S. D.; Beverly, R. L.; Qu, Y.; Dallas, D. C. Milk bioactive peptide database: A comprehensive database of milk protein-derived bioactive peptides and novel visualization. *Food Chem.* 2017.

[13] Meisel, H. Chemical characterization and opioid activity of an exorphin isolated from in vivo digests of casein. *FEBS Lett.* 1986, 196: 223-227.

[14] Cie'sli'nska, A.; Kostyra, E.; Kostyra, H.; Ole'nski, K.; Fiedorowicz, E.; Kami'nski, S. Milk from cows of different β-casein genotypes as a source of β-casomorphin-7. *Int. J. Food Sci. Nutr.* 2012, 63: 426-430.

[15] Maruyama, S.; Nakagomi, K.; Tomizuka, N.; Suzuki, H. Angiotensin I-converting enzyme inhibitor derived from an enzymatic hydrolysate of casein. II. Isolation and bradykinin-potentiating activity on the uterus and the ileum of rats. *Agric. Biol. Chem.* 1985, 49, 1405-1409.

[16] Maruyama, S.; Suzuki, H. A peptide inhibitor of angiotensin I-converting enzyme in the tryptic hydrolysate of casein. *Agric. Biol. Chem.* 1982, 46: 1393-1394.

[17] Maeno, M.; Yamamoto, N.; Takano, T. Identification of an antihypertensivepeptide from casein hydrolysate produced by a proteinase from Lactobacillus helveticus CP790. *J. Dairy Sci.* 1996, 79: 1316-1321.

[18] Migliore-Samour, D.; Floch, F.; Jollès, P. Biologically active casein peptides implicated in immunomodulation. *J. Dairy Res.* 1989, 56: 357-362.

[19] Kitazawa, H.; Yonezawa, K.; Tohno, M.; Shimosato, T.; Kawai, Y.; Saito, T.; Wang, J. M. Enzymatic digestion of the milk protein beta-casein releases potent chemotactic peptide(s) for monocytes and macrophages. *Int. Immunopharmacol.* 2007, 7: 1150-1159.

[20] Hayes, M.; Stanton, C.; Slattery, H.; O'Sullivan, O.; Hill, C.; Fitzgerald, G. F.; Ross, R. P. Casein fermentate of Lactobacillus animalis DPC6134, contains a range of novel propeptide angiotensin-converting enzyme inhibitors. *Appl. Environ. Microbiol.* 2007, 73: 4658-4667.

[21] Sato, R.; Shindo, M.; Gunshin, H.; Noguchi, T.; Naito, H. Characterization of phosphopeptide derived from bovine beta-casein: An inhibitor to intra-intestinal precipitation of calcium phosphate. *Biochim. Biophys. Acta* 1991, 1077: 413-415.

[22] Loukas, S.; Varoucha, D.; Zioudrou, C.; Streaty, R. A.; Klee, W. A. Opioid activities and structures of alpha.-casein-derived exorphins. *Biochemistry* 1983, 22, 4567–4573.

[23] Karaki, H.; Doi, K.; Sugano, S.; Uchiwa, H.; Sugai, R.; Murakami, U.; Takemoto, S. Antihypertensive effect of tryptic hydrolysate of milk casein in spontaneously hypertensive rats. *Comp. Biochem. Physiol. C* 1990, 96: 367–371.

[24] Minervini, F.; Algaron, F.; Rizzello, C. G.; Fox, P. F.; Monnet, V.; Gobbetti, M. Angiotensin I-converting-enzyme-inhibitory and antibacterial peptides from Lactobacillus helveticus PR4 proteinase-hydrolyzed caseins of milk from six species. *Appl. Environ. Microbiol.* 2003, 69: 5297–5305.

[25] Srinivas, S.; Prakash, V. Bioactive peptides from bovine milk alpha-casein: Isolation, characterization and multifunctional properties. *Int. J. Pept. Res. Ther.* 2010, 16: 7–15.

[26] Yoshikawa, M.; Tani, F.; Ashikaga, T.; Yoshimura, T.; Chiba, H. Purification and Characterization of an Opioid Antagonist from a Peptic Digest of Bovine κ-Casein. *Agric. Biol. Chem.* 1986, 50: 2951–2954.

[27] Chiba, H.; Tani, F.; Yoshikawa, M. Opioid antagonist peptides derived from kappa-casein. *J. Dairy Res* 1989, 56: 363–366.

[28] Jollès, P.; Lévy-Toledano, S.; Fiat, A. M.; Soria, C.; Gillessen, D.; Thomaidis, A.; Dunn, F. W.; Caen, J. P. Analogy between fibrinogen and casein. Effect of an undecapeptide isolated from kappa-casein on platelet function. *Eur. J. Biochem.* 1986, 158: 379–382.

[29] Patten, G. S.; Head, R. J.; Abeywardena, M. Y. Effects of casoxin 4 on morphine inhibition of small animal intestinal contractility and gut transit in the mouse. *Clin. Exp. Gastroenterol.* 2011, 4: 23–31.

[30] Nurminen, M. L.; Sipola, M.; Kaarto, H.; Pihlanto-Leppala, A.; Piilola, K.; Korpela, R.; Tossavainen, O.; Korhonen, H.; Vapaatalo, H. Alpha-lactorphin lowers blood pressure measured by radiotelemetry in normotensive and spontaneously hypertensive rats. *Life Sci.* 2000, 66: 1535–1543.

[31] Mullally, M. M.; Meisel, H.; FitzGerald, R. J. Synthetic peptides corresponding to alpha-lactalbumin and beta-lactoglobulin sequences with angiotensin-I-converting enzyme inhibitory activity. *Biol. Chem. Hoppe Seyler* 1996, 377: 259–260.

[32] FitzGerald, R. J.; Meisel, H. Lactokinins: Whey protein-derived ACE inhibitory peptides. *Nahrung* 1999, 43: 165–167.

[33] Mullally, M. M.; Meisel, H.; FitzGerald, R. J. Identification of a novelangiotensin-I-converting enzyme inhibitory peptide corresponding to a tryptic fragment of bovine beta-lactoglobulin. *FEBS Lett.* 1997, 402: 99–101.

[34] Yamauchi, R.; Ohinata, K.; Yoshikawa, M. Beta-lactotensin and neurotensin rapidly reduce serum cholesterol via NT2 receptor. *Peptides* 2003, 24: 1955–1961.

[35] Tani, F.; Shiota, A.; Chiba, H.; Yoshikawa, M. Serophin, an opioid peptide derived from serum albumin. In β-*Casomorphins and Related Peptides*: *Recent Developments*; Brantl, V., Teschemacher, H., Eds.; Wiley: Weinheim, Germany, 1994; pp. 49-53.

[36] Meisel, H.; Bockelmann, W. Bioactive peptides encrypted in milk proteins: Proteolytic activation and thropho-functional properties. *Antonie Van Leeuwenhoek* 1999, 76: 207-215.

[37] Meisel, H. Multifunctional peptides encrypted in milk proteins. *Biofactors* 2004, 21: 55-61.

[38] Fiat, A. M.; Jolles, P. Caseins of various origins and biologically active casein peptides and oligosaccharides: Structural and physiological aspects. *Mol. Cell. Biochem.* 1989, 87: 5-30.

[39] Meisel, H. Overview on milk protein-derived peptides. *Int. Dairy J.* 1998, 8: 363-373.

[40] Meisel, H.; FitzGerald, R. J. Opioid peptides encrypted in milk proteins. *Br. J. Nutr.* 2000, 84, S27-S31.

[41] Vermeirssen, V.; van Camp, J.; Verstraete, W. Bioavailability of angiotensin I-converting enzyme inhibitory peptides. *Br. J. Nutr.* 2004, 92: 357-366.

[42] Ganapathy, V.; Brandsch, M.; Leibach, F. H. Intestinal transport of amino acids and peptides. In *Physiology of the Gastrointestinal Tract*; Johnson, L. R., Ed.; Raven Press Ltd.: New York, NY, USA, 1994; pp. 1773-1794.

[43] Pauletti, G. M.; Gangwar, S.; Knipp, G. T.; Nerurkar, M. M.; Okumu, F. W.; Tamura, K.; Siahaan, T. J.; Borchardt, R. T. Structural requirements for intestinal absorption of peptide drugs. *J. Control. Release* 1996, 41: 3-17.

[44] Pauletti, G. M.; Okumu, F. W.; Borchardt, R. T. Effect of size and charge on the passive diffusion of peptides across Caco-2 cell monolayers via the paracellular pathway. *Pharm. Res.* 1997, 14: 164-168.

[45] Cardillo, G.; Gentilucci, L.; Tolomelli, A.; Calienni, M.; Qasem, A. R.; Spampinato, S. Stability against enzymatic hydrolysis of endomorphin-1 analogues containing beta-proline. *Org. Biomol. Chem.* 2003, 1: 1498-1502.

[46] Mizuno, S.; Nishimura, S.; Matsuura, K.; Gotou, T.; Yamamoto, N. Release of short and proline-rich antihypertensive peptides from casein hydrolysate with an Aspergillus oryzae protease. *J. Dairy Sci.* 2004, 87: 3183-3188.

[47] Savoie, L.; Agudelo, R. A.; Gauthier, S. F.; Marin, J.; Pouliot, Y. In vitro determination of the release kinetics of peptides and free amino acids during the digestion of food proteins. *J. AOAC Int.* 2005, 88: 935-948.

[48] Fujita, H.; Yoshikawa, M. LKPNM: A prodrug-type ACE-inhibitory peptide derived from fish protein. *Immunopharmacology* 1999, 44: 123-127.

[49] Svedberg, J.; de Hass, J.; Leimenstoll, G.; Paul, F.; Teschemacher, H. Demonstration ofmbeta-casomorphin immunoreactive materials in in vitro digests of bovine milk and in small intestine contents after bovine milk ingestion in adult humans. *Peptides* 1985, 6, 825-830.

[50] Matar, C.; Amiot, J.; Savoie, L.; Goulet, J. The effect of milk fermentation byLacto-

bacillus helveticus on the release of peptides during in vitro digestion. *J. Dairy Sci.* 1996, 79: 971-979.

[51] Miquel, E.; Gomez, J. A.; Alegria, A.; Barbera, R.; Farre, R.; Recio, I. Identification of casein phosphopeptides released after simulated digestion of milk-based infant formulas. *J. Agric. Food Chem.* 2005, 53: 3426-3433.

[52] Nongonierma, A. B.; FitzGerald, R. J. The scientific evidence for the role of milk protein-derived bioactive peptides in humans. A review. *J. Funct. Foods* 2015, 17: 640-656.

[53] Hartmann, R.; Meisel, H. Food-derivedpeptides with biological activity: From research to food applications. *Curr. Opin. Biotechnol.* 2007, 18: 1-7.

[54] Capriotti, A. L.; Cavaliere, C.; Piovesana, S.; Samperi, R.; Laganà, A. Recent Trends in the analysis of bioactive peptides in milk and dairy products. *Anal. Bioanal. Chem.* 2016, 408: 2677-2685.

[55] Muro Urista, C.; álvarez Fernández, R.; Riera Rodriguez, F.; Arana Cuenca, A.; Téllez Jurado, A. Review: Production and functionality of active peptides from milk. *Food Sci. Technol. Int.* 2011, 17: 293-317.

[56] Dallas, D. C.; Lee, H.; Parc, A. L.; de Moura Bell, J. M. L. N.; Barile, D. Coupling Mass Spectrometry-Based "Omic" Sciences with Bioguided Processing to Unravel Milk's Hidden Bioactivities. *Adv. Dairy Res.* 2013, 1: 104.

[57] Sánchez-Rivera, L.; Martínez-Maqueda, D.; Cruz-Huerta, E.; Miralles, B.; Recio, I. Peptidomics for discovery, bioavailability and monitoring of dairy bioactive peptides. *Food Res. Int.* 2014, 63: 170-181.

[58] Kareb, O.; Gomaa, A.; Champagne, C. P.; Jean, J.; Aider, M. Electro-activation of sweet defatted whey: Impact on the induced Maillard reaction products and bioactive peptides. *Food Chem.* 2017, 221: 590-598.

[59] Pihlanto-Leppala, A. Bioactive peptides derived from bovine whey proteins: Opioid and ace-inhibitory peptides. *Trends Food Sci. Technol.* 2000, 11: 347-356.

[60] Bitri, L. Optimization Study for the Production of an Opioid-like Preparation from Bovine Casein by Mild Acidic Hydrolysis. *Int. Dairy J.* 2004, 14: 535-539.

[61] Hafeez, Z.; Cakir-Kiefer, C.; Roux, E.; Perrin, C.; Miclo, L.; Dary-Mourot, A. Strategies of producing bioactive peptides from milk proteins to functionalize fermented milk products. *Food Res. Int.* 2014, 63: 71-80.

[62] Linares, D. M.; Gómez, C.; Renes, E.; Fresno, J. M.; Tornadijo, M. E.; Ross, R. P.; Stanton, C. Lactic Acid Bacteria and Bifidobacteria with Potential to Design Natural Biofunctional Health-Promoting Dairy Foods. *Front. Microbiol.* 2017, 8.

[63] Mohanty, D. P.; Mohapatra, S.; Misra, S.; Sahu, P. S. Milk derived bioactive peptides and their impact on human health—A review. *Saudi J. Biol. Sci.* 2016, 23: 577-583.

[64] Park, Y. W.; Nam, M. S. Bioactive Peptides in Milk and Dairy Products: A Review. *Korean J. Food Sci. Anim. Resour.* 2015, 35: 831-840.

[65] Krissansen, G. W. Emerging health properties of whey proteins and their clinical implications. *J. Am. Coll. Nutr.* 2007, 26: 713S-723S.

[66] Korhonen, H.; Pihlanto, A. Food-derived bioactive peptides—Opportunities for designing future foods. *Curr. Pharm. Des.* 2003, 9: 1297-1308.

[67] Korhonen, H.; Marnila, P. Bovine milk antibodies for protection against microbial human diseases. In *Nutraceutical Proteins and Peptides in Health and Disease*; Mine, Y., Shahidi, S., Eds.; Taylor & Francis Group: Boca Raton, FL, USA, 2005; pp. 137-159.

[68] FitzGerald, R. J.; Murray, B. A.; Walsh, D. J. Hypotensive peptides from milk proteins. *J. Nutr.* 2004, 134: 980-988.

[69] Dziuba, B.; Dziuba, M. Milk proteins-derived bioactive peptides in dairy products: Molecular, biological and methodological aspects. *Acta Sci. Pol. Technol. Aliment.* 2014, 13: 5-25.

[70] Korhonen, H.; Pihlanto, A. Bioactive peptides: Production and functionality. *Int. Dairy J.* 2006, 16: 945-960.

[71] Brandelli, A.; Daroit, D. J.; Folmer Corrêa, A. P. Whey as a source of peptides with remarkable biological activities. *Food Res. Int.* 2015, 73: 149-161.

[72] Yadav, J. S.; Yan, S.; Pilli, S.; Kumar, L.; Tyagi, R. D.; Surampalli, R. Y. Cheese whey: A potential resource to transform into bioprotein, functional/nutritional proteins and bioactive peptides. *Biotechnol. Adv.* 2015, 33: 756-774.

[73] Sommella, E.; Pepe, G.; Ventre, G.; Pagano, F.; Conte, G. M.; Ostacolo, C.; Manfra, M.; Tenore, G.; Russo, M.; Novellino, E.; et al. Detailed peptide profiling of "Scotta": From a dairy waste to a source of potential health-promoting compounds. *Dairy Sci. Technol.* 2016, 96: 763-771.

[74] Patel, S. Emerging trends in nutraceutical applications of whey protein and its derivatives. *J. Food Sci. Technol.* 2015, 52: 6847-6858.

[75] Athira, S.; Mann, B.; Saini, P.; Sharma, R.; Kumar, R.; Singh, A. K. Production and characterisation of whey protein hydrolysate having antioxidant activity from cheese whey. *J. Sci. Food Agric.* 2015, 95: 2908-2915.

[76] Abd El-Salam, M. H.; El-Shibiny, S. Preparation, properties, and uses of enzymatic milk protein hydrolysates. *Crit. Rev. Food Sci. Nutr.* 2017, 57: 1119-1132. [CrossRef] [PubMed] c 2017 by the author. Licensee MDPI, Basel, Switzerland. This article is an open access article distributed under the terms and conditions of the Creative Commons Attribution (CC BY) license (http://creativecommons.org/licenses/by/4.0/).

# 乳蛋白和生物活性肽对驴奶营养品质及对人健康的影响

Silvia Vincenzetti [1*], Stefania Pucciarelli [1], Valeria Polzonetti [1] and Paolo Polidori [2]

1. School of Bioscience and Veterinary Medicine, University of Camerino, via Gentile III da Varano, Camerino (MC) 62032, Italy; stefania. pucciarelli@ unicam. it (S. P.); valeria. polzonetti@ unicam. it (V. P.); 2. School of Pharmacy, University of Camerino, via Circonvallazione 93, Matelica (MC) 62024, Italy; paolo. polidori @ unicam. it

**摘要**：对于牛奶蛋白过敏的婴幼儿来说，当不能实施母乳喂养时，与其他动物乳相比，驴奶被认为是一种很好的、更安全的替代品。非常有趣的是，驴奶致敏性较低，主要因为驴奶中酪蛋白浓度较低，同时含有一些有生物活性肽功能的乳清蛋白。具有抗菌作用的溶菌酶在驴奶中的浓度为 1.0g/L，与人奶相似。乳铁蛋白浓度为 0.08g/L，该蛋白参与铁离子平衡的调控，并且具有抗菌、抗病毒及抗癌的功能。乳过氧化物酶是驴奶中具有抗菌功能的另一种蛋白，其含量非常少（0.11mg/L）。驴奶中的 β-乳球蛋白浓度为 3.75g/L，该蛋白能够结合并转运多种疏水分子。驴奶中 α-乳白蛋白浓度为 1.8g/L，与人奶接近。α-乳白蛋白具有抗病毒、抗肿瘤和抗应激的特性。因此，可以认为驴奶是一种功能食品和特医饮品，不仅适合婴幼儿饮用，也适合各种年龄段的人，尤其是处于康复期的病人和老年人饮用。

**关键词**：驴奶；生物活性肽；乳清蛋白；营养特性

# 1 简介

## 1.1 乳成分概述

母乳是能满足婴幼儿营养需求的一种天然饮品，因为它是营养最全面的食物之

---

\* Correspondence：silvia. vincenzetti@ unicam. it

一。在营养学中,奶因其化学成分被定义为"最接近完美的食物"。其主要组成成分为水、脂类、碳水化合物和蛋白质(酪蛋白和乳清蛋白)。此外,奶中还含有维生素、矿物质、激素、酶和多种复合物等微量成分。最后,奶中还含有许多免疫成分,如生长因子、细胞因子、核苷酸、抗菌化合物和特异性免疫细胞等。由于具有这些特性,奶给婴幼儿提供了重要的营养素、免疫保护和生物活性物质。不同物种的奶主要组分差别较大:如脂类从低于1%~55%,乳蛋白1%~20%,乳糖0~10%。微量组分在不同物种奶中的含量也不一样。同一个物种,不同个体、品种、泌乳阶段、营养状况、健康状况、环境和气候条件及许许多多其他因素不同时,奶的成分也会发生改变[1]。

乳成分主要反映出新生动物的营养和生理需求,在泌乳期奶的组分也会发生明显变化。在产后初期,乳成分的变化尤为明显,特别是免疫球蛋白。在泌乳中期奶中各种组分的浓度保持相对稳定,但在泌乳后期因乳腺组织的退化和血液成分的大量渗入,使乳成分发生显著改变[2]。

在所有奶组分中,不同物种奶的脂肪浓度和化学成分差别很大,从驴奶中的不到1%到水生哺乳动物的超过50%[3]。其组分取决于该物种的能量需求以及营养、遗传和泌乳特征。乳脂也是必需脂肪酸(如亚油酸和亚麻酸)、脂溶性维生素A、D、E和K的重要来源。

至于乳脂的组分,尽管脂类97%~98%为甘油三酯,但也存在少量甘油二酯、甘油一酯、游离胆固醇、胆固醇酯、游离脂肪酸和磷脂。磷脂含量不到总脂质的1%,主要存在于奶中的乳脂球膜和其他膜材料中[4]。

至于奶中碳水化合物的含量,不同哺乳动物乳糖浓度变动范围在0.7%~7%[4]。

乳糖是在乳腺上皮细胞中由两分子葡萄糖合成的:首先一分子葡萄糖生成一分子UDP-半乳糖,然后UDP-半乳糖在乳糖合成酶的催化下与另一分子的葡萄糖缩合成乳糖。乳糖合成酶是由UDP-半乳糖转移酶和乳清中α-乳白蛋白组成的二聚体,其中α-乳白蛋白是乳糖合成酶的一个调节亚基,能使UDP-半乳糖转移酶对葡萄糖具有特异性。因此,奶中的乳糖浓度和α-乳白蛋白浓度呈正相关(加利福尼亚海狮的奶中不含乳糖,也缺乏α-乳白蛋白)。α-乳白蛋白在乳糖合成过程中可能具有调节作用,也可能参与调控奶的渗透压大小[5]。

不同哺乳动物其奶中乳蛋白含量也不一样,范围在1%~24%。根据乳蛋白的化学成分和物理特性可将其分为2大类:酪蛋白和乳清蛋白。酪蛋白占反刍动物乳蛋白约80%,主要负责钙和磷的运输,在胃中凝结成块有助于机体消化。

酪蛋白是对热稳定的含磷蛋白,在乳腺中合成,存在于所有哺乳动物奶中。酪蛋白可分为α-酪蛋白、β-酪蛋白和κ-酪蛋白3类,其中α-酪蛋白还可细分为$\alpha_{s1}$-酪蛋白和$\alpha_{s2}$-酪蛋白2类。它们在一级结构、翻译后修饰的类型和程度方面有所不同。由于含有磷酸根,所以酪蛋白能够结合并运输大量的钙离子,因而酪蛋白对幼小动物牙齿和骨骼的发育有非常重要的作用[6]。

此外，酪蛋白富含人类必需的氨基酸赖氨酸，$\alpha_{s1}$-酪蛋白和 $\alpha_{s2}$-酪蛋白分别含有 14 和 24 个赖氨酸残基，因而，酪蛋白具有非常重要的营养功能。

乳清蛋白是 pH 值调到 4.6 时仍不会从乳中沉淀析出的蛋白质。乳清蛋白也被称为非酪蛋白氮，主要由 α-乳白蛋白（α-La）、β-乳球蛋白（β-LG）、血清白蛋白、免疫球蛋白、少量的乳铁蛋白和溶菌酶组成的 1 组对热不稳定、异质性的球状蛋白质。乳清蛋白中还含有酶、激素、营养转运蛋白、生长因子、抗病因子等成分。但与酪蛋白不同的是，乳清蛋白不含磷。

不同哺乳动物乳中酪蛋白/乳清蛋白的比例是不同的，在人奶中比例约为 40∶60，马奶中比例约为 50∶50，而在牛、山羊、绵羊和水牛奶中的比例约为 80∶20。这些差异反映了这些物种动物幼仔的营养和生理需求[7]。

无机元素根据其在动物机体中的含量可分为大量元素和微量元素 2 类。奶中最重要的无机盐是钙、钠、钾、镁、磷（无机）、氯的盐类和柠檬酸盐。矿物元素对于动物是必不可少的，因为它们具有许多生理功能。

奶中无机元素以水溶液或酪蛋白胶束的形式存在。

表 1 和表 2 分别是不同物种奶中主要常量元素和微量元素的含量。

**表 1　不同物种奶中无机元素的浓度（mM）**[8]

| | 人 | 牛 | 山羊 | 马 | 猪 | 绵羊 |
|---|---|---|---|---|---|---|
| 钙 | 7.8 | 29.4 | 23.1 | 16.5 | 104.1 | 56.8 |
| 钠 | 5.0 | 24.2 | 20.5 | 5.7 | 14.4 | 20.5 |
| 钾 | 16.5 | 34.7 | 46.6 | 11.9 | 31.4 | 31.7 |
| 镁 | 1.1 | 5.1 | 5.0 | 1.6 | 9.6 | 9.0 |
| 磷 | 2.5 | 20.9 | 15.6 | 6.7 | 51.2 | 39.7 |
| 氯 | 6.2 | 30.2 | 34.2 | 6.6 | 28.7 | 17.0 |

**表 2　马、牛和人奶中一些微量元素的浓度（μM）**[9]

| | 牛 | 马 | 人 |
|---|---|---|---|
| 锌 | 3 960 | 1 835 | 2 150 |
| 铁 | 194 | 224 | 260 |
| 铜 | 52 | 155 | 314 |
| 锰 | 21 | 14 | 7 |
| 钡 | 188 | 76 | 147 |
| 铝 | 98 | 123 | 125 |

维生素是重要的生物调节剂，它可分为脂溶性和水溶性2大类。维生素是哺乳动物体必需的营养化合物，因为它们参与多种生物功能：有些维生素（如维生素D）是激素前体物，有些维生素（如维生素C和E）能捕获自由基，具有抗氧化功能，还有一些维生素（如维生素B复合物）可构成酶的辅基。动物体对不同维生素的营养需求可从每天几微克到几毫克不等。奶中维生素的含量取决于母体维生素的状况，也取决于母体膳食中维生素，尤其是水溶性维生素的含量。表3总结了不同物种奶中一些脂溶性和水溶性维生素的含量。

表3 不同物种奶中维生素的含量（mg/L）（改自参考文献[10]）

| 脂溶性维生素 | 牛 | 山羊 | 马 | 人 | 绵羊 |
| --- | --- | --- | --- | --- | --- |
| A 和 β-胡萝卜素 | 0.32~0.50 | 0.50 | 0.12 | 2.00 | 0.50 |
| $D_3$，胆钙化醇 | 0.003 | — | 0.003 | 0.001 | — |
| E，α-生育酚 | 0.98~1.28 | — | 1.13 | 6.60 | — |
| K | 0.011 | — | 0.020 | 0.002 | — |
| 水溶性维生素 | | | | | |
| $B_1$，硫胺素 | 0.37 | 0.49 | 0.30 | 0.15 | 0.48 |
| $B_2$，核黄素 | 1.80 | 1.50 | 0.30 | 0.38 | 2.30 |
| $B_3$，烟酸 | 0.90 | 3.20 | 1.40 | 1.70 | 4.50 |
| $B_5$，泛酸 | 3.50 | 3.10 | 3.0 | 2.70 | 3.50 |
| $B_6$，吡哆醇 | 0.64 | 0.27 | 0.30 | 0.14 | 0.27 |
| $B_7$，生物素 | 0.035 | 0.039 | — | 0.006 | 0.09 |
| $B_9$，叶酸 | 0.18 | n.d | n.d | 0.16 | n.d |
| $B_{12}$，钴胺素 | 0.004 | 0.70 | 0.003 | 0.50 | 0.007 |
| C，抗坏血酸 | 21.00 | 9.00 | 17.20 | 43.0 | 4.25 |

## 1.2 牛奶蛋白过敏

众所周知，儿童对食物的不良反应率高于成年人，婴幼儿时期不良反应率达6%~8%，而成人仅为2.4%[11]。多个国家进行的前瞻性研究表明，大约2.5%的儿童在1岁前对牛奶过敏，因此牛奶被认为是导致婴幼儿过敏的主要原因[12]。

临床上牛奶蛋白过敏是对牛乳蛋白的一种异常免疫反应，可能是由一种或多种乳蛋白和体内的一种或多种免疫机制相互作用，导致免疫球蛋白E介导的过敏反应。如果反应不涉及免疫系统，则称为牛乳蛋白不耐受。IgE介导的过敏反应通常与多种食物过敏及特应性疾病，如长大以后的哮喘的高风险性有关。导致牛奶蛋白过敏的原因有多种：第一，牛奶中的蛋白质含量高于人奶（牛奶蛋白含量：3.6%；人乳蛋白含量：0.9%~1%）；第二，牛乳蛋白中酪蛋白占80%，乳清蛋白为18%；而人奶中，酪蛋白比例仅为40%，乳清蛋白比例为60%；第三，人乳中缺乏β-乳球蛋白，因此牛奶中β-乳球蛋白被认为是潜在的过敏原（过敏原Bos d 5）。

牛乳酪蛋白（$α_{s1}$-酪蛋白、$α_{s2}$-酪蛋白、β-酪蛋白和κ-酪蛋白）组成了过敏原Bos d 8，α-酪蛋白（100%）和κ-酪蛋白（91.7%）的致敏性比较高。在牛奶的乳清蛋白中，β-乳球蛋白含量最多，它对过敏性病人引起过敏的比例介于13%~76%。同样，牛奶免疫球蛋白（过敏原Bos d 7），特别是γ-球蛋白是引起牛奶蛋白过敏临床症状的致敏原[13]。当婴幼儿对牛奶蛋白消化不良、蛋白的结构基本保持不变时，即可发生过敏反应。由于蛋白酶催化能力不足或者肠道缺乏特定的消化酶，导致牛奶蛋白的多肽链没被分解成氨基酸。未消化的牛奶蛋白即成了抗原。不过这还不足以决定过敏反应是否会发生，因为机体吸收的抗原的数量受到结构屏障（黏液、上皮）的限制，同时抗原也可通过免疫屏障，通过在上皮细胞表面与分泌的免疫球蛋白（lgA）结合的方式清除。只有由于炎症或lgA缺乏，解剖学屏障的保护作用下降，才会发生大量的抗原入侵，特应性患者就可能会觉得过敏症状加重。胃肠道疾病有50%~60%的病例，皮肤病有50%~70%的病例，呼吸道疾病有20%~30%的病例，全身性过敏有5%~9%的病例可发生牛奶蛋白过敏[14]。

尽管有人认为人体对牛奶蛋白过敏是一过性的，但有些儿童到10岁，甚至到成年时也不能摆脱牛奶蛋白过敏[15]。与短暂性过敏患者相比，后者的过敏反应更为严重并且免疫机制也不同于短暂过敏患者[16]。

一旦确诊为牛奶蛋白过敏，疗法跟所有食物过敏一样，应完全避免食用牛奶或含有牛奶致敏蛋白的食物（如配制奶和衍生物），对于母乳喂养的牛奶蛋白过敏症婴幼儿，则其母亲饮食中应完全剔除牛奶蛋白[17]。

母乳不足或没有母乳时，必须选择替代配方奶粉。对牛奶蛋白过敏的婴儿，排除过敏原后过敏症状通常就会消失。但有些患者如果换用牛奶替代品后也出现过敏反应，则表明他们可能是对多种食物过敏[18]。

多种食物过敏治疗较难，因为剔除膳食中的一些食物可能会损失一部分营养，如果采用的替代食品不能保持营养平衡，可能就会导致营养不良，从而停止生长[18]。

## 2 驴奶及其低致敏性特点

作为新生儿的食物，驴奶因其独特的优点和多种功能可用作新生儿的食物，自古代以来就倍受人们喜爱。但直到最近，科学研究才证明了它在人类营养上的重要性，特别是对于某些人群如受牛奶蛋白过敏影响的老年人和婴幼儿营养的重要性。

## 2.1 史料记载

从古埃及当时的浮雕和壁画可以看出，驴在农业和日常工作中起非常重要的作用（图1）。

图1 古埃及的浮雕和壁画展现出驴在日常工作中的使用情况

古希腊人认为驴奶是一种极好的药物。在公元前5世纪，希罗多德推测驴奶是一种营养饮品，而希波克拉底则认为驴奶是一种能够治疗多种疾病的药物。古罗马人视驴奶作为一种美味的饮料，老普林尼曾记述了驴奶的护肤功能："有人认为驴奶可去除皮肤皱纹，使面部皮肤更嫩白。据说有些妇女每天7次用驴奶护理脸部皮肤，请注意这个数字"。正因如此，人们都熟知克娄巴特拉（埃及艳后）和波培娅（罗马皇后）曾经用驴奶洗浴以期青春长驻。尤其是罗马尼禄皇帝的皇后波培娅，每天都用驴奶洗浴，为此，她每次出巡都要带500头驴同行。据说，罗马梅萨莉娜皇后（Messalina）也非常喜欢"驴奶美容浴"，深信它具有预防皱纹产生的功效[19]。在亚洲、非洲和欧洲，均可以找到记载驴奶特性的书籍和史料，描述驴奶具有治疗、美容和作为食品的功效。在俄罗斯和蒙古，水果、蔬菜和豆类的摄入量比较少，但由于牛奶和驴奶消费量比较大，牛奶和驴奶中富含维生素A、维生素B，尤其是维生素C，所以弥补了水果、蔬菜和豆类摄入的不足。游牧民过去习惯养几匹驴和马来产奶。列夫·托尔斯泰曾经说："驴奶给我的肉体带来活力，为我的灵魂插上翅膀"。在文艺复兴时期，就有人开始从科学的角度来看驴奶，法国的弗朗索瓦一世听取医生的建议，饮用驴奶来缓解压力，消除疲劳，效果相当好。19世纪同样在法国，儿童医院的Parrot医生让孤儿直接吸吮驴奶（图2）；此外，在欧洲的多个城市，均可见到有些商贩在卖驴奶。

因此，当时人们就意识到驴奶可作为人奶有效的替代品，每逢有必要时，就用来喂养婴幼儿。这种做法一直沿续到20世纪50年代。事实上，这期间，在母乳不足或发现婴幼儿不能耐受牛奶时，给婴幼儿喂驴奶是非常正常的事。

因此，重视以往与饮用驴奶有益健康的众多史料固然非常重要，但是同样给出正

图2 19世纪巴黎圣文生·德·保禄医院现场采集驴奶

确的科学方法证明与支持驴奶的诸多优点也是非常重要的：诸如可增强免疫系统，可为肠道菌群提供益生元，能缓解喉咙瘙痒和止咳，抗贫血，抗牛皮癣、痤疮和湿疹等皮肤病，对压力、应激引起的皮肤病有效，而且很容易被婴幼儿消化吸收[20]。由于上述原因，近来人们开始对驴奶产生兴趣，促使医学界增加这方面的研究。另一方面，科学界从历史传统中继承了驴奶具有巨大价值的知识，特别是驴奶最适合喂养婴幼儿，因为其成分最接近人奶，营养价值高、消化率高。

## 2.2 驴奶及其与人奶的近似性

众所周知，在哺乳动物中，每种动物都会产生一种适合其幼仔的乳汁，从而确保其后代从乳汁中获得最理想的营养，人类也是如此。婴幼儿最好的乳就是母乳，母乳最能满足婴幼儿健康生长、协调发育的需要。然而，当不能进行母乳喂养时，特别是在对牛奶蛋白过敏的情况下，有必要找到一种能满足婴幼儿需要安全有效的替代乳。各种替代乳无疑是有效且能保证婴幼儿的正常生长发育的，然而，这些替代乳有时风味不佳且价格不菲。此外，对那些患有多种食物过敏的婴幼儿来说，这些替代乳可引起过敏反应。驴奶被认为是与人奶相似的奶，尤其是其蛋白质的组成，因此，跟母乳一样，驴奶也能够满足婴幼儿的所有营养需求。驴奶也是体弱老年人和缺钙人群的重要食物[21]。

患有食物过敏的婴幼儿采用其他疗法，但疗效常常欠佳，驴奶的口感更接近人奶，一些研究表明，驴乳对这些小孩可能是最佳的选择。驴奶与其他存在营养缺乏且可诱发过敏反应的替代乳不同，驴奶过敏风险低，既能提供婴幼儿所需的营养，也能保证婴幼儿免疫系统的正常发育[22]。从这一点来说，我们认为驴奶不仅是一种食物，还是一种营养保健品；我们认为它不仅可作为婴幼儿早期营养食品，还可以作为成人和老年人的营养保健品。

表4是驴奶（以粗体表示）与人、牛、马、绵羊、山羊奶成分对照表[23,24]。驴奶的脂肪含量与马奶相当，但与其他物种（包括人奶）相比含量较低。因此，驴奶中的平均能量值仅为1 939.4kJ/kg，与马奶相近，低于其他物种[25]。如果婴幼儿仅以驴奶为食，可能会导致能量摄入不足。但此问题可以通过在驴奶中补充中链甘油三酯或葵花籽油来解决[26,27]。至于驴奶脂类的组成成分，与牛奶相比，驴奶中饱和脂肪酸（SFA）比较低，必需脂肪酸（EFA）比较高，多不饱和脂肪酸（PUFA）含量较高（尤其是α-亚麻酸和亚油酸）。而且驴奶的特点是n-6与n-3脂肪酸的比例较低[28,29]。

驴奶总干物质为9.61%，灰分约为0.43%。非蛋白氮的比例非常接近人奶中的比例。非蛋白氮部分的生物学意义尚不清楚。然而，非蛋白氮部分主要包括尿素、尿酸、肌酸酐、核酸、氨基酸和核苷酸等物质，这些物质对婴幼儿生长发育似乎非常重要[30]。

表4 驴奶与几个物种乳成分比较（粗体表示驴奶成分）（g/100g）

| 奶 | 水 | 干物质 | 脂肪 | 蛋白 | 乳糖 | 灰分 | 能值（kJ/kg） |
| --- | --- | --- | --- | --- | --- | --- | --- |
| 人 | 87.57 | 12.43 | 3.38 | 1.64 | 6.69 | 0.22 | 2 855.6 |
| 驴 | 90.39 | 9.61 | 1.21 | 1.74 | 6.23 | 0.43 | 1 939.4 |
| 马 | 90.48 | 9.52 | 0.85 | 2.06 | 6.26 | 0.35 | 1 877.8 |
| 牛 | 87.62 | 12.38 | 3.46 | 3.43 | 4.71 | 0.78 | 2 983.0 |
| 山羊 | 86.77 | 13.23 | 4.62 | 3.41 | 4.47 | 0.73 | 3 399.5 |
| 绵羊 | 80.48 | 19.52 | 7.54 | 6.17 | 4.89 | 0.92 | 5 289.4 |

引自参考文献[23，24]

驴奶中乳糖含量较高，乳糖参与骨的矿化。驴奶中乳糖浓度特别接近人奶[22]，这也是驴奶有甜味的原因。与其他母乳代用品相比，驴奶对婴幼儿更为可口。乳糖促进婴幼儿肠道对钙的吸收，因为婴幼儿肠道中β-半乳糖苷酶（将乳糖水解成半乳糖和葡萄糖）得到高度表达。实际上已有研究表明，缺乏β-半乳糖苷酶的个体吸收的钙少于β-半乳糖苷酶正常的个体，因为β-半乳糖苷酶的水解产物（葡萄糖和半乳糖）可促进肠道对钙的吸收[31,32]。因此，即使在断奶后，如果遵循均衡饮食，饮用驴奶也更有利于骨骼矿化。

还有，由于乳糖含量高，驴奶也适合用于制备发酵饮品[33]。

从乳蛋白含量来看，驴奶总酪蛋白和乳清蛋白的平均含量与人奶相似，但低于牛奶（表5）。

驴奶中酪蛋白的含量略高于人奶，但显著低于绵羊奶和牛奶（表5）。此外，驴奶中酪蛋白/乳清蛋白的比值高于人奶，是更接近母乳的替代品。而反刍动物羊奶和牛奶中，酪蛋白/乳清蛋白的比值是驴奶的4倍、人奶的7倍[34]。

比较驴、人和牛 $\alpha_{s1}$-酪蛋白和 β-酪蛋白的序列同源性，发现驴和人的 α1-酪蛋白（42%，驴/人 VS 31%，牛/人）和 β-酪蛋白（57%，驴/人 VS 54%，牛/人）的同源性最高[35]。蛋白序列的同源性很大程度决定于相应蛋白质的氨基酸序列，驴奶中 $\alpha_{s1}$-酪蛋白和 β-酪蛋白与人奶同源性高，再加上含量又比较低，所以不难理解驴奶为什么最容易被婴幼儿接受。

为了发现更多关于驴奶营养特性和低致敏性的信息，近年来已经进行了多项研究以检测驴奶中的蛋白组分。

## 3 驴奶中的生物活性蛋白和多肽

表5详细列出了驴奶的不同蛋白组分（酪蛋白和乳清蛋白）及含量（g/L）。驴奶 α-乳白蛋白含量与人奶接近，β-乳球蛋白含量较高，而人奶完全不含 β-乳球蛋白。正如前面所述，已有证据显示 β-乳球蛋白和酪蛋白是牛奶中的主要致敏原。

β-乳球蛋白含量较高可能会影响驴奶的低致敏性，但驴奶用于治疗牛奶蛋白过敏已证实确实有效，且治愈率非常高。多位儿科医生提出的假设是，牛奶蛋白过敏主要是由酪蛋白引起的，而 β-乳球蛋白所起的作用较小。

表5 驴奶（以粗体表示）与牛、山羊和人奶主要蛋白质含量比较

|  | a 牛（g/L） | b 驴（g/L） | c 山羊（g/L） | a 人（g/L） |
| --- | --- | --- | --- | --- |
| 总蛋白 | 32.0 | 13~28 | 28~32 | 9~15 |
| 总酪蛋白 | 27.2 | 6.6 | 25.0 | 5.6 |
| 总乳清蛋白 | 4.5 | 7.5 | 6.0 | 8.0 |
| $\alpha_{s1}$-酪蛋白 | 10.0 | n.d | 10.0 | 0.8 |
| $\alpha_{s2}$-酪蛋白 | 3.7 | n.d | 3.0 | — |
| β-酪蛋白 | 10.0 | n.d | 11.0 | 4.0 |
| κ-酪蛋白 | 3.5 | 痕量 | 4.0 | 1.0 |
| α-乳白蛋白 | 1.2 | 1.80 | 6.0 | 1.9~2.6 |
| β-乳球蛋白 | 3.3 | 3.7 | 1.2 | — |
| 溶菌酶 | 痕量 | 1.0 | 痕量 | 0.04~0.2 |
| 乳铁蛋白 | 0.1 | 0.08 | 0.02~0.2 | 1.7~2.0 |
| 免疫球蛋白 | 1.0 | n.d | 1.0 | 1.1 |
| 白蛋白 | 0.4 | n.d | 0.5 | 0.4 |

引自参考文献a [36]，b [37, 38]，c [39]

值得注意的是，驴奶中的溶菌酶含量明显高于人奶；溶菌酶具有杀菌作用，因为它可以破坏细菌细胞壁。有人也认为，溶菌酶的大量存在使驴奶具有保持其风味，尤其是微生物学特征长时间不变的特性。

有人测定了泌乳期不同时间驴奶中的乳清蛋白含量[37]（表6）。溶菌酶含量在整个泌乳期呈线性下降趋势。溶菌酶是一种天然抗菌剂，因此，其含量往往在分娩后比较高，在泌乳期结束时比较低。这是为了保证新生驴驹有足够的抵抗病菌感染的能力，因为在驴驹出生初期，驴驹的免疫系统不成熟，容易发生细菌感染。$\alpha$-乳白蛋白的含量在泌乳期的第19天增加一倍然后基本保持稳定，这反映 $\alpha$-乳白蛋白在乳糖合成中的重要作用。此外还发现 $\beta$-乳球蛋白的含量在泌乳期基本保持稳定。

表6 不同泌乳阶段驴乳中溶菌酶、$\beta$-LG 和 $\alpha$-La（g/L）的含量[37]

| 泌乳期（d） | $\beta$-乳球蛋白（g/L） | $\alpha$-乳白蛋白（g/L） | 溶菌酶（g/L） |
| --- | --- | --- | --- |
| 60 | n.d | 0.81 | 1.34 |
| 80 | 4.13 | 1.97 | 0.94 |
| 120 | 3.60 | 1.87 | 1.03 |
| 160 | 3.69 | 1.74 | 0.82 |
| 190 | 3.60 | 1.63 | 0.76 |

下面将更详细地讨论驴奶中蛋白质/肽的组成、潜在的营养保健功能以及其对人类健康的影响。

## 3.1 酪蛋白部分

驴奶中的酪蛋白主要包括 $\alpha_{s1}$-和 $\beta$-酪蛋白，二者在磷酸化程度和遗传突变体数量方面存在较大的差异。有多个研究通过常规电泳、双向电泳，结构质谱（MS）分析和反相-高效液相色谱（HPLC）对驴奶酪蛋白的成分进行了分析[38,40,41]。在驴奶中也存在少量的 $\alpha_{s2}$-酪蛋白和 k-酪蛋白[40,41]。通过双向电泳发现了14个蛋白点，主要对应 $\alpha_{s1}$-和 $\beta$-酪蛋白，反相-HPLC分析结果同样也证实了上述结论[37,38]。驴奶 $\beta$-酪蛋白的等电点范围在4.63~4.95，分子量介于33.74~31.15kDa。这种差异主要是由于驴奶 $\beta$-酪蛋白存在两种遗传突变体：一个为标准蛋白，含有7、6和5个磷酸基团，等电点范围在4.74~4.91，另一个为剪接变体（923个氨基酸），含有7、6、5个磷酸基团，等电点范围在4.72~4.61。通过双向电泳试验在驴奶中发现了5种 $\alpha_{s1}$-酪蛋白，其中3种分子量相近（约31.15kDa），但是等电点不同（范围在5.15~5.36），其余两种的分子量较小（27~28kDa），等电点分别为5.08和4.92[38]。同样 $\alpha_{s1}$-酪蛋白的也存在5、6和7个磷酸基团及非等位基因剪接体造成的不同遗传突变体[41]。后面这些研究发现驴奶中至少存在4种 $\alpha_{s1}$-酪蛋白变体，6种 $\beta$-酪蛋白变体，

3种$\alpha_{s2}$-酪蛋白变体(含10、11和12个磷酸基团)和11种κ-酪蛋白变体(通过特异性免疫染色证实)。κ-酪蛋白的高异质性也可能是由于不同的糖基化模式造成的[41]。

表7总结了到现在为止发现的驴奶中的酪蛋白组分。

表7 驴奶酪蛋白组分

| 酪蛋白 | 分子量(kDa) | 等电点 |
| --- | --- | --- |
| β-酪蛋白(全长) | 33.74 | 4.63 |
| β-酪蛋白(全长) | 33.54 | 4.72 |
| β-酪蛋白(全长) | 33.10 | 4.82 |
| β-酪蛋白(全长) | 33.54 | 4.92 |
| β-酪蛋白(剪接体) | 31.66 | 4.68 |
| β-酪蛋白(剪接体) | 31.48 | 4.80 |
| β-酪蛋白(剪接体) | 32.15 | 4.88 |
| β-酪蛋白(剪接体) | 31.15 | 4.95 |
| $\alpha_{s1}$-酪蛋白(全长) | 31.20 | 5.15 |
| $\alpha_{s1}$-酪蛋白(全长) | 31.14 | 5.23 |
| $\alpha_{s1}$-酪蛋白(全长) | 31.14 | 5.36 |
| $\alpha_{s1}$-酪蛋白(剪接体) | 28.26 | 5.08 |
| $\alpha_{s1}$-酪蛋白(剪接体) | 27.24 | 4.92 |
| $\alpha_{s2}$酪蛋白 | 26.83 | n.d |
| $\alpha_{s2}$酪蛋白 | 26.91 | n.d |
| $\alpha_{s2}$酪蛋白 | 26.99 | n.d |
| 11个κ-酪蛋白 | n.d | n.d |

引自参考文献[38,40,41]

## 3.2 乳清蛋白及其对人体健康的影响

已有多个研究对驴奶中乳清蛋白进行了详细的表征。一些乳清蛋白具有重要的营养保健属性,可能对人体健康有益。

下面分别对主要的乳清蛋白作详细介绍。

### 3.2.1 β-乳球蛋白

β-乳球蛋白(β-LG)是反刍动物中最有代表性的乳清蛋白,在有些非反刍动物的奶中也存在,但有些则不存在,如啮齿动物、人和兔奶。驴奶β-LG的浓度为

3.75g/L，非常接近牛奶（3.3g/L）和马奶。通过双向电泳进行蛋白质组学研究，发现驴奶β-乳球蛋白至少存在3种异构体，其相对分子量和等电点均不同（Mr/pI：21.9kDa/4.46；20.0kDa/4.40；20.58kDa/4.12）[38]（图3）。

一些研究人员发现驴奶中的β-乳球蛋白只存在2种异构体：β-乳球蛋白Ⅰ（β-LGⅠ为主要存在形式，含量为80%）和β-乳球蛋白Ⅱ（β-LGⅡ，含量较少）[42,43]。还有研究发现β-LGⅠ（β-LGIB）只存在一种遗传突变体，β-LGⅡ存在2种遗传突变体（即β-LGⅡB和β-LGⅡC），还有少量β-LGⅡ的第3种突变体（β-LGⅡD）[44,45]。β-乳球蛋白是一种含有162个氨基酸残基的小分子量蛋白质（Mr≈18.4kDa），其氨基酸序列和三维结构（它是一种二聚体）表明它是脂质运载蛋白家族的一个组成部分。脂质运载蛋白家族是一个由50多种胞外蛋白组成的庞大而多样化的蛋白群体，这些蛋白来源于动物、植物和细菌的各种组织。典型的脂质运载蛋白由含160~180个氨基酸的肽链组成，折叠成8个反向平行的细丝，通过β-折叠形成一个称为β-桶的圆锥结构，疏水腔就位于β-桶中，能够结合不同的疏水分子。事实上，此家族的成员具有一些共同的分子属性：能够与多种疏水小分子结合；能够与细胞表面的特定受体结合；能与可溶性大分子形成复合物。由于上述特性，脂质运载蛋白能够作为特定的转运蛋白，如血清视黄醇结合蛋白（RBP）[46]。β-乳球蛋白对许多化合物都具有高度亲和力，并且在奶中的含量较高，表明它可能具有多种功能。除了转运疏水性分子外，β-乳球蛋白似乎还参与酶的调控及新生儿的被动免疫建立[46]。

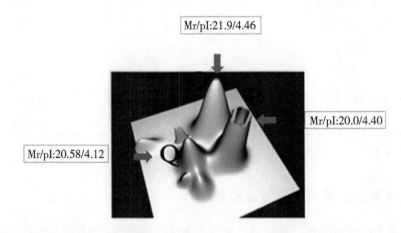

**图3　通过双向电泳发现的β-乳球蛋白的3种主要异构体，引自参考文献[38]**

疏水性配体主要包括长链脂肪酸、视黄醇和类固醇。在奶中，内源性配体不是视黄醇，主要是脂肪酸。视黄醇更容易溶于脂肪，可通过β-乳球蛋白从母体间接转运给新生儿。但β-乳球蛋白的确切作用尚不确定。主要有2个原因：第1是机体中还存在具有相似功能的其他脂质运载蛋白；第2是基于这样的简单推理，如果β-乳球蛋白在动物体内发挥着不可或缺的作用，那它应该在所有哺乳动物中都表达，而不应该只在部分哺乳动物中表达。关于该蛋白作用的另外一种假设可能是β-乳球蛋白真正的功能与母亲的生理机能有关，而与新生儿无关。

有个重要的事情是在牛和山羊中基因组中发现了一个假基因（已失去表达能力的祖先的基因），它似乎与马β-乳球蛋白-Ⅱ序列非常相似[46]。基因组中之所以存在假基因，可能是这个蛋白在其他地方发挥功能，但又可在某些哺乳动物（不是所有动物）的乳腺中以营养物质的形式表达。

Kontopidis等[46]测定了不同动物β-乳球蛋白和其他脂质运载蛋白的序列，构建了系统进化树，他们从中发现血清视黄醇结合蛋白（RBPs）序列明显不同于β-乳球蛋白。但有一种蛋白，胎盘蛋白是个例外。胎盘蛋白是在人类妊娠（前3个月）期间在子宫内膜内大量表达的蛋白，推测可能与免疫抑制或细胞分化有关。

因此，我们推测许多物种的β-乳球蛋白基因都经历了基因复制事件，并且在哺乳期间作为营养物质表达。同样，在啮齿动物、兔类动物和人类等一些物种中，β-乳球蛋白基因形成假基因不表达蛋白，因而在这些物种乳中不存在β-乳球蛋白[46]。

最近Liang等[47]的研究表明β-乳球蛋白能够与具有抗氧化活性的多酚化合物白藜芦醇相互作用，形成能够增强白藜芦醇的光稳定性和水溶性，提高其生物效率的1∶1的复合物。此外，还有研究表明β-乳球蛋白能够与叶酸形成复合物，因此，可以用作食物中维生素叶酸的良好载体[48]。

### 3.2.2 α-乳白蛋白

驴奶中含有相当多α-乳白蛋白，浓度为1.80g/L，非常接近于人奶和牛奶[37]。通过双向电泳可在驴乳中鉴定出存在α-乳白蛋白的两种异构体，其等电点分别为4.76和5.26[38]。Cunsolo等[45]已发现驴奶中存在α-乳白蛋白的两种异构体，其中一种是α-乳白蛋白的氧化蛋氨酸（在氨基酸序列的第90位）异构体，这可能是在体内发生氧化应激时产生的。

α-乳白蛋白是一种具有一个$Ca^{2+}$结合位点的小分子量蛋白（14.2kDa）。基于α-乳白蛋白与溶菌酶具有40%的序列同源性，且二者的三维结构也非常相似这一事实，人们推测α-乳白蛋白基因是由3亿—4亿年前的原始溶菌酶基因通过基因复制形成的。

α-乳白蛋白具有2个结构域：一个大的α-螺旋结构域和另一个小的β-折叠结构域，通过钙结合环将这两个结构域连接在一起。此外，这2个结构域还通过73和91位的半胱氨酸残基之间的二硫键（也形成了钙结合环），还有61和77位的半胱氨酸残基之间的另一个二硫键结合在一起。所以说α-乳白蛋白的整体结构由4个二硫键来保持稳定[49]。

α-乳白蛋白对机体非常重要。首先，α-乳白蛋白是乳糖合成酶的组成部分，能够调控乳腺中乳糖的合成并促进肠道对乳糖的吸收。其次，α-乳白蛋白除抗炎和镇痛作用外还有许多其他的功能。有些研究表明α-乳白蛋白水解后会释放出3个具有杀菌功能的多肽片段。α-乳白蛋白经胰蛋白酶消化可得到2个多肽片段，经胰凝乳蛋白酶消化后可得到第3个多肽片段。这3个多肽片段主要对革兰氏阳性菌具有抗菌活性而对革兰氏阴性菌的抗菌活性较低。α-乳白蛋白如果被胃蛋白酶消化，则得到的多肽片段无抗菌活性。由于完整的α-乳白蛋白也不具有杀菌活性，因而推测α-乳白蛋白仅在被肽链内切酶部分消化后才具有抗菌活性[50]。

有些研究者从人奶中纯化到一个对耐药菌株肺炎链球菌具有杀菌活性的α-乳白蛋白折叠变体。上述纯化实验是在C18:1脂肪酸（油酸）存在条件下，通过阴离子交换层析法将天然α-乳白蛋白转化为活性杀菌形式蛋白[51]。但这种抗菌活性只针对链球菌，具有选择性，而对革兰氏阴性菌和其他革兰氏阳性菌均无杀菌活性。

最后，还发现天然α-乳白蛋白具有多个脂肪酸结合位点[52]。

人奶有些α-乳白蛋白多聚体衍生物能引起$Ca^{2+}$水平升高，还可作为细胞凋亡诱导剂[53,54]。实际上，有人还发现α-乳白蛋白多聚体能够结合到细胞表面，进入细胞质并在细胞核中聚积。此外，α-乳白蛋白可与线粒体直接相互作用，导致细胞色素C释放，进而启动与细胞凋亡有关的半胱氨酸蛋白酶级联反应[55]。

特别是有人发现人奶中的α-乳白蛋白-油酸复合物（HAMLET）能够诱导癌细胞的选择性凋亡，但完全分化的细胞不受此影响。有人已在患者身上和肿瘤细胞系对HAMLET的活体影响进行研究，结果表明在异种移植模型中HAMLET能抑制人恶性胶质瘤的再生，并且可以消除患者的皮肤乳头状瘤。在肿瘤细胞系中，HAMLET进入细胞质然后再进入并聚集在细胞核里。在细胞核里HAMLET与组蛋白结合从而破坏染色质结构[56]。此外，还发现母乳喂养的婴幼儿胃中的酸性pH环境可以促进HAMLET的生成，这也是母乳喂养有预防婴幼儿肿瘤作用的一个原因[56]。

HAMLET也可在体外用纯化的天然α-乳白蛋白合成，纯化α-乳白蛋白先经乙二胺四乙酸（EDTA）（一种能够去除钙离子的螯合剂）处理解折叠。α-乳白蛋白失去钙离子，改变了构象，暴露出一个脂肪酸结合位点，对油酸具有高度特异性结合能力。

随后，将处理后的蛋白质进行离子交换层析，柱体基质为油酸，油酸能够与α-乳白蛋白结合，对已改变的蛋白构象起到稳定作用。最后用高盐溶液将复合物从层析柱上洗脱下来就得到HAMLET[56]。

### 3.2.3 溶菌酶

先用常规方法从驴奶中纯化溶菌酶，再过反相HPLC对驴奶中的溶菌酶进行纯化和表征，然后又在变性条件下进行15%聚丙烯酰胺凝胶电泳（15% SDS-PAGE）。通过双向电泳发现存在一个与溶菌酶对应的点，其分子量为14.5kDa，等电点为9.40[37,38]。但文献中报道驴奶溶菌酶存在两种变体：溶菌酶A（分子量为14.631kDa）和溶菌酶B（分子量为14.646kDa），二者的区别在于79位的蛋氨酸是否发生氧化,这极可能源自于蛋白翻译后修饰[44,45]。驴奶中溶菌酶的浓度为1.0g/L,高于人奶中溶菌酶浓度,但在山羊奶和牛奶中这种蛋白几乎不存在。溶菌酶属于水解酶类,是一种糖苷水解酶。它由2个结构域组成:一个基本为α-螺旋组成,另一个结构域由一个反向平行的β-折叠和两个α-螺旋组成。驴奶溶菌酶分子的三维结构由3个二硫键维持:其中2个二硫键位于α-螺旋结构域内,1个二硫键位于β-折叠内,分子内部几乎没有极性氨基酸残基。

在生物活性方面,驴奶溶菌酶具有杀菌作用,它可以破坏微生物的细胞壁,它只催化O型-糖基化合物的水解反应,可使葡萄糖胺的1号位碳分子和胞壁酸的4号位碳分子之间的糖苷键断裂,从而导致细菌细胞壁的破裂。

许多实验表明,由于溶菌酶含量较高,生驴奶的风味和细菌数不容易随贮存时间延长而改变,这点与生牛奶不同。这说明生驴奶的保质期要比生牛奶长[57]。在一项对驴奶抗菌特性的研究中,Šaric等发现驴奶中溶菌酶浓度高低与单核细胞增多性李斯特菌和金黄色葡萄球菌的抗菌活性呈正相关[58]。

此外,由于溶菌酶具有杀菌作用,有助于婴幼儿预防肠道感染,从而促进机体对营养物质的消化和吸收。

另外,研究还发现溶菌酶具有抗炎症活性、免疫调节活性和抗肿瘤活性等生理功能。特别是有研究表明溶菌酶具有抑制血管生成和抗肿瘤活性。最近体外研究发现驴奶对人腺癌肺泡基底上皮细胞(A549)具有抗增殖和抗肿瘤活性,其作用是通过刺激IL-2、γ-IFN、IL-6、TNF-a和IL-1b细胞因子的产生,调控细胞周期并诱导细胞凋亡进程来实现的[59]。此外,如前所述,马乳溶菌酶与α-乳白蛋白的结构同源,有研究发现它也能够和油酸形成复合物,称为马溶菌酶、油酸复合物(ELOA)。ELOA与HAMLET复合物类似,可表现出细胞毒活性。近来有研究表明ELOA对肺炎球菌具有杀灭作用,特别是因为ELOA与肺炎链球菌结合后会导致细菌质膜发生去极化、破裂等变化,从而导致钙离子进入细胞。如前所述,细胞中钙离子浓度增加会导致细菌凋亡。此外,与HAMLET类似,ELOA诱导的细胞凋亡伴随着DNA断裂成大分子量碎片[60]。马溶菌酶也具有与α-乳白蛋白类似的高亲和力的钙结合位点,α-乳白蛋白氨基酸序列高度保守[56]。

### 3.2.4 乳铁蛋白

乳铁蛋白又叫乳铁转运蛋白,分子量为80.0kDa,属于转铁蛋白家族,是一种铁螯合糖蛋白,由两个同源结构域组成,每个结构域可结合一个三价铁离子($Fe^{3+}$)和一个碳酸根阴离子。乳铁蛋白具有多种功能,包括铁平衡的调控、细胞增殖和分化的调控、抗感染、抗炎和抗癌,也有促进肠黏膜营养吸收能力的作用[61]。乳铁蛋白主要存在于乳中,也少量存在于唾液、泪液、胆汁、精液和胰液等外分泌液中。血浆中含有低浓度的乳铁蛋白,但在炎症反应期间,中性粒细胞会释放乳铁蛋白,从而使血浆中乳铁蛋白浓度升高。与牛奶(0.02~0.2g/L)、绵羊奶(0.14g/mL)和山羊

(0.02~0.40g/L)相比,人奶中的乳铁蛋白浓度较高(1.0g/L)。但在所有物种中,初乳的乳铁蛋白的浓度最高(人初乳约为7.0g/L),乳房发生感染时其量也会增加。在马奶中乳铁蛋白的浓度大约为0.10g/L,在初乳的浓度从1.5g/L到5.0g/L不等。驴奶中的乳铁蛋白浓度为0.08g/L,接近马奶、牛奶和山羊奶,但低于人奶中的平均浓度[38]。乳铁蛋白有两种不同的抗菌作用机制。第一种机制是抑菌作用,因为乳铁蛋白与铁离子具有高度的亲和力,它能够夺取铁依赖细菌的铁离子,从而使细菌得不到必需的营养生长因子。由于能与铁结合,具有抑菌作用,所以乳铁蛋白能够抑制许多种微生物的生长,包括大多数革兰氏阳性菌、革兰氏阴性菌以及某些酵母菌。然而,乳铁蛋白这种抑菌作用通常是暂时性的,因为一些革兰氏阴性菌可通过合成小分子量的螯合剂——铁载体,从乳铁蛋白夺取铁离子供细菌利用,从而适应这种铁离子受限制的生长条件。第二种抗菌作用机制是,乳铁蛋白可与脂多糖A、膜孔蛋白及一些微生物细胞壁的表面分子结合,从而直接破坏革兰氏阴性细菌的细胞壁。在微生物感染时乳铁蛋白具有重要抗炎作用。动物试验表明,服用乳铁蛋白可以防治幽门螺杆菌引起的胃炎[62]。这种抗感染作用可能是由于乳铁蛋白发挥了对多种促炎细胞因子如肿瘤坏死因子α(TNFα)、白细胞介素-1β(IL-1β)和IL-6的抑制作用。乳铁蛋白表达量在神经退行性疾病、关节炎、过敏性皮炎、炎症性肠病和肺部疾病等多种炎症疾病患者中上调[61]。除了上述的多种生物学作用外,Cornish等[63]还发现乳铁蛋白还能促进成骨细胞的增殖和分化。

乳铁蛋白经酶解可获得一些具有抗菌活性的多肽片段,即LF1-11、乳铁蛋白衍生活性肽和乳铁蛋白肽。上述3种抗菌肽片段都来源于乳铁蛋白的N端结构域,在大多数物种的乳铁蛋白N端结构域均相当保守。上述3种抗菌肽片段中,最重要的是乳铁蛋白肽,它对多种细菌、病毒、真菌和原生动物都具有抗菌活性。此外,乳铁蛋白肽还具有抑制小鼠肿瘤细胞转移、诱导THP-1人单核白血病细胞凋亡等功能[64]。

比较人、牛、鼠和山羊奶中乳铁蛋白肽的抗菌活性,发现牛乳铁蛋白肽抗菌活性最强。牛乳铁蛋白对某些大肠杆菌菌株的最低抑菌浓度(MIC)约为30μg/ml,而由人乳铁蛋白衍生的乳铁蛋白肽最低抑菌浓度比牛乳铁蛋白约高4倍。牛乳铁蛋白肽抗菌活性高可能由于其携带大量的净正电荷和疏水残基[64]。乳铁蛋白的另一类衍生肽包括lactoferroxins,这些衍生肽属于类阿片肽类,因为能表现出类似鸦片的效应[65]。类阿片肽同样可从酪蛋白酶解产物中获得(如酪啡肽)。

### 3.2.5 乳过氧化物酶

乳过氧化物酶(LPO)是一种主要由哺乳动物乳腺分泌的酶,但也存在于其他腺体的分泌物中。乳过氧化物酶是过氧化物酶的一种,它是由608个氨基酸组成的糖蛋白,分子量为78.0kDa。其二级结构由α-螺旋和两个短的反向平行β-折叠组成,它们一起与中心的血红素基团以共价键连接形成一个球形结构。乳过氧化物酶还结合了一个钙离子,钙离子对维持乳过氧化物酶的结构完整性起重要作用[66]。乳过氧化物酶系统通过利用过氧化氢($H_2O_2$)能催化多种底物的氧化反应,反应公式如下所示:

$$还原底物 + H_2O_2 \rightarrow 氧化产物 + H_2O$$

还原底物包括氰酸盐($SCN^-$)和碘离子($I^-$),而过氧化氢可来自于葡萄糖氧化酶催化葡萄糖和氧反应获得。一旦形成氧化产物,对细菌、病毒、寄生虫、真菌和支原体均有强大的杀灭能力[67]。乳过氧化物酶系统对单核细胞增生李斯特菌同样具有抑制作用,因此,它可于控制低温冷藏条件下生乳中细菌的增殖。此外,一些研究者给感染流感病毒的小鼠服用乳铁蛋白和乳过氧化物酶联合制剂,以减轻小鼠的肺炎症状[68]。由于其抑菌效果明显,乳过氧化物酶被广泛用于食品贮存。

驴奶中乳过氧化物酶酶活性为($4.83 \pm 0.35$)mU/mL,奶中浓度为($0.11 \pm 0.027$)mg/L[38]。与牛奶的乳过氧化物酶($0.03 \sim 0.1$ g/L)相比,驴奶的乳过氧化物酶浓度要低100倍,但与人奶中乳过氧化物酶浓度非常相近[($0.77 \pm 0.38$)mg/L][67,69]。

正如有些研究者所报道,上述的3种抗菌物质溶菌酶、乳过氧化物酶和乳铁蛋白可能具有叠加效应或协同作用[70,71]。众所周知,此3种抗菌分子都对幼小动物起到保护作用。有意思的是,虽然这些抗菌物质在不同物种中几乎都一样,但其浓度和重要性则可能迥异。如驴奶和人奶中的溶菌酶含量远远高于牛奶,而牛奶中的乳过氧化物酶含量很高,但驴奶和人奶中的乳过氧化物酶含量却较少(表8)。

表8 人、牛和驴奶中3种主要的抗菌因子的含量[38]

| 奶 | 溶菌酶(g/L) | 乳过氧化物酶(mg/L) | 乳铁蛋白(g/L) |
| --- | --- | --- | --- |
| 人 | 0.12 | 0.77 | 0.3~4.2 |
| 驴 | 1.0 | 0.11 | 0.08 |
| 牛 | 痕量 | 30~100 | 0.10 |

此外,有人发现奶中免疫球蛋白对这些非特异性抗菌因子的抗菌活性发挥起协同作用[70],如Tenuovo等发现将乳过氧化物酶和分泌性IgA一起培养,则乳过氧化物酶对变形链球菌的抗菌活性显著增加。这种抗菌活性增加可能是由于乳过氧化物酶和免疫球蛋白IgA的结合,二者结合可稳定乳过氧化物酶的酶活性。

### 3.2.6 β-酪蛋白片段

生物活性肽来自酪蛋白的降解产物,具有多种功能。它们最初是作为食物在肠道进行消化的生理调节剂,当被吸收后,则可作用于机体的各种靶器官。特别是生物活性肽在心血管系统、消化系统、神经系统和免疫系统中发挥多种作用[72]。

Cunsolo等[45]研究发现驴奶乳清蛋白级分中存在β-酪蛋白片段,它可能由β-酪蛋白被内源性蛋白酶部分消化产生。特别是他们还发现驴奶β-酪蛋白片段199~226

具有明显抗微生物活性,其分子量为3 043.0Da,与人奶β-酪蛋白片段184~210有40%的序列同源性。此外,驴奶β-酪蛋白片段199~226的N-末端序列与牛奶β-酪蛋白片段193~198具有同源性,而牛奶β-酪蛋白片段193~198具有抗高血压特性功能[73](图4)。

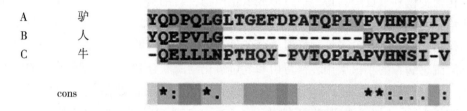

**图4 具有抗高血压作用的β-酪蛋白酶解片段的比对**

(A)驴奶β-酪蛋白片段199~226;(B)人奶β-酪蛋白片段184~210;(C)牛奶β-酪蛋白片段193~198[45]。运用T-COFFEE版本_11.00进行序列比对[74]。

但驴奶酪蛋白衍生物生物活性肽对人体健康的功能和影响还没有很好阐明。因此,就目前而言,只能根据驴奶酪蛋白衍生物生物活性肽与牛奶酪蛋白多肽片段的序列相似性推测其功能[45]。下面将介绍牛奶酪蛋白衍生物生物活性肽的一些功能特性。

有研究表明,来源于$\alpha_{s1}$-酪蛋白和β-酪蛋白的一些称为酪激肽的多肽(特别是片段177~183和片段193~202),在体外具有抑制血管紧张素转换酶(ACE)的活性[75],因此可用作降压药。其他研究者也得到类似的结果,他们发现来自奶的乳清蛋白和酪蛋白衍生的一些肽都具有ACE抑制活性,特别是$\alpha_{s1}$-酪蛋白的降解片段(片段142~147、157~164和194~199)和β-酪蛋白的降解片段(片段108~113,177~183和193~198)[76]。

β-酪蛋白在体外酶解可产生几种具有阿片类活性的肽,其共同特征是N-末端序列均为Tyr-Gly-Gly-Phe。N-末端的Tyr残基对于阿片类活性是很重要的。最重要的阿片肽是β-酪啡肽,它是β-酪蛋白第60~70个残基的片段[72]。这些生物活性肽对中枢神经系统(镇痛和镇静作用)和内分泌系统有重要作用。

此外,产自酪蛋白的生物活性肽还表现出免疫调节活性(刺激免疫系统)和抗菌活性(抑制病原体)。已有研究证明人奶和牛奶的酪蛋白酶解可释放出具有免疫刺激活性的肽。Parker和其同事[77]证实人奶β-酪蛋白54~60位六肽片段(Val-Glu-Pro-Ile-Pro-Tyr)具有免疫调节活性。

# 4 结论

对于患有牛奶蛋白过敏症的婴幼儿,从临床耐受性、可口性和营养全面性等方面来说,驴奶可作为人奶的有效替代品。此外,驴奶还具有其他生理功能,如提供抗菌物质、消化活性分子、生长因子和激素等活性物质。在儿童的营养方面,在不能饮用牛奶期间应该鼓励饮用天然乳品而不是配方奶。在此情况下,驴奶的营养保健作用就显得非常重要,因为奶乳中含有的功能性蛋白质和肽,既具有免疫学功能还能够刺激新生儿肠的功能的恢复和发育。特别值得一提的是乳清蛋白级分中存在大量的α-乳白蛋白,除了与乳糖合成有关外,当与油酸结合形成复合物(HAMLET)时,它能诱导癌细胞凋亡从而发挥抗肿瘤作用,这已经在体内和体外实验中得到证实。此外,驴奶中存在大量的溶菌酶,它对多种病原体具有杀灭作用,而且与α-乳白蛋白类似,溶菌酶也可与油酸形成具有杀菌作用的复合物ELOA。驴奶中还含有少量的乳铁蛋白,对人体健康具有多种保健作用,例如维持体内铁离子的平衡,抗菌活性,促细胞生长分化,抗炎活性,抗癌细胞的增殖和转移。此外,乳铁蛋白一旦在胃中被消化,就降解成小肽,这些小肽与全长的乳铁蛋白相比,对细菌、病毒、真菌和原虫具有更强的作用。最后,驴奶的乳清蛋白级分发现存在来自β-酪蛋白的降解小肽,这些小肽的序列与牛β-酪蛋白酶解衍生的肽的序列相似。牛β-酪蛋白衍生的肽片段对心血管、消化系统、神经系统和免疫系统均有作用,来源于驴奶β-酪蛋白的降解小肽片段的功能尚未阐明,我们推测它们可能具有类似的功能。

人奶和驴奶蛋白质结构相似可能有助于解释用驴奶所做的一些临床研究的结果[22,26,78],这些结果都表明对于牛奶过敏的婴幼儿,驴奶可能是牛奶的有效替代品。此外,基于驴奶的营养保健和功能特性,完全可以开发、生产以驴奶为原料的配方奶。

但在使用驴奶喂养婴幼儿时,还应注意驴奶脂肪含量较低,因而能量值较低,这可能会限制有牛奶过敏症的婴幼对驴奶的使用[79]。为此应该鼓励开展更多的临床研究以评估婴幼儿喂养驴奶第1年的营养效应,因为到目前为止,文献报道的有关临床研究仍非常少。

## 参考文献

[1] Claeys, W. L.; Verraes, C.; Cardoen, S.; De Block, J.; Huyghebaert, A.; Raes, K.; Dewettinck, K.; Herman, L. Consumption of raw or heated milk from different species: An evaluation of the nutritional and potential health benefits. *Food Control* 2014, 42: 188-201.

[2] Thompson, A.; Boland, M.; Singh, A. Milk proteins from expression to food. In *Food Sciences and Technology*; Thompson, A., Boland, M., Singh, A., Eds.; Elsevier: Burlington, MA, USA, 2009; pp. 8-56.

[3] Ragona, G.; Corrias, F.; Benedetti, M.; Paladini, M.; Salari, F.; Altomonte, L.; Martini, M. Amiata Donkey Milk Chain: Animal Health Evaluation and Milk Quality. *Ital. J. Food Saf.* 2016, 5: 5951.

[4] Fox, P. F.; McSweeney, P. L. H. *Dairy Chemistry and Biochemistry*; Blackie Academic and

Professional: London, UK, 1998; pp. 67-71.

[5] Donovan, S. M.; Monaco, M. H.; Bleck, G. T.; Cook, J. B.; Noble, M. S.; Hurley, W. L.; Wheeler, M. B. Transgenic Over-Expression of Bovine α-Lactalbumin and Human Insulin-Like Growth Factor-I in Porcine Mammary Gland. *J. Dairy Sci.* 2001, 84: E216-E222.

[6] Haug, A.; Høstmark, A. T.; Harstad, O. M. Bovine milk in human nutrition—A review. *Lipids Health Dis.* 2007, 6: 25.

[7] Rafiq, S.; Huma, N.; Pasha, I.; Sameen, A.; Mukhtar, O.; Khan, M. I. Chemical Composition, Nitrogen Fractions and Amino Acids Profile of Milk from Different Animal Species. *Asian Australas. J. Anim. Sci.* 2016, 29: 1022-1028.

[8] Holt, C.; Jenness, R. Interrelationships of constituents and partition of salts in milk samples from eight species. *Comp. Biochem. Physiol. A Comp. Physiol.* 1984, 77: 275-282.

[9] Anderson, R. R. Comparison of trace elements in milk of four species. *J. Dairy Sci.* 1992, 75: 3050-3055.

[10] Uniacke-Lowe, T.; Fox, P. F. Equid Milk: Chemistry, Biochemistry and Processing. In *Food Biochemistry and Food Processing*, 2nd ed.; Simpson, B. K., Ed.; John Wiley & Sons, Inc.: Oxford, UK, 2012; pp. 491-528.

[11] Buttriss, J. *Adverse Reaction to Food. The Report of a British Nutrition Foundation Task Force*; Buttriss, J., Ed.; Blackwell Science: Oxford, UK, 2002.

[12] Hochwallner, H.; Schulmeister, U.; Swoboda, I.; Spitzauer, S.; Valenta, R. Cow's milk allergy: From allergens to new forms of diagnosis, therapy and prevention. *Methods* 2014, 66: 22-33.

[13] Pessler, F.; Nejat, M. Anaphylactic reaction to goat's milk in a cow's milk—Allergic infant. *Pediatr. Allergy Immunol.* 2004, 15: 183-185.

[14] Ghosh, J.; Malhotra, G. S.; Mathur, B. N. *Hypersensitivity of human subjects to bovine milk proteins: A review.* Indian J. Dairy Sci. 1989, 42: 744-749.

[15] Giner, M. T.; Vasquez, M.; Dominiguez, O. Specific oral desensitization in children with IgE-mediated cow's milk allergy. Evolution in one year. *Eur. J. Pediatr.* 2012, 171, 1389-1395.

[16] Sánchez-García, S.; del Río, P. R.; Escudero, C.; García-Fernández, C. Efficacy of Oral Immunotherapy Protocol for Specific Oral Tolerance Induction in Children with Cow's Milk Allergy. *IMAJ* 2012, 14: 43-47.

[17] Venter, C. Cow's milk protein allergy and other food hypersensitivities in infants. *J. Fam. Health Care* 2009, 19: 128-134.

[18] Wang, J. Management of the Patient with Multiple Food Allergies. *Curr. Allergy Asthma Rep.* 2010, 10: 271-277.

[19] Cunsolo, V.; Muccilli, V.; Fasoli, E.; Saletti, R.; Righetti, R. G.; Foti, S. Poppea's bath liquor: The secret proteome of she-donkey's milk. *J. Proteom.* 2011, 74: 2083-2099.

[20] Jirillo, F. ; Jirillo, E. ; Magrone, T. Donkey's and goat's milk consumption and benefits to human health with special reference to the inflammatory status. *Curr. Pharm. Des.* 2010, 16: 859-863.

[21] Polidori, P. ; Ariani, A. ; Vincenzetti, S. Use of Donkey Milk in Cases of Cow's Milk Protein Allergies. *Int. J. Child Health Nutr.* 2015, 4: 174-179.

[22] Iacono, G. ; Carroccio, A. ; Cavataio, F. ; Montalto, G. ; Soresi, M. ; Balsamo, V. Use of ass's milk in multiple food allergy. *J. Pediatr. Gastroenterol. Nutr.* 1992, 14: 177-181.

[23] Polidori, P. ; Beghelli, D. ; Mariani, P. ; Vincenzetti, S. Donkey milk production: State of the art. *Ital. J. Anim. Sci.* 2009, 8: 677-683.

[24] Salimei, E. ; Fantuz, F. ; Coppola, R. ; Chiofalo, B. ; Polidori, P. ; Varisco, G. Composition and characteristics of ass's milk. *Anim. Res.* 2004, 53: 67-78.

[25] Malacarne, M. ; Martuzzi, F. ; Summer, A. ; Mariani, P. Protein and fat composition of mare's milk: Some nutritional remarks with reference to human and cow's milk. *Int. Dairy J.* 2002, 12: 869-877.

[26] Carroccio, A. ; Cavataio, F. ; Montalto, G. ; D'Amico, D. ; Alabrese, L. ; Iacono, G. Intolerance to hydrolised cow's milk proteins in infants: Clinical characteristics and dietary treatment. *Clin. Exp. Allergy* 2000, 30: 1597-1603.

[27] Monti, G. ; Viola, S. ; Baro, C. ; Cresi, F. ; Tovo, P. A. ; Moro, G. ; Ferrero, M. P. ; Conti, A. ; Bertino, E. Tolerability of donkey's milk in 92 highly-problematic cow's milk allergic children. *J. Biol. Regul. Homeost. Agents* 2012, 26: 75-82.

[28] Chiofalo, B. ; Salimei, E. ; Chiofalo, L. Acidi grassi nel latte d'asina: Proprietà bio-nutrizionali ed extranutrizionali. *Large Anim. Rev.* 2003, 6: 21-26.

[29] Martemucci, G. ; D'Alessandro, A. G. Fat content, energy value and fatty acid profile of donkey milk during lactation and implications for human nutrition. *Lipids Health Dis.* 2012, 11: 113.

[30] Vincenzetti, S. ; Pucciarelli, S. ; Nucci, C. ; Polzonetti, V. ; Cammertoni, N. ; Polidori, P. Profile of nucleosides and nucleotides in donkey's milk. *Nucleosides Nucleotides Nucleic Acids* 2014, 33: 656-667.

[31] Birlouez-Aragon, I. Effect of lactose hydrolysis on calcium absorption during duodenal milk perfusion. *Reprod. Nutr. Dev.* 1988, 28: 1465-1472.

[32] Griessen, M. ; Cochet, B. ; Infante, F. ; Jung, A. ; Bartholdi, P. ; Donath, A. ; Loizeau, E. ; Courvoisier, B. Calcium absorption from milk in lactase-deficient subjects. *Am. J. Clin. Nutr.* 1989, 49: 377-384.

[33] Chiavari, C. ; Coloretti, F. ; Nanni, M. ; Sorrentino, E. ; Grazia, L. Use of donkey's milk for a fermented beverage with lactobacilli. *Lait* 2005, 85: 481-490.

[34] Vincenzetti, S. ; Polidori, P. ; Vita, A. Nutritional characteristics of donkey's milk protein fraction. In *Dietary Protein Research Trends*; Ling, J. R. , Ed. ; Nova Science Publisher Inc.: New York, NY, USA, 2007; pp. 207-225.

[35] Vita, D. ; Passalacqua, G. ; Di Pasquale, G. ; Caminiti, L. ; Crisafulli, G. ; Rulli, I.; Pajno, G. B. Ass's milk in children with atopic dermatitis and cow's milk allergy: Crossover comparison with goat's milk. *Pediatr. Allergy Immunol.* 2007, 18: 594-598.

[36] Martin, P. ; Grosclaude, F. Improvement of milk protein-quality by gene technology. *Livest. Prod. Sci.* 1993, 35: 95-115.

[37] Vincenzetti, S. ; Polidori, P. ; Mariani, P. ; Cammertoni, N. ; Fantuz, F. ; Vita, A. Donkey milk protein fractions characterization. *Food Chem.* 2008, 10: 640-649.

[38] Vincenzetti, S. ; Amici, A. ; Pucciarelli, S. ; Vita, A. ; Micozzi, D. ; Carpi, F. M. ; Polzonetti, V. ; Natalini, P. ; Polidori, P. A Proteomic Study on Donkey Milk. *Biochem. Anal. Biochem.* 2012, 1: 109.

[39] Greppi, G. F. ; Roncada, P. La componente proteica del latte caprino. In *L'alimentazione della Capra da Latte*; Pulina, G. , Ed. ; Avenue Media Publisher: Bologna, Italy, 2005; pp. 71-99.

[40] Bertino, E. ; Gastaldi, D. ; Monti, G. ; Baro, C. ; Fortunato, D. ; Perono Garoffo, L.; Coscia, A. ; Fabris, C. ; Mussap, M. ; Conti, A. Detailed proteomic analysis on DM: Insight into its hypoallergenicity. *Front. Biosci.* 2010, 2: 526-536.

[41] Chianese, L. ; Calabrese, M. G. ; Ferranti, P. ; Mauriello, R. ; Garro, G. ; De Simone, C. ; Quarto, M. ; Addeo, F. ; Cosenza, G. ; Ramunno, L. Proteomic characterization of donkey milk "caseome". *J. Chromatogr. A* 2010, 1217: 4834-4840.

[42] Godovac-Zimmermann, J. ; Conti, A. ; James, L. ; Napolitano, L. Microanalysis of the amino-acid sequence of monomeric beta-lactoglobulin I from donkey (*Equus asinus*) milk. The primary structure and its homology with a superfamily of hydrophobic molecule transporters. *Biol. Chem. Hoppe-Seyler* 1988, 369: 171-179.

[43] Godovac-Zimmermann, J. ; Conti, A. ; Sheil, M. ; Napolitano, L. Covalent structure of the minor monomeric beta-lactoglobulin II component from donkey milk. *Biol. Chem. Hoppe-Seyler* 1990, 371: 871-879.

[44] Herrouin, M. ; Molle, D. ; Fauquant, J. ; Ballestra, F. ; Maubois, J. L. ; Leonil, J. New Genetic Variants Identified in Donkey's Milk Whey Proteins. *J. Protein Chem.* 2000, 19: 105-115.

[45] Cunsolo, V. ; Saletti, R. ; Muccilli, V. ; Foti, S. Characterization of the protein profile of donkey's milk whey fraction. *J. Mass Spectrom.* 2007, 42: 1162-1174.

[46] Kontopidis, G. ; Holt, C. ; Sawyer, L. Invited review: Beta-lactoglobulin: Binding properties, structure, and function. *J. Dairy Sci.* 2004, 87: 785-796.

[47] Liang, L. ; Tajmir-Riahi, H. A. ; Subirade, M. Interaction of beta-lactoglobulin with resveratrol and its biological implications. *Biomacromolecules* 2008, 9: 50-56.

[48] Liang, L. ; Subirade, M. Beta-Lactoglobulin/Folic Acid Complexes: Formation, Characterization, and Biological Implication. *J. Phys. Chem. B* 2010, 114: 6707-6712.

[49] Permyakova, E. A. ; Berliner, L. J. α-Lactalbumin: Structure and Function. *FEBS Lett.*

2000, 473: 269-274.

[50] Pelligrini, A.; Thomas, U.; Bramaz, N.; Hunziker, P.; von Fellenberg, R. Isolation and identification of three bactericidal domains in the bovine alpha-lactalbumin molecule. *Biochim. Biophys. Acta* 1999, 1426: 439-448.

[51] Hakansson, A.; Svensson, M.; Mossberg, A. K.; Sabharwal, H.; Linse, S.; Lazou, I.; Lonnerdal, B.; Svanborg, C. A folding variant of alpha-lactalbumin with bactericidal activity against *Streptococcus pneumoniae*. *Mol. Microbiol.* 2000, 35: 589-600.

[52] Cawthern, K. M.; Narayan, M.; Chaudhuri, D.; Permyakov, E. A.; Berliner, L. J. Interactions of α-Lactalbumin with Fatty Acids and Spin Label Analogs. *J. Biol. Chem.* 1997, 272: 30812-30816.

[53] Hakansson, A.; Zhivotovsky, B.; Orrenius, S.; Sabharwal, H.; Svanborg, C. Apoptosis induced by a human milk protein. *Proc. Natl. Acad. Sci. USA* 1995, 92: 8064-8068.

[54] Svensson, M.; Sabharwal, H.; Hakansson, A.; Mossberg, A. K.; Lipniunas, P.; Leffler, H.; Svanborg, C.; Linse, S. Molecular Characterization of α-Lactalbumin Folding Variants That Induce Apoptosis in Tumor Cells. *J. Biol. Chem.* 1999, 274: 6388-6396.

[55] Köhler, C.; Hakansson, A.; Svanborg, C.; Orrenius, S.; Zhivotovsky, B. Protease activation in apoptosis induced by MAL. *Exp. Cell Res.* 1999, 249: 260-268.

[56] Mossberg, A. K.; Hun Mok, K.; Morozova-Roche, L. A.; Svanborg, C. Structure and function of human α-lactalbumin made lethal to tumor cells (HAMLET)-type complexes. *FEBS J.* 2010, 277: 4614-4625.

[57] Zhang, X. Y.; Zhao, L.; Jiang, L.; Dong, M. L.; Ren, F. Z. The antimicrobial activity of donkey milk and its microflora changes during storage. *Food Control* 2008, 19: 1191-1195.

[58] Šari'c, L. C.; Šari'c, B. M.; Kravi'c, S. T.; Plavši'c, D. V.; Milovanovi'c, I. L.; Gubi'c, J. M.; Nedeljkovi'c, N. M. Antibacterial activity of domestic Balkan donkey milk toward *Listeria monocytogenes* and *Staphylococcus aureus*. *Food Feed Res.* 2014, 41: 47-54.

[59] Mao, X.; Gu, J.; Sun, Y.; Xu, S.; Zhang, X.; Yang, H.; Ren, F. Anti-proliferative and anti-tumour effect of active components in donkey milk on A549 human lung cancer cells. *Int. Dairy J.* 2009, 19: 703-708.

[60] Clementi, E. A.; Wilhelm, K. R.; Schleicher, J.; Morozova-Roche, L. A.; Hakansson, A. P. A complex of equine lysozyme and oleic acid with bactericidal activity against *Streptococcus pneumoniae*. *PLoS ONE* 2013, 8: e80649.

[61] Ward, P. P.; Paz, E.; Conneely, O. M. Multifunctional roles of lactoferrin: A critical overview. *Cell. Mol. Life Sci.* 2005, 62: 2540-2548.

[62] Dial, E. J.; Lichtenberger, L. M. Effect of lactoferrin on *Helicobacter felis* induced gastritis. *Biochem. Cell Biol.* 2002, 80: 113-117.

[63] Cornish, J.; Palmano, K.; Callon, K. E.; Watson, M.; Lin, J. M.; Valenti, P.;

Naot, D. ; Grey, A. B. ; Reid, I. R. Lactoferrin and bone: structure-activity relationships. *Biochem. Cell. Biol.* 2006, 84: 297-302.

[64]  Sinha, M. ; Kaushik, S. ; Kaur, P. ; Sharma, S. ; Singh, T. P. Antimicrobial Lactoferrin Peptides: The Hidden Players in the Protective Function of a Multifunctional Protein. *Int. J. Pept.* 2013, 2013: 390230.

[65]  Jenssen, H. Antimicrobial activity of lactoferrin and lactoferrin derived peptides. In *Dietary Protein Research Trends*; Ling, J. R. , Ed. ; Nova Science Publisher Inc. : New York, NY, USA, 2007; pp. 1-62.

[66]  Tenovuo, J. O. The peroxidase system in human secretions. In *The Lactoperoxidase System: Chemistry and Biological Significance*; Pruitt, K. M. , Tenovuo, J. O. , Eds. ; Marcel Dekker: New York, NY, USA, 1985; pp. 101-122.

[67]  Tanaka, T. Antimicrobial activity of lactoferrin and lactoperoxidase in milk. In *Dietary Protein Research Trends*; Ling, J. R. , Ed. ; Nova Science Publisher Inc. : New York, NY, USA, 2007; pp. 101-115.

[68]  Shin, K. ; Wakabayashi, H. ; Yamauchi, K. ; Teraguchi, S. ; Tamura, Y. ; Kurokawa, M. ; Shiraki, K. Effects of orally administered bovine lactoferrin and lactoperoxidase on influenza virus infection in mice. *J. Med. Microbiol.* 2005, 54: 717-723.

[69]  Shin, K. ; Hayasawa, H. ; Lönnerdal, B. Purification and quantification of lactoperoxidase in human milk with use of immunoadsorbent with antibodies against recombinant human lactoperoxidase. *Am. J. Clin. Nutr.* 2001, 73: 984-989.

[70]  Tenovuo, J. ; Moldoveanu, Z. ; Mestecky, J. ; Pruitt, K. M. ; Rahemtulla, B. M. Interaction of specific and innate factors of immunity: IgA enhances the antimicrobial effect of the lactoperoxidase system against *Streptococcus mutans*. *J. Immunol.* 1982, 128, 726-731.

[71]  Arnold, R. ; Russell, J. E. ; Devine, S. M. ; Adamson, M. ; Pruitt, K. M. Antimicrobial activity of the secretory innate defence factors lactoferrin, lactoperoxidase and lysozyme. In *Cardiology Today*; Guggenheim, B. , Ed. ; S. Karger: Basel, Switzerland, 1984; pp. 75-88.

[72]  Silva, S. V. ; Malcata, F. X. Caseins as a source of bioactive peptides. *Int. Dairy J.* 2005, 15: 1-15.

[73]  Minervini, F. ; Algaron, F. ; Rizzello, C. G. ; Fox, P. F. ; Monnet, V. ; Gobbetti, M. Angiotensin I-converting-enzyme-inhibitory and antibacterial peptides from *Lactobacillus helveticus* PR4 proteinase-hydrolyzed caseins of milk from six species. *Appl. Environ. Microbiol.* 2003, 69: 5297-5305.

[74]  Notredame, C. ; Higgins, D. G. ; Heringa, J. T-Coffee: A novel method for fast and accurate multiple sequence alignment. *J. Mol. Biol.* 2000: 302: 205-217.

[75]  Maruyama, S. ; Suzuki, H. A peptide inhibitor of angiotensin I-converting enzyme in the tryptic hydrolysate of casein. *Agric. Biol. Chem.* 1982, 46: 1393-1394.

[76]  Pihlanto-Leppala, A. ; Rokka, T. ; Korhonen, H. Angiotensin I converting enzyme

inhibitory peptides from bovine milk proteins. *Int. Dairy J.* 1998, 8: 325-331.

[77] Parker, F. ; Migliore-Samour, D. ; Floch, F. ; Zerial, A. ; Werner, G. H. ; Jollès, J.; Casaretto, M. ; Zahn, H. ; Jollès, P. Immunostimulating hexapeptide from human casein: Amino acid sequence, synthesis and biological properties. *Eur. J. Biochem.* 1984, 145, 677-682.

[78] Tesse, R. ; Paglialunga, C. ; Braccio, S. ; Armenio, L. Adequacy and tolerance to ass's milk in an Italian cohort of children with cow's milk allergy. *Ital. J. Pediatr.* 2009, 35: 19.

[79] Giovannini, M. ; D'Auria, E. ; Cattarelli, C. ; Verduci, E. ; Barberi, S. ; Indinnimeo, L. ; Iacono, I. D. ; Martelli, A. ; Riva, E. ; Bernardini, R. Nutritional management and follow-up of infants and children with food allergy: Italian Society of Pediatric Nutrition/Italian Society of Pediatric Allergy and Immunology Task Force Position Statement. *Ital. J. Pediatr.* 2014, 40: 1.

# 生乳和热处理乳：从公共健康风险到营养品质

Francesca Melini[1,2]***, Valentina Melini[2]**, Francesca Luziatelli[1] and Maurizio Ruzzi[1]

1. Department for Innovation in Biological, Agro-food and Forest systems (DIBAF), University of Tuscia, Via San Camillo deLellis snc, I-01100 Viterbo, Italy; f. luziatelli@ unitus. it (F. L.); ruzzi@ unitus. it (M. R.) 2. CREA Research Centre for Food and Nutrition, Via Ardeatina 546, I-00178 Roma, Italy; valentina. melini @ crea. gov. it

**摘要**：近年来，消费者对天然食品和配料情有独钟，其中对生乳的兴趣尤为突出，声称其感官品质好、更营养健康。但公众对人类直接饮用生牛乳的实际风险和益处一直存在争议。本文比较了生乳和热处理乳的微生物、营养和感官特征，以评价直接饮用生乳的实际风险和益处。本文详细综述了饮用生乳的主要微生物学，特别是存在病原菌的有关风险，并报道了风险评估模型的主要结果。在介绍最常用的牛奶热处理的关键技术的基础上，本文还讨论了这些处理对牛奶微生物、营养和感官特征的影响。另外提出了饮用生乳对声称的对乳糖不耐受人群以及儿童哮喘和过敏疾病的保护作用的科学依据。还总结了可替代常用热处理方法的新型奶制品加工技术如欧姆加热、微波加热、高压处理、脉冲电场、超声波和微滤等。

**关键词**：生饮用乳；热处理乳；微生物危害；风险评估；乳糖不耐受；过敏；乳品营养特性

# 1 前言

近几十年来，消费者十分热衷天然食品，倾向于选择天然食品和配料。食物的天然性是一个难以定义和衡量的抽象概念，但消费者将其解读为等同于在农贸市场购物、购买有机食品、食用当季的和加工程度最小的食品[1]。因此，对感官品质高、

---

\* Correspondence: francesca. melini@ gmail. com; Tel. : +39-347-48-14-311

\*\* These authors contributed equally to this work.

保质期长、新鲜、营养的产品需求越来越多。

最近已经开展了一些关于食物天然性对消费者重要性的调查，即2012年的Kampffmeyer食品创新研究[2]和2015年的尼尔森全球健康与福利调查[3]，目的在于了解为什么新鲜、自然和加工程度最小是食物最理想的属性，以及这种趋势的驱动力是什么。研究结果表明人们认为天然食品比商业化食品或加工食品更健康[1]。

在这一背景下，就出现了食用生乳和生乳制品的现象。同时出现了一种普遍观念，认为生乳具有特别的健康属性和特性，而且由于一些自觉的健康益处，生乳特别是对于免疫力低下的人群，例如年幼、年老、免疫受损以及有特定饮食习惯的人更倾向于饮用未加工的牛奶[4]。

然而，近几十年来，关于直接饮用生乳的实际风险和好处存在争议。从科学的角度来看，食物的天然性并不直接意味着食物的健康、美味和安全。事实上，2007—2012年欧盟发生了27起乳源性疾病，据称均与饮用生乳有关[4]。

最近，欧洲食品安全局（EFSA）被要求提供与饮用生乳有关的公共健康风险的科学意见[4]。与饮用生乳相关的危害也在食品药品监督管理局（FDA）[5]和疾病控制与预防中心[6]等权威机构的网站上得到了充分证明。

本文的目的是比较生乳和热处理乳的微生物、营养和感官特性，以评估饮用奶的风险和益处，并为进一步研发用于生产高品质乳的技术提供基础。本文详细介绍了最新的关于饮用生乳的主要微生物风险，重点论述了微生物定量风险评估模型，还报道了最常见的热处理方法及其对牛奶微生物、营养和感官特性的影响，讨论了饮用生乳对乳糖不耐受和过敏性疾病风险的影响，最后介绍了可替代传统热处理的乳品加工新技术。

## 2 方法

### 2.1 文献检索

首先制定研究设计，由两位作者（FM和VM）在2017年5—8月广泛检索与主题相关的文献。2017年10月也对部分新的文献进行了检索。

使用了主要的文献数据库（即SCOPUS，PubMed，ScienceDirect）查找与该主题相关的文献，还查阅了一些权威机构的网站，如欧洲食品安全局（https://www.efsa.europa.eu），美国食品和药物管理局（https://www.fda.gov/），疾病控制和预防中心（https://www.cdc.gov/），国际食品法典委员会（http://codexalimentarius.org）以及食品和饲料快速预警系统-RASFF（https://ec.europa.eu/food/safetty/ rasff_en）等。在欧盟官方公报检索了生乳销售的法律体制（EUR-Lex，http：//eur-lex.europa.eu/homepage.html）。

在检索主要文献数据库时，首先设定时限，即发布年份在 2007 年后，以便收集最新出版的文献。根据以下与生乳相关的方面/主题，采用几种术语组合，即消费者行为/看法，生乳微生物生态学，生乳病原微生物，生乳消费的风险评估，热处理技术，热处理对牛奶微生物、营养和感官特性的影响，生乳与乳糖不耐症；农场生乳与哮喘/过敏，乳品加工新技术。

### 2.2 纳入和排除标准

排除重复的文献、不能联系到作者的文献、涉及非生牛乳以及生牛乳副产品研究的文献。另外，通过浏览参考文献列表进一步查找在电子数据库不能找到的相关论文。标题和摘要的筛选由两位作者（FM 和 VM）完成，根据全文进行筛选后进一步排除。对选定论文的关键信息进行了检查、提取和分组，以满足每个分主题的科学要求。

## 3 结果与讨论

### 3.1 生乳的定义和法律框架

根据欧盟法规，"生乳"是由养殖动物的乳腺分泌产生的，未经加热至 40℃ 以上或未受到任何相同效果热处理的乳汁[7]。根据通用食品法［即法规（EC）No. 178/2002］对食品安全的要求，供消费者饮用的生乳不能含有病原菌[8]。

此外，法规（EC）853/2004 也规定了生牛乳的特定微生物指标，即菌落总数（30℃）≤100 000CFU/mL，体细胞数≤400 000CFU/mL。对其他畜种来源的生乳也做了规定，即菌落总数（30℃）≤1 500 000CFU/mL。为了保证达到以上的微生物指标的要求，此项法规还规定了乳畜的健康要求和乳生产场所的卫生要求（如棚舍和设备，挤奶、收奶和运输期间的卫生条件以及员工卫生等）。

欧盟法规还对生乳处理和销售进行了规定，具体的规定在欧盟卫生法规（EC）No. 853/2004 和 854/2004[7,9]给出。只有获得自动售货机供应生乳授权的生产商才可以在农场附近或其他地方安装生乳售卖机。农场挤出的奶必须立即冷却到 6℃，再转到专用的自动售货机。贮奶罐和自动售货机出奶口之间的温度必须保持在 0~4℃。每一批次的生乳在自动售货机中储存时间不得超过 24h，因为某些病原菌能够在低温下繁殖，长时间储存会促进其生长。自动售货机中残留的生乳必须仔细清除，在重新灌装前必须清洗干净。牛乳自动售货机的内部和外部清洁程序应该是良好卫生规范（GHPs）的一部分。

与自动售货机销售牛奶质量有关的一个关键问题经常是细菌生物被膜的形成，会增加微生物污染的机会[10-12]。例如，单核细胞增生李斯特菌（*Listeria monocytogenes*）

能在不锈钢、橡胶或塑料等材料上形成生物被膜，而这些材料经常用于生产牛奶处理设备或奶罐[10]。嗜冷假单胞菌属（*Pseudomonas* spp.）、大肠杆菌（*Escherichia coli*）以及芽孢杆菌（*Bacillus*）孢子也参与牛奶处理设备上生物被膜的形成。生物被膜引起的安全问题主要是在经过清洗过程后细菌仍可能存活。因此，有必要进行特殊的清洁处理，如先用水冲洗，再用消毒液和/或碱/酸液循环清洗，最后用水清洗[13]。

最后，生乳从销售点到家的运输、处理和储存方法也是影响饮用生乳微生物安全的关键点，因此消费者也必须采取防范措施。如按照自动售货机上的提示，运输生乳必须使用隔热袋，运输到消费地点的时间必须非常短，生乳在饮用前要煮沸，要在0~4℃储存。

## 3.2 生乳的微生物生态学

据估计，乳在健康的乳腺细胞中是无菌的，在乳腺中乳汁分泌的地方也不含细菌，除非乳腺内有感染，或者动物患有全身性疾病。生乳中的固有菌群主要由链球菌属（*Streptococcus*）、葡萄球菌属（*Staphylococcus*）和微球菌属（*Micrococcus*）组成（占整个生乳菌群的50%以上）[14]。

然而，一旦奶挤出后会立即被复杂的微生物群定植，该微生物群是由天然存在于乳头皮肤表面和乳头管上皮的大量微生物组成。具体而言，牛乳头表面有厚壁菌门Firmicutes（76%）、放线菌Actinobacteria（4.9%）、变形菌门Proteobacteria（17.8%）和拟杆菌Bacteroides（1.3%）的细菌定植，但还有少量的浮霉菌门（Planctomycetes）、疣微菌门（Verrucomicrobia）、蓝藻细菌（Cyanobacteria）和绿弯菌门（Chloroflexi）[15]。挤奶设备[16]、动物居住环境[17,18]、饲养环境[19,20]、垫床材料[21]和哺乳期[22]也会影响生乳微生物组成。

生乳微生物的生物多样性体现在细菌和真菌的物种多样性，会受到初始微生物群落的影响，但也会受生乳生物化学成分的影响，生乳pH值接近中性（6.4~6.8），水分活度（$a_w$）高，有利于微生物的生长。

生乳微生物群主要分为两大类：腐败微生物（表1）和病原微生物（表2），均为生乳中的不良微生物。事实上腐败微生物可以在乳中快速生长并改变乳的营养价值和感官特性。生乳中存在的病原微生物对乳的安全性构成威胁，是人类患感染性疾病的主要病原体。因此，这些微生物是不能存在的。

### 3.2.1 腐败微生物

腐败微生物由不同的类群组成，主要包括乳酸菌（LAB）、嗜冷菌（可在≤6℃储存期间生长，包括革兰氏阴性菌和革兰氏阳性菌），以及大肠杆菌和真菌（包括酵母和霉菌）[14,16]。

（1）乳酸菌

乳酸菌是生乳微生物群中主要的部分[16]，其生物多样性取决于奶的种类和挤奶过程中的其他外部条件[14]。在生绵羊奶中，乳酸菌群主要包括肠球菌（≈40%）、乳球菌（14%~20%）、明串珠菌（8%~18%）和乳酸杆菌（10%~30%）；在生山羊奶中，主要是乳酸杆菌[14]。但乳球菌属和乳酸杆菌属是被鉴别到的最常见的乳酸菌，其中以乳酸乳球菌、短乳杆菌和发酵乳杆菌最为常见[23]。乳酸杆菌还具有蛋白水解活性，可产生芳香物质和胞外多糖。

LAB之所以被视为腐败微生物，是因为当生乳储存温度足够高，LAB生长速度超过嗜冷菌，或当革兰氏阴性好氧菌被抑制时[24]，LAB是产酸的发酵性细菌，会导致生乳酸败。

（2）嗜冷菌微生物

刚从乳房中挤出的乳汁中通常检测不到嗜冷菌[25]，然而在收集后，即使在有冷链的情况下保存，嗜冷菌也会生长。尽管嗜冷菌的最佳和最高生长温度分别高于15℃和20℃[25]，但实际上它们在2~7℃低温下仍可以生长。这意味着嗜冷菌会在生乳冷藏过程中生长繁殖，因而生乳微生物群中的嗜冷菌可能会成为一个值得关注的问题。奶中存在嗜冷菌最主要的问题是会产生蛋白酶和脂肪酶等胞外酶，这些酶不仅会导致生乳变质，还会导致乳制品变质，因为这些胞外酶可耐过巴氏杀菌甚至超高温灭菌[26]。

因此，控制生乳微生物质量和安全的常规措施，如在挤奶后立即采取冷却处理并低温储藏的方法并不能有效降低嗜冷菌的生长速率。

收集后生乳中的嗜冷菌无论如何都会生长，其数量取决于储存温度，储存时间和卫生条件。例如，在不卫生的条件下，嗜冷菌超过微生物群落的75%，而在卫生条件好的情况下，嗜冷菌比例则低于10%[26]。

目前从生乳中分离到许多不同种属的嗜冷菌，主要有假单胞菌属（*Pseudomonas*）、气单胞菌属（*Aeromonas*）、沙雷氏菌属（*Serratia*）、不动杆菌属（*Acinetobacter*）、产碱杆菌属（*Alcaligenes*）、无色杆菌属（*Achromobacter*）、肠杆菌属（*Enterobacter*）、金黄杆菌属（*Chryseobacterium*）和黄杆菌属（*Flavobacterium*）等革兰氏阴性菌（表1）[16,25~27]。假单胞菌属（*Pseudomonas* spp.）和肠杆菌属（*Enterobacter* spp.）在冷藏生乳中数量最多。据估计，革兰氏阴性菌占生乳中嗜冷菌总数的90%以上[14]。

生乳中也含有革兰氏阳性嗜冷菌属，常见的有芽孢杆菌（*Bacillus*）、梭菌（*Clostridium*）、棒状杆菌（*Corynebacterium*）、微杆菌（*Microbacterium*）、微球菌（*Micrococcus*）、链球菌（*Streptococcus*）、葡萄球菌（*Staphylococcus*）和乳杆菌（*Lactobacillus*），但它们仅占嗜冷菌的一小部分[27]。芽孢杆菌（*Bacillus* spp.）是形成孢子的主要细菌，因此地衣芽孢杆菌（*B. licheniformis*）、蜡状芽孢杆菌（*B. cereus*）、枯草芽孢杆菌（*B. subtilis*）和巨大芽孢杆菌（*B. megaterium*）是最常分离到的。蜡状芽孢杆菌（*B. cereus*）是最常见的污染菌[24]，但枯草芽孢杆菌（*B. subtilis*）和地衣芽孢杆菌

（*B. licheniformis*）比蜡状芽孢杆菌（*B. cereus*）更耐热，它们会引起二次灭菌奶和超高温灭菌奶的腐败变质[14]。2006年，Heyndrickx研究团队[28]从UHT乳中分离出一种非常耐热的嗜温芽孢杆菌——耐热芽孢杆菌（*Bacillus sporothermodurans*）。

革兰氏阳性菌节杆菌属（*Arthrobacter*）据称来源于乳品加工设备，而棒状杆菌属（*Corynebacterium* spp.）据报道源于乳头表面和牧场环境[16]。

生乳嗜冷菌群还包括病原菌如革兰氏阴性嗜水气单胞菌（*Aeromonas hydrophila*）和小肠结肠炎耶尔森氏菌（*Yersinia enterocolitica*），以及革兰氏阳性单核细胞增生李斯特菌（*L. monocytogenes*）和产毒素菌株——蜡状芽孢杆菌（*Bacillus cereus*），其孢子在65~75℃热处理下仍能存活。

（3）大肠菌群

大肠菌群是生乳中常见的菌种，其数量各异[14,29]。大肠菌群来源有多种，如水、植物、设备、污垢和粪便等。大肠菌群菌数高（例如>1 000CFU/mL）通常说明牧场卫生状况不佳或冷藏不当，但也可能是因为操作管理不当造成的，例如挤奶机清洗故障和挤奶杯脱落比例高[29]。

人们一直想找到大肠菌群菌水平与饮用生乳对公众健康造成危害的可能性之间的关系。然而，到目前为止，还没发现有确切的相关性。最近美国进行的一项调查[30]证明了大肠菌群数不能作为蜡状芽孢杆菌（*B. cereus*）、大肠杆菌O157：H7（*E. coli* O157：H7）、单核细胞增生李斯特菌（*L. monocytogenes*）和沙门氏菌属（*Salmonella* spp.）存在的指标，所以检测生乳中大肠杆菌数并不能作为公共卫生风险筛查的可靠手段[30,31]，因此需要进行进一步探究。

（4）真菌

酵母和霉菌也可能是生乳中的重要微生物种类，它们通常来自牧场和/或加工厂受污染的环境，也可能来源于动物自身（不同的生理状况）、饲养和气候条件[16]。生乳中最常检测到的酵母菌属是念珠菌属（*Candida*）、隐球菌属（*Cryptococcus*）、德巴利酵母属（*Debaryomyces*）、地霉属（*Geotrichum*）、克鲁维酵母属（*Kluyveromyces*）、毕赤酵母属（*Pichia*）、红酵母属（*Rhodotorula*）和丝孢酵母属（*Trichosporon*）。汉逊德巴利酵母（*Debaryomyces hansenii*）、马克斯克鲁维酵母马克斯变种（*Kluyveromyces marxianus* var. *marxianus*）和马克斯克鲁维酵母乳酸变种（*Kluyveromyces marxianus* var. *lactis*）特别受人关注。

生乳中霉菌的含量低于酵母菌。最常检测到的霉菌属是青霉属（*Penicillium*）、地霉属（*Geotrichum*）、曲霉属（*Aspergillus*）、毛霉属（*Mucor*）、根毛霉属（*Rhizomucor*）、根霉属（*Rhizopus*）和镰刀菌属（*Fusarium*）[14,15]。有意思的是，过去十年欧盟食品和饲料快速预警系统（RASFF）已经发布了意大利、匈牙利和斯洛文尼亚生乳被霉菌毒素污染的通告和预警[32]。

表 1　生乳中的腐败微生物

| 乳酸菌 | | | | | | 嗜冷菌 | | 真菌 | |
| --- | --- | --- | --- | --- | --- | --- | --- | --- | --- |
| 乳球菌属 | 链球菌属 | 乳杆菌属 | 明串珠菌属 | 丙酸杆菌属 | 肠球菌属 | 革兰氏阳性菌 | 革兰氏阴性菌 | 酵母 | 霉菌 |
| 乳酸乳球菌乳脂亚种 | 无乳链球菌 | 嗜酸乳杆菌 | 肠膜明串珠菌肠膜亚种 | 产丙酸丙酸杆菌 | 坚韧肠球菌 | 节杆菌属 | 无色杆菌属 | 假丝酵母属<br>清酒假丝酵母<br>近平滑假丝酵母<br>平常假丝酵母 | 曲霉属 |
| 乳酸乳球菌乳酸亚种 | 牛链球菌 | 短乳杆菌 | 假肠膜明串珠菌 | 费氏丙酸杆菌 | 粪肠球菌 | 芽孢杆菌属 | 不动杆菌属 | 隐球酵母属<br>弯曲隐球酵母<br>卡氏隐球酵母<br>维多利亚隐球酵母 | 镰孢霉属 |
| 鱼乳球菌 | 停乳链球菌 | 布氏乳酸杆菌 | | 詹氏丙酸杆菌 | 屎肠球菌 | 双歧杆菌属 | 气单胞杆菌属 | 汉斯德巴氏酵母菌 | 地霉菌属 |
| 棉子糖乳球菌 | 解没食子酸链球菌马其顿亚种 | 干酪乳杆菌 | | 特氏丙酸杆菌 | 意大利肠球菌 | 短杆菌属 | 产碱杆菌属 | 地霉属<br>白地霉菌<br>链状地霉菌 | 毛霉菌属 |
| | 嗜热链球菌 | 卷曲乳杆菌 | | | 蒙氏肠球菌 | 梭状芽孢杆菌属 | 金黄杆菌属 | 马克斯克鲁维酵母<br>乳酸克鲁维酵母 | 青霉菌属 |
| | 乳房链球菌 | 弯曲乳杆菌 | | | | 棒杆菌属 | 肠杆菌属 | 毕赤酵母 | 根毛霉属 |
| | | 发酵乳杆菌 | | | | 微杆菌属 | 黄杆菌属 | 胶红酵母 | 根霉属 |
| | | 格氏乳杆菌 | | | | 微球菌属 | 假单胞菌属 | 虫壳属 | |
| | | 约氏乳杆菌 | | | | | 沙雷氏菌属 | 丝孢酵母属<br>皮状丝孢酵母<br>乳酸丝孢酵母 | |
| | | 副干酪乳杆菌 | | | | | | | |
| | | 戊糖乳杆菌 | | | | | | | |
| | | 植物乳杆菌 | | | | | | | |
| | | 罗伊氏乳杆菌 | | | | | | | |
| | | 鼠李糖乳杆菌 | | | | | | | |
| | | 清酒乳杆菌 | | | | | | | |

此表格基于文献 [14, 16, 27] 中的归纳整理。

### 3.2.2 生乳致病微生物

即使生乳来源于临床健康的动物,但也可能含有大量病原菌(表2),可能对人类健康构成严重威胁。这些病原菌可能源自饲料和饮水(弓形虫(*Toxoplasma gondii*)[33]、牧场环境(沙门氏菌属(*Salmonella* spp.)、单核细胞增生李斯特菌(*L. monocytogenes*)、产志贺毒素的大肠杆菌(Shiga toxin-producing *E. coli*)、空肠弯曲杆菌(*Campylobacter jejuni*)、小肠结肠炎耶尔森氏菌(*Y. enterocolitica*)和梭菌属(*Clostridium* spp.)、乳腺、奶牛疾病或感染金黄色葡萄球菌(*Staphilococcus aureus*)和布鲁氏菌属(*Brucella* spp.);病原菌还可以来自设备、生奶罐和工作人员。总之,生乳的病原菌可能来自动物(动物源性病原体),也可能来自受污染的环境(外源性病原体)。

沙门氏菌属(*Salmonella* spp.)、李斯特菌属(*Listeria* spp.)、大肠杆菌(*E. coli*)、弯曲杆菌属(*Campylobacter* spp.)、布鲁氏菌属(*Brucella* spp.)、梭状芽孢杆菌属(*Clostridium* spp.)和志贺氏菌(*Shigella* spp.)是最常见的乳源性病原菌,也是食源性致病菌,特别是乳源性感染、乳源性中毒和乳源性毒性感染的主要病原体[14]。

一般来说,饮用污染了上述病原菌的生乳的典型症状是发烧、恶心、呕吐、腹泻和腹痛,但也可能影响心血管、皮肤、神经、视觉和肺等系统,甚至个别情况下会导致死亡,比如李斯特菌属(30%~35%)和链球菌属(高达29%)[34]。

沙门氏菌(*Salmonella* spp.)天然存在于动物的胃肠道,通常会在挤奶时污染生乳,只有在极少数情况下会造成奶牛亚临床乳房炎,进而导致发生乳源性疾病。沙门氏菌是嗜温微生物,其最佳生长温度为35~37℃[14],但也可以在更宽的温度范围内生长,如5~46℃。据美国疾病控制和预防中心(CDC)报道,2007—2012年美国儿童因饮用生乳发病的病例中有38%是由沙门氏菌属造成[6]。胃肠型非伤寒性沙门氏菌病的发生通常与饮用生乳有关,然而沙门氏菌的耐热性较差,对巴氏杀菌敏感。

表2 生乳的主要病原菌及相关人畜共患病

| 病原菌 | 分类 | 形态 | 疾病 | 传播途径 | 受影响的机体器官及系统 | | | | | |
| --- | --- | --- | --- | --- | --- | --- | --- | --- | --- | --- |
| | | | | | 心血管 | 皮肤 | 胃肠道 | 神经系统 | 视觉 | 肺部 |
| 布鲁菌属<br>牛布鲁氏杆菌<br>羊布鲁氏杆菌 | 细菌 | 革兰氏<br>(-)<br>球杆菌 | 布氏杆菌病 | 皮肤接触<br>吸入 | × | × | × | × | × | × |
| 弯曲杆菌属<br>胎儿弯曲杆菌<br>空肠弯曲杆菌 | 细菌 | 革兰氏<br>(-)<br>螺旋形 | 弯曲杆菌病 | 摄入 | × | | × | × | | |

（续表）

| 病原菌 | 分类 | 形态 | 疾病 | 传播途径 | 受影响的机体器官及系统 | | | | | |
| --- | --- | --- | --- | --- | --- | --- | --- | --- | --- | --- |
| | | | | | 心血管 | 皮肤 | 胃肠道 | 神经系统 | 视觉 | 肺部 |
| 贝纳柯克斯体 | 细菌 | 革兰氏（-）球杆菌 | Q热 | 摄入 吸入 | × | | × | × | | × |
| 大肠杆菌 | 细菌 | 革兰氏（-）杆菌 | 溶血性尿毒综合征 出血性结肠炎 | 摄入 吸入 | | × | × | × | | |
| 单核球增多性李斯特菌 | 细菌 | 革兰氏（+）杆菌 | 李氏杆菌病 | 皮肤接触 | × | × | × | × | | × |
| 分枝杆菌属 结核分枝杆菌 牛分枝杆菌 | 细菌 | 杆菌 | 肺结核 | 皮肤接触 摄入 | | × | × | | | × |
| 沙门氏菌属 | 细菌 | 革兰氏（-）杆菌 | 沙门氏菌病 | 摄入 | | | × | | | |
| 志贺氏菌属 | 细菌 | 革兰氏（-）杆菌 | 志贺氏菌病 | 摄入 | | × | × | | | |
| 葡萄球菌属 | 细菌 | 革兰氏（+）葡萄状球菌 | 葡萄球菌病 | 皮肤接触 摄入 | × | × | × | × | | × |
| 链球菌属 | 细菌 | 革兰氏（+）链球菌 | 中毒性休克综合征 | 皮肤接触 摄入 | × | × | × | × | | |
| 耶尔森氏菌属 假结核耶尔森菌 结肠炎耶尔森氏菌 | 细菌 | 革兰氏（-）杆菌 | 耶尔森鼠疫杆菌肠道病 | 皮肤接触 | | × | × | × | | × |

该表格基于文献［34］整理归纳。

单核细胞增生李斯特菌（L. monocytogenes）也可能是污染生乳的食源性病原菌，可来源于被粪便污染的挤奶设备，可导致李斯特菌病大量暴发，这是一种侵袭性疾病，可造成孕妇流产，新生儿脑膜炎、脑炎和败血症以及成人免疫低下，死亡率一般比较高[35]。造成这种威胁的原因是单核细胞增生李斯特菌在生乳低温（0~4℃）储存期间也可以生长和繁殖，这意味着即使有完善的冷链系统也不可能完全消除这种微生物。据报道，单核细胞增生李斯特菌经常出现在牧场生乳和散装罐奶中，也可以在钢铁和橡胶表面生长，且是造成自动售货机形成生物被膜的主要原因。

大肠杆菌已被公认为粪便污染的标志。最具致病性的菌株包括产 Vero 细胞毒素大肠杆菌（VTEC），产志贺毒素的大肠杆菌（STEC）和肠出血性大肠杆菌（EHEC）（也称为大肠杆菌 O157:H7）。牛粪是 EHEC 的主要来源，通常会污染散装罐奶。因此牛奶污染是由牛奶直接接触粪便或环境污染引起的。生乳是 STEC 感染的一种危险因素，近来已报道了许多由这种病原菌引起的感染[35,36]。2013 年，在欧洲 860 个被检生乳样品中有 3%的样品呈 STEC 阳性[33]，而据美国疾病预防控制中心称，2007—2012 年有 17%的疾病的发生是由产生志贺毒素的大肠杆菌引起的。在乳房炎奶牛的乳中也检测到 VTEC 血清型，这意味着另外一种污染途径可能是亚临床乳腺感染。大多数菌株都不耐热，巴氏杀菌足以杀死。

弯曲杆菌属（Campylobacter spp.）属于弯曲杆菌科（Campylobacteraceae），是人胃肠炎的一种病原体。其中，生乳中检测到最多的是空肠弯曲杆菌（C. jejuni），其对酸和热敏感，可通过巴氏杀菌将其杀死。美国、荷兰和匈牙利已有报道因饮用生乳引起弯曲杆菌病的案例[14]。van Asselt 等（2017）专门报道，弯曲杆菌感染有相当大的比例是由饮用生乳导致的：2013 年欧盟报道了 32 起确定由弯曲杆菌属导致的疾病，其中由饮用生乳导致的疾病，2013 年占到 9%，2012 年则高达 20%[33]。

布鲁氏菌属（Brucella spp.）是人畜共患布鲁氏菌病的主要致病因子，其传染性非常强，可导致人畜发病。与人类疾病相关的最具致病性的菌株是牛布鲁氏菌（Brucella abortus）和羊布鲁氏菌（Brucella melitensis）。前者通常与牛有关，而羊布鲁氏菌与绵羊和山羊有关。大多数食源性布鲁氏菌病的发生都是通过饮用生乳和食用生乳制品所造成的。在乳源性病原体中，布鲁氏菌属（Brucella spp.）与单核细胞增生李斯特菌（L. monocytogenes）、小肠结肠炎耶尔森氏菌（Y. enterocolitica）都能在冷藏温度下生长和繁殖。布鲁氏菌属（Brucella spp.）对热处理较敏感，标准巴氏杀菌足以将其杀灭。但问题是，经巴氏杀菌后的奶如果污染了这种细菌，它还会继续生长和繁殖。

金黄色葡萄球菌（S. aureus）是一种革兰氏阳性细菌，可引起奶牛和其他乳畜发生乳房炎。奶的金黄色葡萄球菌污染可来自受感染乳腺的乳头管，也可来自环境，或通过挤奶期间或之后的不良卫生习惯造成（如触摸储奶设备时不洗手）[16]。金黄色葡萄球菌可通过产热稳定的肠毒素导致疾病。事实上，这种毒素非常耐热和耐巴氏杀菌，因此，牛奶煮沸 1h 可以减少奶中毒素的含量，用 15 磅/平方英寸的高压灭菌 20min 似乎是完全破坏该毒素的主要方法[37]。

另外两种值得关注的动物源性细菌是副结核分枝杆菌（Mycobacterium avium subsp. Paratuberculosis（MAP）和牛分枝杆菌（Mycobacterium bovis）。MAP 可导致副结核病或约翰氏病，主要感染家畜。它可在动物肠道黏膜中存活并繁殖。最近有证据表明

MAP 与人类克罗恩病有关[15]，但这种关系仍然存在争议。据报道，生乳中 MAP 较普遍，但 MAP 比较耐热，有奶制品加工者称它在巴氏杀菌（72℃/15s）后仍能存活，到目前为止有关其耐热性的试验报道结果仍有争议[24]。2002 年，贝尔法斯特女王大学的研究人员[38]筛查了 567 份商业巴氏杀菌牛奶，发现其中有 1.8%被副结核分枝杆菌（*M. avium* subsp. *tuberculosis*）污染。这种微生物可以在 HTST 巴氏杀菌处理后存活，也可由加工后污染而存在于巴氏杀菌乳中。

牛分枝杆菌（*M. bovis*）导致动物发生牛结核病，但也可通过饮用生乳传给人，导致发生动物源性结核病，此病与人类结核病不易区分。饮用了污染牛分枝杆菌的牛奶后，可能会出现特别多的肺部病变[36]。但巴氏杀菌可以将其杀死。此外，荷兰等国家正式宣布没有牛结核病[36]，这可能意味着他们已经从食物链中清除了这种病原体。

小肠结肠炎耶尔森氏菌（*Y. enterocolitica*）是急性胃肠炎的致病因子，症状表现为腹部疼痛、腹泻和发烧。由于它与阑尾炎症状相似，偶尔会导致误诊。巴氏杀菌可以杀死这种细菌；然而，有时由于热处理强度不够或发生再污染，奶中也可能存在这种细菌，此菌在冷藏条件下也可生长繁殖[16]。但据报道，小肠结肠炎耶尔森氏菌在生乳和低热处理奶制品中的出现率较低，最近在欧盟只有少数阳性结果的报道[16]。

贝氏柯克斯体（*Coxiella burnetii*）是 Q 热的致病因子。它可以感染多种动物，如奶牛、绵羊、山羊，也是人类的主要致病因子。贝氏柯克斯体可导致这些动物表现出流感样症状，造成心内膜炎和肝炎。它相对耐热但常规的巴氏杀菌处理可将其杀死。

因此，要保证饮用生乳的安全性难度是很大的。生乳中的一些细菌需要较高的温度才能生长，因此控制储运温度是保持奶中微生物稳定和货架期的一个方法；但是，即使将奶冷却并在低于 4℃的条件下储存，也不能够抑制所有细菌的生长繁殖。比如，这种方法并不适用于能在此温度范围内生长繁殖的嗜冷病原菌。

## 3.3 饮用生乳的公共健康风险评估

### 3.3.1 微生物定量风险评估

一方面，科学界认为饮用生乳存在公共健康卫生风险，但另一方面有些人喜欢饮用生乳，因为他们觉得生乳比热加工乳更天然。在这种情况下，需要建立基于风险分析的评估方法。

一般而言，风险分析包括 3 个部分：风险评估、风险管理和风险信息交流[39]。在食品微生物危害的框架内，风险评估是表示人群病例定量概率的工具。

事实上，微生物定量风险评估（QMRA）根据流行病学数据给出了主要风险的大小，是卫生主管部门借以评估真正公共卫生风险，进而制定风险干预方案，并最终确定和选择实施干预行动的风险管理选项的手段。

在过去 10 年中，澳大利亚[40]、新西兰[41]、美国[42,43]和欧洲，特别是希腊[44]、意大利[45-50]和英国[51]已经建立了用于评估与饮用生乳和/或巴氏杀菌乳相关的实际风险的 QMRA 模型。

预测模型可详尽地评价饮用生乳的疾病风险，包括患弯曲杆菌病[40,41,45,47]、李斯特菌病[41,43,46]、溶血性尿毒症综合征（HUS）[41,45,48]、沙门氏菌病[41,46]和葡萄球菌病[42,50]的风险（表3）。

表3 现有 QMRA 模型所分析的饮用生乳的微生物危害

| 参考文献 | 国家 | 场景 | 危害 | | | | |
|---|---|---|---|---|---|---|---|
| | | | 弯曲杆菌属 | 单核细胞增多性李斯特菌 | 沙门氏菌属 | 金黄色葡萄球菌肠毒素A | 志贺毒性大肠杆菌 |
| [40] | 澳大利亚 | 在农场饮用；牧场外销售；零售店销售 | √ | √ | √ | - | √ |
| [41] | 新西兰 | 在农场饮用；农场销售；农场外销售；零售店销售 | √ | √ | √ | - | √ |
| [42] | 美国 | 病原体生长和葡萄球菌肠毒素A生成的情况；贮存条件（不同时间和温度） | - | - | - | √ | - |
| [43] | 美国 | 在农场饮用；牧场外销售；零售店销售 | - | √ | - | - | - |
| [45] | 意大利 | 贮藏预案（最佳和最差的贮藏条件） | √ (C. jejuni) | - | - | - | √ |
| [46] | 意大利 | 贮藏情况（最佳和最差的贮藏条件） | - | √ | √ | - | - |
| [47] | 意大利 | 贮藏情况（最佳和最差的贮藏条件）奶是否煮沸 | √ (C. jejuni) | - | - | - | - |
| [48] | 意大利 | 贮藏情况（最佳和最差的贮藏条件）奶是否煮沸 | - | - | - | - | √ |

（续表）

| 参考文献 | 国家 | 场景 | 危害 | | | | |
|---|---|---|---|---|---|---|---|
| | | | 弯曲杆菌属 | 单核细胞增多性李斯特菌 | 沙门氏菌属 | 金黄色葡萄球菌肠毒素A | 志贺毒性大肠杆菌 |
| [49] | 意大利 | 单一病原体多种菌株的致病力；家庭层面的消费者行为 | — | — | — | √ | — |

由 Koutsoumanis 等（2010）[44]及 Barker 等（2013 年）[51]建立的模型分别探究了巴氏杀菌乳引起李斯特菌病和葡萄球菌病的风险。

Crotta 等（2016a）认为生乳饮用前的储存时间和温度可能对预测模型的最终结果产生关键影响，从而导致对风险的估计过高。他们意识到评估农场到餐桌的风险的重要性，重点是在家庭的消费行为层面，因为此时牛奶不再受专业人员的控制，也没有强制实施的法律。然而，他们强调，模型的预测结果依赖于 1 份生奶饮用前的储存时间和温度组合的可能性。因此，他们得出的结论是，在 QMRA 模型中忽略生乳的腐败并以为牛奶无论在储存过程中发生什么感官变化，一直会被饮用，这是不现实的，会明显地影响模型输出[49]。

### 3.3.2 现有模型

到目前为止，已建立的模型预估了每次饮用生乳和/或每年饮用生乳的疾病风险。所有这些模型都根据每次检测活动中得到的生乳危害发生率数据，并根据每份饮用量中的病原菌数量、剂量反应及饮用习惯进行详细说明，这些模型还把不同情况纳入考虑。事实上，消费者可以从多个来源获得生乳，而相关的途径是评估和管理风险时要考虑的关键因素。在一些国家，生乳只允许在农场出售，消费者可以自带容器从奶罐直接装奶；在其他情况下，消费者可以从农场商店购买瓶装生乳，也可以从零售店购买。风险也可以根据生乳消费人群（如儿童、中年人、围产期妇女或老年人）的人口统计数据进行评估，因为有些消费人群可能更为易感。

这些模型揭示饮用生乳和公共卫生风险之间可能存在联系，尤其在某些情况下，例如当存储条件较差或者不按说明煮沸后饮用时。然而，由于缺乏流行病学数据，无法完全评估疾病的责任，也没人曾对此进行过评估。在精心设计的预测模型中也出现了缺陷——直接销售给消费者的生奶比例的数据很有限或缺乏；也缺乏生乳危害发生率的数据；饮用量有时是估计的，而不是测量的；各种病原体发生率的数据是建立在被动监测基础上的，低估了真实发生率。

此外，各模型的预测值大小相差几个数量级，因此很难对结果进行比较。

但利用目前的预测模型可以确定污染的主要来源，查明牛奶生产和供应链条中最容易发生污染的关键点,最后但同样重要的是利用这些模型可以找出数据的缺陷和控制选项[4]。到目前为止,改善农场卫生,对消费者进行健康教育可能有助于减少预测的病例数。

## 3.4 生乳的热处理

奶中含有丰富的常量营养素,即氨基酸、脂类和糖,还有微量营养素,如维生素和矿物质。由于营养成分丰富,奶也是微生物的优良培养基,微生物发酵可能导致奶变质,并引发人类食源性疾病。此外,乳中也存在一些酶,会导致奶在储存期间产生不良反应。因此,奶通常需要经过加工,以保证人们饮用安全并延长其保质期。

热处理是保存奶并使其安全的最常用方法。加热的主要目的是(i)杀死病原微生物,(ii)灭活大多数(>95%)腐败菌和(iii)灭活会降低奶保存性的内源性酶或由微生物分泌的酶。

巴氏杀菌和 UHT(超高温)灭菌是保存乳品和确保乳品安全最常用的热处理方法。对于生乳,还会进行初次杀菌和瓶装灭菌。

上述热处理方法的不同之处基本是在于热负荷不同,特别是加热温度和持续时间不一样。热处理方法的选择主要取决于牛奶安全性、保质期和质量变化之间的权衡。保证牛奶安全性所需的热负荷又取决于生乳的微生物情况和加热后产芽孢厌氧菌的生长潜力。在选择热处理方法时也应考虑消费者偏好和目标市场。

当然,可以使用的处理温度和时间组合有许多种,不同的组合可得到不同类别的奶(表4)。

表 4 奶热处理对微生物、感官和营养品质的影响

| 热处理 | 加热条件 | 奶的类别 | 货架期和贮存条件 | 微生物学效应 | 营养效应 | 感官效应 |
| --- | --- | --- | --- | --- | --- | --- |
| 高温短时巴氏杀菌法 | 72℃持续15s(一般75℃持续20s) | 巴氏杀菌奶 | 冷藏条件(<7℃,依生乳质量不同可保存3~21d) | 灭活病原体(包括结核杆菌)、霉菌、酵母和大多数细菌(并非所有繁殖体都被杀死)。 | -对酪蛋白结构影响很小;<br>-乳清蛋白结构有微小变化;<br>-赖氨酸损失;<br>-对脂肪酸组成没有影响;<br>-大多数维生素含量减少,但对总膳食摄入量影响不大;<br>-对矿物质含量和生物利用率没有影响 | 无加热风味 |

（续表）

| 热处理 | 加热条件 | 奶的类别 | 货架期和贮存条件 | 微生物学效应 | 营养效应 | 感官效应 |
|---|---|---|---|---|---|---|
| 高温巴氏杀菌法 | ≥85℃持续20s（通常115~120℃持续2~5s） | 高温巴氏杀菌奶 | 冷藏条件（<7℃，依生乳质量不同可保存45~60d） | -灭活病原体和所有繁殖体；<br>-不能杀死细菌孢子；<br>-不能完全灭活奶中的酶 | -对酪蛋白结构影响很小；<br>-乳清蛋白结构变性；<br>-赖氨酸损失；<br>-对脂肪酸组成没有影响；<br>-大部分维生素含量减少，但对总膳食摄入量影响不大；<br>-对矿物质含量和生物利用率没有影响 | 蒸煮味 |
| 超高温灭菌 | 135~150℃持续1~4s（一般>140℃持续5s） | 超高温灭菌奶 | 非冷藏条件（<32℃）3~12个月 | -所有致病和非致病微生物及孢子都被杀灭；<br>-奶中酶失活；<br>-有些细菌蛋白酶和脂肪酶未被灭活 | -乳清蛋白结构变性；<br>-赖氨酸损失；<br>-对脂肪酸组成没有影响；<br>-大部分维生素含量减少，但对总膳食摄入量影响不大；<br>-对矿物质含量和生物利用率没有影响 | 蒸煮味和酮味，褐变 |
| 保持灭菌 | 105~120℃持续20~40min（一般是110℃持续30min） | 灭菌奶 | 非冷藏条件（<32℃）3~12个月 | -所有致病和非致病微生物及孢子都被杀灭；<br>-奶中酶失活；<br>-有些细菌蛋白酶和脂肪酶被灭活 | -乳清蛋白结构变性；<br>-赖氨酸损失；<br>-对脂肪酸谱没有影响；<br>-大部分维生素含量减少，但对总膳食摄入量影响不大；<br>-对矿物质含量和生物利用率没有影响 | 灭菌焦糖味和褐变 |

### 3.4.1 巴氏杀菌

依照食品法典的定义，巴氏杀菌是"通过热处理降低奶及液态奶制品中致病微生物的数量，使其不会危害身体健康。巴氏杀菌目的是有效杀灭结核分支杆菌（Mycobacterium tuberculosis）和伯氏考克斯体（C. burnettii）"[52]。

根据所采用的杀菌温度和时间，巴氏杀菌通常分为高温短时巴氏杀菌（HTST）和低温长时巴氏杀菌（LTLT）。前者也称为"低温巴氏杀菌"，牛奶低温巴氏杀菌条件通常是（72℃/15s），而低温长时间杀菌的条件是（63℃/30min）或（68℃/10min）[52]。HTST 是一个连续生产工艺，是在热交换器中加热牛奶，并保持一定的时间，以而杀死或者抑制有害微生物。LTLT 则是一个分批生产工艺，即将奶置于容器中，加热到一定温度并维持充足的时间，以杀灭致病微生物。

热处理条件（温度和时间）取决于生乳中微生物的特性、脂肪或者糖含量，当然由于微生物菌株的耐热程度有差别，不同国家的热处理条件也有所不同。因此，巴氏杀菌时也会采用高于 85℃、保持 30s 的条件，即高温巴氏杀菌。为了杀灭单核李斯特菌（*L. monocytogenes*）、大肠杆菌（*E. coli*）和弯曲杆菌（*Campylobacter* spp.），最好提高杀菌温度和/或延长杀菌时间[53]。对于副结核分枝杆菌 MAP 需要采用更高的热处理强度。

但是，热处理过度对奶的保存性有不良影响。例如，芽孢杆菌的芽孢由于热应激而萌发生长，从而可降低巴氏杀菌奶的保存性。巴氏杀菌奶的保存性在杀菌温度低于 77℃时最好，这样的温度不会使乳过氧化物酶失活，也不会激活细菌芽孢生长。

### 3.4.2 超高温（UHT）灭菌

根据食品法典的定义，超高温灭菌是在高温下对连续流动的产品进行一定时间的热处理，使产品达到商业无菌状态。超高温灭菌和无菌包装结合使用，即可生产出商业无菌产品[52]。

热处理通常是 135~150℃/1~4s，最终达到商业无菌，在常温存贮条件下，微生物在此类产品中几乎不生长。

超高温灭菌可以采用直接或间接热处理。在直接超高温灭菌处理中，奶和过热蒸汽混合。具体来说，可将蒸汽直接注入奶中，或者将奶喷至蒸汽中。在间接超高温灭菌处理中，热交换器通过隔板将蒸汽或者热水的热量传递给奶。

间接超高温灭菌处理的缺点是可能会引起管路污染。在低温区（<100℃），乳清蛋白（主要是 β-乳球蛋白）发生变性，从而沉积在管路中。在高温区（>100℃），磷酸钙因溶解度下降而发生沉积。因此，在生产中通常会出现热传递效率下降和管路压力上升的现象。

超高温灭菌奶的货架期可达 12 个月，但通常人们在保质期之前早早就饮用了。

### 3.4.3 装瓶后灭菌

通常装瓶后灭菌的条件是 110℃/30min，但采用的热处理条件可能是 105~120℃/20~40min[55]。经过该灭菌处理，所有的病原菌和非病原微生物及芽孢都被杀死。装瓶后灭菌能够将嗜热菌芽孢降低 9 个数量级，把肉毒杆菌降低 12 个数量级，奶中所有的酶都会失活，但是部分细菌来源的脂肪酶和蛋白酶仍具有活性。

装瓶后灭菌存在一些缺点，如产品升温和降温慢，同时加热温度也受限，因为会产生较大内压。另外此方法对奶的感官质量和营养价值也有不良影响。

### 3.4.4 预热杀菌

预热杀菌通常是在 60~69℃条件下保持 20s，其主要目的是杀死细菌，尤其是嗜冷菌，从而防止产生耐热的脂肪酶和蛋白酶，影响奶的保存性。因此预热杀菌可以延长生乳在加工前的贮藏时间，提高奶的保存性[56]。但是预热杀菌并不能保证奶的安全性，因为其并没有完全杀灭病原菌，如单增李斯特菌（*L. monocytogenes*）在预热杀菌奶冷藏期间仍能生长，另外预热杀菌对牛分枝杆菌（*M. bovis*）和贝纳柯克斯体（*C. burnetii*）的杀灭作用也有限[55]。

### 3.5 热处理与奶的质量

热处理的主要目的是杀灭乳中病原菌和/或减少可引起腐败的微生物，从而使奶可供人们安全食用。但是，热处理也会改变奶的感官和营养特性，其变化程度取决于热处理强度。这些内容将在下面几部分进行探讨。

#### 3.5.1 对微生物的影响

生乳与经热处理的乳相比，其中微生物群具有很大差别。如前所述，事实上巴氏杀菌目的是杀灭奶中病原微生物，这些微生物是引起乳源性疾病的主要原因。

巴氏杀菌能将沙门氏菌（*Salmonella* spp.）、空肠弯曲菌（*C. jejuni*）、大肠杆菌（*E. coli*）、单核李斯特菌（*L. monocytogenes*）、肠炎杆菌（*Y. enterocolitica*）和布鲁氏菌（*Brucella* spp.）杀死（表5）。然而，热处理并不能杀灭病原菌芽孢［如肉毒杆菌（*C. botulinum*）、产气荚膜杆菌（*Clostridium perfringens*）和蜡状芽孢杆菌（*B. cereus*）］[56,58]。根据报道与之相关的发病率很低，尤其是巴氏杀菌奶中的产气荚膜梭菌（*C. perfringens*）芽孢中并不会对健康造成危害，因为在冷藏条件下这些芽孢不会萌发生长。然而蜡状芽孢杆菌（*B. cereus*）的芽孢在低温下能够生长，可引起乳源性疾病的发生。

巴氏杀菌能够杀死金黄色葡萄球菌，但它会产生热稳定性的肠毒素，这种肠毒素极其耐热，能耐受巴氏杀菌，其中肠毒素A在121℃处理28min后，依然保持活性。最近Rall等人筛查了生乳和巴氏杀菌奶中的金黄色葡萄球菌，结果发现在70.4%的生乳中存在金黄色葡萄球菌，8个保质期内的巴氏杀菌奶和11个在失效日当天的巴氏杀菌奶均被测出存在金黄色葡萄球菌[59]。

巴氏杀菌对副结核分枝杆菌（*Mycobacterium avium* subsp. *Paratubercolosis*，MAP）的作用存在争议[24]。据Ryser（2012）报道，高温短时巴氏杀菌（72℃/15s）不能杀死MAP，另外也有可能是加工后污染而存在于奶中[60]。但巴氏杀菌可杀灭牛分枝杆菌。

贝纳柯克斯体（*C. burnetii*）是奶中最耐热的非芽孢型病原菌，但常规的巴氏杀菌能够杀灭奶中存在的贝纳柯克斯体（*C. burnetii*），因为巴氏杀菌目的是使全脂奶中的贝纳柯克斯体至少降低5个数量级[54]。

因此，经过适当的巴氏杀菌处理的奶不会引起疾病[61]。但是，假如热处理不当或者在巴氏杀菌后发生二次污染，奶及奶制品中可能会出现沙门氏菌（*Salmonella* spp.)、单核李斯特菌（*L. monocytogenes*）、空肠弯曲菌（*C. jejuni*）、小肠结肠炎耶尔森菌（*Y. enterocolitica*）、志贺毒性大肠杆菌（STEC）、蜡样芽孢杆菌（*B. cereus*）、分枝杆菌（*Mycobacterium* spp.）、金黄色葡萄球菌（*S. aureus*）或者肉毒杆菌（*C. botulinum*）[62,63]。

至于腐败微生物，热敏感的嗜冷菌可被巴氏杀菌杀灭，但可能会发生热处理后污染或者耐热情况。例如，在包装过程中，巴氏杀菌奶可能会被革兰氏阴性嗜冷菌污染。巴氏杀菌奶中是否存在嗜冷菌及存在的数量取决于热处理前的初始菌数。长期以来普遍认为假单胞菌（*Pseudomonas* spp.）是一类热敏感性的菌属，可被巴氏杀菌杀灭。但是新的分析手段（非培养法）发现巴氏杀菌只是使假单胞菌的数量减少，并没将其完全杀灭[15]。这说明热处理后还存在已经受损但仍具有代谢活性的微生物，这些是巴氏杀菌奶中存在的主要微生物。黄杆菌属（*Flavobacterium*）也会存在于巴氏杀菌乳中，但数量较少。荧光假单胞菌（*P. fluorescens*）是引起奶产生异味（陈腐味、酸辣味、酸味和苦味）的微生物[24]。巴氏杀菌奶中很少能检出乳酸菌（*Lactobacillus*）和乳球菌（*Lactobacillus*）。奶只有放置在室温下才会发生酸化。低温巴氏杀菌也能杀死生乳中全部的酵母菌和霉菌。

超高温灭菌能够杀灭所有的繁殖性细菌（病原菌和非病原菌）以及大部分芽胞菌。但生乳质量是影响超高温灭菌奶品质的关键因素。如果生乳中产芽孢细菌含量较高，那么在超高温灭菌处理后会残留少部分细菌。例如，耐热芽孢杆菌（*B. sporothermodurans*）会产生强耐热的芽孢[28]，它们不会引起食品的腐败，只会引起乳稍微变色。但据国际乳业联盟一个公告报道，这些芽孢很难从生产设备中彻底清除，此污染常常是导致一些超高温灭菌奶加工厂关闭的原因[24]。

用于超高温灭菌处理的生乳挤出后在低于5℃下存放不得超过48h。假如存贮温度较高或者时间过长，嗜冷菌也会生长并产生乳酸，引起奶pH值下降和酸败[24]。酶（蛋白酶和脂肪酶）也会改变奶的感官特性，例如引起苦味、胶凝和酸败味。超高温处理不能灭活嗜冷菌（如假单胞菌）产生的一些酶[54]。

超高温灭菌奶中可能也会出现耐热的嗜热菌如嗜热脂肪地芽孢杆菌（*Geobacillus stearothermophilus*）和地衣芽孢杆菌（*B. licheniformis*），当奶的储藏温度低于30℃时，它们不会生长。超高温灭菌奶中也会出现芽孢杆菌（*Bacillus* spp.），但目前关于其存在原因是由于灭菌后污染还是其耐热尚存在争议。在超高温灭菌奶中，最常检测到的细菌有地衣芽孢杆菌、凝结芽孢杆菌、栗褐芽胞杆菌和蜡样芽孢杆菌，但蜡样芽孢杆菌经超高温灭菌处理后不能存活，说明是灭菌后出现污染[24,64]。

表5 热处理后微生物的存活情况

| 微生物 | 巴氏杀菌后是否存活 | 超高温灭菌后是否存活 |
|---|---|---|
| 金黄色葡萄球菌 | 是（肠毒素） | 是（肠毒素） |

（续表）

| 微生物 | 巴氏杀菌后是否存活 | 超高温灭菌后是否存活 |
|---|---|---|
| 空肠弯曲菌 | 否 | 否 |
| 沙门氏菌 | 否 | 否 |
| 大肠杆菌 | 否 | 否 |
| 单核李斯特菌 | 否 | 否 |
| 肠炎杆菌 | 否 | 否 |
| 副结核分枝杆菌 | 不确定 | 否 |
| 牛分枝杆菌 | 否 | 否 |
| 蜡样芽孢杆菌 | 是（芽孢） | 否 |
| 梭状芽孢杆菌 | 是（芽孢） | 是（芽孢） |

### 3.5.2 对营养物质的影响

奶的营养价值高，几乎含有机体生长需要的所有营养物质，而且比例适当。哺乳动物的种类、健康状况和饲养条件都会引起乳成分的变化。热处理也会对乳成分产生影响。

在下面的部分将讨论热处理对乳营养成分的影响。

（1）蛋白质和酶

奶中含有两类蛋白质：酪蛋白和乳清蛋白。酪蛋白占奶中总蛋白量的80%，也是有抑菌活性的生物活性物质的前体物质。酪蛋白通常形成含有钙和磷的胶束。与乳清蛋白相比，酪蛋白热稳定性较好，一般受热后不会发生变性。但是在非常高强度的热处理条件下，会发生脱磷酸化、水解和聚集，产生凝聚物。pH值和钙离子强度等其他的因素也会引起酪蛋白形成聚合物[65]。

乳清蛋白主要包括α-乳白蛋白、β-乳球蛋白、血清白蛋白、免疫球蛋白和活性肽类，具有重要的生理功能。热处理会引起乳清蛋白变性，从而生成丝氨酸、丝氨酸磷酸盐、糖基化丝氨酸、半胱氨酸和半胱氨酸残基。这些物质经过β-消除反应，形成脱氢丙氨酸。脱氢丙氨酸能与其他几种氨基酸反应生成在肠道无法水解的蛋白质，从而降低了奶的营养价值。

一般来说，巴氏杀菌对酪蛋白结构影响很小，对乳清蛋白也只是轻微的改变其结构[61,66]。通过动物试验和人体研究表明巴氏杀菌对乳蛋白的营养价值无显著影响[67,68]。相反，Lacroix等（2008）通过人体试验研究发现超高温灭菌处理会改变乳蛋白的消化动力学特性，从而影响膳食中蛋白的代谢[68]。

在氨基酸方面，赖氨酸是奶中的主要必需氨基酸。加热会造成1%~4%的赖氨酸损失，损失程度取决于加热的强度，但对其他氨基酸基本无影响[61]。赖氨酸的损失主要是由加热过程中发生的美拉德反应引起的，这种情况在瓶装后灭菌中尤为突出。超高温灭菌奶在贮藏过程中也会发生部分赖氨酸损失。但总体来说，赖氨酸损失并不严重，因为乳蛋白中赖氨酸含量丰富[65]。

在奶中还存在一些内源性酶。热处理也会让它们失活。因此，奶中酶的活力高低成为评价奶热处理程度的一个指标。碱性磷酸酶的活性可用来监测巴氏杀菌的效果，该酶失活表明所有的非芽孢病原菌都被杀死。乳过氧化物酶的活力可作为强度高于低温巴氏杀菌的热处理的指标。γ-谷氨酰转移酶可用来监测温度高于77℃的热处理。

（2）脂类

市售乳都通过脱去奶油，或添加全脂奶、半脱脂奶或者脱脂奶对脂肪含量进行标化。

在热处理过程中，乳脂肪的理化性质会发生改变。超高温灭菌会增加游离脂肪酸含量。间接超高温灭菌会比直接超高温灭菌产生更多的游离脂肪酸。

在高温下，多不饱和脂肪酸会转变为共轭异构体。有研究发现共轭亚油酸具有抗癌特性[69]。最近，Pestana等（2015）探究了巴氏杀菌和超高温灭菌对乳脂肪的影响，结果发现两种热处理对脂肪含量和脂肪酸组成无显著影响[70]。

（3）乳糖

乳糖是奶中主要的碳水化合物，它具有益生元特性，还能促进钙、镁吸收。

巴氏杀菌对乳糖基本无影响，但在较高温度处理时如超高温灭菌，会引起乳糖发生异构化生成乳果糖、生成酸类物质和美拉德反应产物。

一般来说，在弱碱性条件下加热时，乳糖通过 Lobry de Bruyn–Alberda van Ekestein 转化反应形成乳果糖。由于生乳中不存在乳果糖，所以乳果糖含量可以作为反映奶热处理强度的指标。

热处理超过100℃时，也会使乳糖降解为酸类物质，尤其是甲酸和乳酸，从而造成乳滴定酸度增加。

乳糖还能参与美拉德反应，生成褐色产物和风味物质。

（4）维生素

一直以来，人们认为生乳比巴氏杀菌奶的营养价值高，因为生奶中含有更多的维生素。实际上，除了包装类型和贮存条件外，热处理条件也会影响市售奶的维生素含量。

最近，Macdonald等（2011）进行了系统文献综述，评估了巴氏杀菌对生乳中维生素的影响[73]。综述纳入了40个关于巴氏杀菌对奶中维生素影响的研究，发现在巴氏杀菌后，$V_{B12}$、$V_E$、$V_C$、叶酸和$V_{B2}$降低了，而$V_A$含量反而上升，$V_{B6}$含量无明显变化。尽管热处理会破坏一些维生素（如$V_C$、叶酸），但在评估生乳和经热加工处理奶的营养价值时，要将这些维生素的每日推荐摄入量的影响程度考虑进来。比如，要达到$V_C$的每日推荐摄入量，每天需饮用20L生乳，因此热处理造成的$V_C$损失其实并没有多大影响。$V_{B12}$ 和 $V_E$ 也存在同样的情况，奶中这两种维生素的含量分别为 $2\sim5\mu g/L$ 和 $10\sim30\mu g/dL$，在西方饮食中牛奶并不是这两种维生素的主要来源。所以，对成人来说，巴氏杀菌处理对奶中这些维生素造成的损失对其营养价值影响不大，因为奶并不是他们摄入这些维生素的主要来源。

这也是加拿大和其他许多国家制定食品强化方案，将强化奶中维生素作为一种公众健康干预手段，以纠正或预防对公众健康具有重大意义的营养问题的原因。

但是，$V_C$ 能够阻止叶酸发生氧化，而且 $V_C$ 的分解与 $V_{B12}$ 的损失相关。对于 $V_{B12}$ 来说，250mL 生乳中 $V_{B12}$ 含量占每日推荐摄入量的 80%，而超高温灭菌后，奶中 $V_{B12}$ 含量降为每日推荐摄入量的约 70%[48]。

（5）矿物质

奶是一些矿物质的良好来源，尤其是钙和磷。生乳和热处理乳的矿物质含量没有显著差异，而且热处理对矿物质的生物利用率基本无影响。

### 3.5.3 对感官特性的影响

品质好的奶，微甜，异味很小，口感光滑、丰富，具有特征性的白度和光泽度。

热处理目的在于保证乳品安全，但会影响奶的感官特性，特别是影响奶的风味和色泽，影响大小取决于热处理强度。

热处理对奶中风味物质影响不一，有些风味物质由热处理诱导产生，有些风味物质（比如由微生物或者酶引起的风味物质）经热处理后会减少或者完全消除。

在热处理后，由于新风味物质的生成，鲜奶中典型的牛膻味会减少或者被掩盖。这些新的风味有蒸煮味、超高温灭菌后的酮味和保持灭菌后的焦糖味。

蒸煮味主要是由变性乳清蛋白的含硫化合物引起的。热处理过程中，变性乳清蛋白的巯基暴露，形成巯基酸和二甲基硫化物。在高强度的热处理条件下如高温巴氏杀菌和 UHT 灭菌，二甲基硫化物是引起蒸煮味的主要原因[65]。刚经 UHT 灭菌处理的奶通常都会有蒸煮味和甘蓝味，但在加工后一周，由于硫化物的氧化，这些味道有一定减弱。间接地讲，加工后的奶蒸煮味更浓。另外，如果奶中溶解氧含量较高，也会引起陈腐味[54]。

酮类风味物质源于脂类物质，在 UHT 奶中也会出现。

焦糖味也称为"灭菌味"，是灭菌乳特有的风味，这种风味是由美拉德反应引起的，美拉德反应也造成奶发生褐变。

另外，奶的感官特性与贮藏条件及热处理奶的微生物生态有关。例如，微生物的生长会产生异味，嗜冷菌引起腐败味，乳酸菌引起酸味，在瓶装灭菌奶中环状芽胞杆菌会引起酚的味道，蜡样芽孢杆菌会导致强烈不洁味[65]。

奶中的酶对奶的风味也有一定影响。在 UHT 灭菌奶中纤溶酶的蛋白水解作用会导致苦味，在低温巴氏杀菌奶中脂蛋白酯酶的脂肪水解作用会引起酸败味。

## 3.6 饮用生奶有益于健康的科学依据

饮用生奶有益于人类健康，例如营养价值较高，对乳糖不耐症、哮喘和过敏性疾病人群具有保护作用。相反，据报道加热处理会降低生乳的这些益处。前面我们已经将生乳的营养价值与热处理乳进行了比较。以下内容论述了生乳对乳糖不耐受、哮喘和过敏症的作用。

### 3.6.1 生乳与乳糖不耐症

乳糖是哺乳动物奶和奶制品中的主要碳水化合物。无法消化乳糖被称为乳糖不耐受，这是由于人体内缺乏乳糖酶造成的，主要症状包括胃肠胀气、腹胀、腹泻和腹痛。

乳糖不耐症的发生率随年龄增长而增加，且与社区群体和种族有关[77]。据估计，受乳糖不耐影响的人口占总人口的65%以上。在亚洲、北美洲和南美洲，成年人乳糖不耐受的比例非常高，而在爱尔兰和北欧国家，乳糖不耐受的情况较少见，74%~90%以上的人口能耐受乳糖[78]。

最近，饮用生乳被认为可以减少乳糖不耐受，认为生乳中含有天然乳糖酶，而加热乳中却没有这种酶，因为加热会破坏乳糖酶。但是，这一说法缺乏科学依据。Claeys等（2013）报道，生乳和热处理乳都不含乳糖酶，且生乳中乳酸菌产生的乳糖酶也很有限，因此为保证食用安全生乳必须在冷藏条件下储存[61]。相比之下，酸奶比牛奶更容易耐受，因为酸奶中含有能分泌乳糖酶的细菌。

最近Mummah等（2014）进行了一项初步研究，该研究以乳糖吸收不良的成年人为试验对象，评估饮用生乳是否可以减轻乳糖不耐受症状。当受试者饮用生乳与巴氏杀菌乳时，乳糖不耐受症状无显著差异[79]。为了进一步确认饮用生乳是否具有声称的能防止乳糖不耐受的作用，可能还需要进行更多的研究，也许还需增加试验人数。

### 3.6.2 生乳及其对哮喘和过敏的预防作用

据称，饮用生乳对人类健康有益。其中，有报道称儿童饮用生乳与发生哮喘、过敏和特异性反应呈负相关[80]。

在过去几十年中，哮喘和过敏症急剧增加，尤其是在西方国家[81]。过去30~40年特应性疾病发病率和患病率的上升，发生于很短的时间跨度内，很难用人口遗传漂移来解释，因此环境和/或生活方式的改变可能是造成这一趋势的重要原因。据Braman（2006）报道哮喘患病率每十年增加50%[82]，因此哮喘的发病率和死亡率以及控制哮喘相关的经济负担也提高。

Strachan（1989）[83]提出的"卫生假说"中指出，家庭人数与发生特应性疾病之间存在负相关性，并认为幼年时传染病发生率低可能会增加过敏性疾病的发病率。

此假设认为，在童年时期能接触微生物（如住在农场）的生活方式可能可预防过敏疾病的发生。欧洲有几个队列研究着重探究了儿童住在农场与过敏和哮喘之间的关系，分别是欧洲人过敏和内毒素（ALEX）的关系、住在农场和人智生活方式对儿童过敏致敏危险因素的预防作用（PARSIFAL），以及探究导致欧洲人群发生哮喘的遗传和环境因素的多学科研究（GABRIEL）。有许多研究报道家住农场的儿童哮喘、过敏性鼻炎和特应性过敏的发病率和患病率较低[84-92]。

与上述队列研究结果相反，有些研究者发现住在农场对特应性呼吸道疾病不具有预防作用[93,94]。

"住在农场"实际上包括几种生活习惯，即接触到畜禽、畜禽栏舍、内毒素或饮用农场的奶（未巴氏杀菌奶）。有人对各种"农场因素"与过敏性疾病风险的关系进行评估，想确定农场生活方式的哪些方面能解释这种负相关。在饮用生乳方面，Riedler 等（2001）在 ALEX 研究中发现，饮用生乳减少了哮喘、过敏性鼻炎和特应性致敏的发生，并且与 1~5 岁的孩子相比，饮用生乳对 1 岁以下儿童的预防作用更强[87]。Perkin 和 Strachan（2006）研究了不同农场生活因素与英国农村和非农业地区儿童过敏性疾病的患病率之间的关系。他们发现，农民的孩子目前哮喘症状和季节性变应性鼻炎较少，且没有湿疹症状。相比之下，饮用未经巴氏杀菌的牛奶与湿疹症状较少有关[95]。因此，这种保护作用与饮用未巴氏杀菌奶有关，与是否在农场生活无关。

Ege 等（2007）也发现，饮用生奶与儿童哮喘患病率呈负相关，但养猪和经常呆在猪圈内也是保护性因素[96]。Waser 等（2007）发现，饮用生奶与儿童哮喘、过敏性鼻结膜炎和花粉过敏之间呈负相关，而其他农产品则与哮喘和过敏患病率无关[90]。从 PARSIFAL 研究中也收集了数据。PARSIFAL 研究是一项现状多中心研究，包括五个欧洲国家的近 15 000 名 5~13 岁儿童，其生活方式各不一样：有些生活在农村地区，有些生活在（郊区）市区，有些过着人智式生活，包括限制使用抗生素、退烧药和疫苗接种。正如 Riedler 等（2001）[87]先前所观察到的那样，他们发现饮用农场的奶与哮喘或过敏之间的关系在从出生后第 1 年内就开始饮用生乳的儿童中最明显。可惜这项调查的结果是基于问卷调查数据，没有客观确认农场的奶是否就是生乳。有些家长说饮用前将奶煮沸，有些则直接饮用生乳。

最近，Loss 等（2015）在一项前瞻性队列中研究了饮用生乳、煮沸奶和工厂加工的奶对 1 岁以下孩子常见感染的影响，该研究包括来自 5 个欧洲国家农村地区的 1000 名儿童。结果发现饮用生牛乳与鼻炎、呼吸道感染、耳炎和发烧之间呈负相关。饮用煮沸的农场牛奶，效果相似但稍差一些。除 UHT 灭菌奶之外，饮用其他经过热处理的牛奶都可防止发烧[97]。

接触农场生活的时间对过敏症保护作用似乎也有较大影响。具体来说，早年接触是具有保护性的。除了 ALEX 研究[82]的证据外，Radon 等（2004）还观察到在 1 岁之前或 3~5 岁接触畜禽圈舍对过敏风险有更好的保护作用[98]。据报道，甚至产前接触农场环境也会影响宝宝出生时的特应性致敏。Ege 及其同事（2007）评估了 PASTURE 队列研究的数据，发现母亲怀孕期间的生活方式，包括饮用煮沸或未煮沸的农场牛奶，都会影响胎儿出生时脐带血中 IgE 的含量[99]。相反，儿童年龄大了之后再接触这些环境并不会提供任何保护作用，反而可能使症状恶化[89]。

尽管生乳对防止过敏疾病的作用已有科学证据，但目前饮用生乳仍然不被鼓励。

## 3.7 新型乳品加工技术

饮用牛奶采用热处理方法是最为常见的。但热处理也有缺点，可能会带来牛奶的感官特性变化和营养价值降低等问题。由于消费者对营养高、感官特性好、类似生鲜奶的产品的需求日益增长，催生了替代性热加工工艺和非热加工技术。

有些新工艺可以满足消费者的这些需求，因此，这些技术也吸引了科学界、政府和力图在技术上比别人领先一步的食品企业的关注。

这些新技术包括欧姆加热和微波加热、脉冲电场、高静水压、微滤和超声波技术等。

在新型热处理技术中，欧姆加热和微波加热与传统热处理一样，都是通过升高温度杀死微生物。但非热技术不是通过加热杀死微生物，因而，可以降低传统热处理对牛奶质量造成的不良影响。

### 3.7.1 欧姆加热

据悉欧姆加热（Ohmic heating，OH）技术用于牛奶杀菌始于 19 世纪[100]，但是由于用电成本太高、生产电极所需材料缺乏、加工过程控制困难，导致欧姆加热被停止使用。近年来，经过改进之后，这种技术已经应用于奶、蔬菜产品、水果制品及肉制品的焯烫、巴氏杀菌和灭菌[101~104]。

用欧姆加热技术加工牛奶时，用电极与牛奶基质接触直接在奶中产生热量。牛奶基质实际上起着电阻的作用，将电能转变成热能。

电导率在 0.1~10S/cm 范围内的所有食物基质都可以用欧姆技术来加热。食物基质的电导率会随着温度的升高而增加，因此在较高温度下，欧姆加热处理效果更好[105]。食品的特性（如电导率、黏度、比热容）、热处理设备的设计及电源输出功率等因素都会影响加热速率。

分散体系的电导率存在差异，这些差异可能会导致加热的不均匀性，形成局部高温点和低温点，牛奶中液相含量高且其电导率最高，会造成升温较快，且向颗粒部分散热的现象，从而降低加热过程中的不均匀性[106]。因此，欧姆加热可促进食品基质受热快且均匀。

快速加热具有双重优势：一是减小对食品品质的影响，二是能量消耗低[106]，因此快速加热是一种更可持续的技术。均匀加热可以避免形成高温区或低温区，这分别是食品品质和食品安全的关键控制点。高温区因加热过度会引起食品质量问题[107]，低温区则会引起食品安全问题。

与其他传统技术相比，欧姆加热还具有另一个优势：即它可降低污垢形成。污垢会降低热传递效率，促进表面生物被膜形成，影响终产品的微生物安全性[108]。

尽管欧姆加热与传统技术相比具有以上提及的优势，但有些问题仍有待解决，例如，欧姆加热对牛奶物理和化学特性的影响、成本高、加工参数难以控制，以及由此对结垢产生的影响等。此外，欧姆加热对奶和奶制品致敏性的影响尚未进行过研究[108]。

### 3.7.2 微波加热

微波加热（MWH）是指利用特定频率的电磁波（300MHz～300GHz）在产品内部产生热量[109]。该技术利用加热材料通过吸收微波能量，并将其转变为热量。

微波加热的应用一方面可以保证食品的安全，另一方面可以保证产品质量的降低控制在最低程度。

微波加热在巴氏杀菌奶中应用研究较多[110~118]，并且用于商业化生产时间较长。然而，微波加热的工业生产上的应用也面临两大问题，一是食品内部温度不均匀，会产生温度梯度，导致食品内局部有冷点和热点，二是能耗成本比较高[119]。

保证牛奶安全的关键问题之一是既能杀死影响人类健康的微生物，又能保持产品的质量。总的来说，与传统巴氏杀菌奶相比，采用微波加热生产巴氏杀菌奶能延长其保质期，原因在于微波加热可以杀死嗜冷菌[120]。

有些研究[110,111,121]表明，采用常用巴氏杀菌的温度和时间在微波炉内对奶进行加热不能成功的杀死致病菌，如鼠伤寒沙门氏菌。Stearns 和 Vasavada（1986），以及 Galuska 等（1989）的研究表明，微波加热会对乳源致病菌（如单增李斯特菌、金黄色葡萄球菌和大肠杆菌）造成亚致死损伤[112,116]。微波加热时牛奶体积变化会影响对单增李斯特菌的杀灭效果[111]。

微波加热不会造成维生素 A、β-胡萝卜素、维生素 $B_1$ 和 $B_2$ 的显著损失[122]。Sierra 等（1999）比较了连续微波加热牛奶和传统加热牛奶中维生素 $B_1$ 和 $B_2$ 的热稳定性，结果发现当微波加热至90℃时（不保温），维生素没有显著损失，当微波加热至90℃，保持30~60s 时，维生素 $B_2$ 减少了3%~5%[123]。

有人发现微波加热后牛奶中维生素 E 损失17%，维生素 C 损失36%[122]。Bai 等（2015）发现，牛奶层厚度、微波时间和微波功率是影响维生素 C 含量的重要因素，其中奶层厚度是影响维生素 C 含量的最主要因素[124]。

微波加热不会影响牛奶脂肪成分。至于蛋白质，Lopez-Fandino 等（1996）采用一个改装过的微波炉在 2 450MHz 下处理牛奶，研究 β-乳球蛋白变性程度、碱性磷酸酶和乳过氧化物酶的失活程度[114]。结果发现，微波加热后的碱性磷酸酶和乳过氧化物酶的失活程度，和传统板式热交换器加热后的失活程度相似。Raman（2007）发现,与传统加热相比,微波加热巴氏杀菌牛奶的乳清蛋白变性程度低,但两种处理引起的β-乳球蛋白的变性无显著性差异[122]。

关于微波加热和传统加热处理对牛奶感官性状的影响尚存在不同意见。有研究表明传统热处理和连续法微波处理牛奶的挥发性成分存在显著差异[122]。Lopez-Fandino与其同事(1996)则认为微波加热和传统巴氏杀菌奶在贮藏15d后感官特性相似[114]。

### 3.7.3 脉冲电场

脉冲电场(PEF)技术在食品加工的应用是将两个电极置于食物基质中,施以高压(5~20kV)短脉冲(1~10μs)电场进行杀菌。目前已研究发现脉冲电场处理牛奶不但可杀灭致病菌和腐败菌,而且可以保持奶的感官和营养特性[125]。微生物细胞膜上的亲水空隙的形成和蛋白通道的打开会导致细胞膜功能丧失,最终使微生物的繁殖体失活。

脉冲电场可以灭活假单胞菌,该菌是影响冷藏条件下生乳保质期的主要微生物,而且脉冲电场还可以有效杀灭生乳中李斯特菌、沙门氏菌、大肠杆菌、蜡样芽孢杆菌、金黄色葡萄球菌、布鲁氏菌属、柯克斯氏体属和肠球菌等[126]。

脉冲电场单独使用或与温和热处理联用都有效。Bermudez-Aguirre等(2011)发现,在20~40℃下进行脉冲电场处理,可杀灭脱脂生乳中的嗜温菌和嗜冷菌,因而认为两种处理具有协同作用[127]。研究还发现,在联用脉冲电场和热处理时,乳脂肪含量可能对嗜温菌和嗜冷菌有保护作用。McAuley与其同事(2016)研究比较了53℃和63℃脉冲电场处理与63℃和72℃的传统加热对生乳微生物和理化稳定性的影响。结果发现,与传统巴氏杀菌(72℃/15s)相比,在63℃下进行脉冲电场(30kV/cm,22μs)杀菌对全脂乳微生物稳定性的影响效果相当,对奶的理化特性也无不良影响。而且在53℃下进行脉冲电场(30kV/cm,22μs)处理可以使冷藏条件下(4℃)贮藏期延长3~4d。

目前也有关于脉冲电场对不同奶制品中酶活稳定性影响的研究。Buckow等(2012)研究了联用脉冲电场和加热处理对溶解在模拟乳超滤液中乳过氧化物酶(LPO)的影响,结果发现LPO的失活主要是由热效应导致的,而5%~12% LPO的失活与电化学效应有关[129]。Sharma等(2017)比较了脉冲电场和加热对全脂牛奶在贮藏期内(4℃,21d)碱性磷酸酶、黄嘌呤氧化酶、脂肪酶和纤溶酶的活性,以及微生物数量的影响[130]。结果发现,脉冲电场对处理后即时和在4℃贮藏21d后奶中微生物和碱性磷酸酶活性的影响,与热处理效果相当。经脉冲电场处理后黄嘌呤氧化酶和纤溶酶活性显著降低,但在贮藏期结束时黄嘌呤氧化酶和纤溶酶活性与生乳相当。此外,脂肪水解活力在贮藏期内增加。因此,脉冲电场似乎适合用于干酪加工,因为经过其处理后,与风味和香气形成有关的酶仍得以保留。

从营养角度来看,PEF(18.3~27.1kV/cm,400μs)不会对脂溶性维生素(维

生素 $D_3$ 和生育酚）和水溶性维生素（除抗坏血酸）造成影响[125]。

事实上，大规模使用 PEF 仍存在工程性挑战，因为大多数研究是基于小体积样本进行的。大规模使用 PEF 还需要保证电场的均匀性，考虑液体的流动行为、热传导及停留时间[128]。

### 3.7.4 高压加工

高压处理（HPP），也称高静水压（HHP）或超高压（UHP），是一种代替传统热处理的典型的非热处理技术。它是在室温条件下施加高压，其主要优势是保留食物原有的新鲜度、色泽、风味、口感和营养价值，并且没有热加工带来的蒸煮味，还可以有效的钝化微生物。超高压处理通常是在 100~1 000MPa 压力范围内在室温下进行，若要求杀灭细菌芽孢则需要更高的温度（60~80℃），处理时间可达 30min[131]。

依奶中微生物特性不同，400~600MPa 的 HPP 处理与传统巴氏杀菌（72.8℃，15s）对微生物的影响效果相当[132]，但是跟传统灭菌相比，效果则有较大差异，因为芽孢对 HPP 有抗性。

关于 HHP 用于灭活微生物的研究和综述目前已有很多[133]。总体而言，当压力在 300~600MPa 范围内可以有效杀灭包括食源性致病菌在内的微生物，并且不会破坏食品的营养和感官特性。

大多数微生物繁殖体在 600MPa（20~30℃）处理 15min 后会被杀死。与微生物繁殖体相比，细菌芽孢对 HP（高压）的耐受能力较强，在 1 000MPa 压力下仍可存活。据报道，大肠杆菌和单核李斯特菌是室温下最耐压的微生物。革兰氏阳性菌比革兰氏阴性菌耐压能力强。酵母和霉菌对压力最敏感[134]，在 25℃ 时通常在 300~400MPa 处理几分钟就可以将大多数灭活。

内生孢子对 HP 的耐受能力更强，在大于 1 000MPa，温度高于 80℃ 条件下才能将其完全灭活[132]。

一些研究者已经证明 HP（高压）灭活微生物有困难[134]，因此想出可能 HP 可与其他技术相结合，例如结合中等温度处理（30~50℃）和/或添加可以抑制食源性病菌和孢子的细菌素（乳酸链球菌素、片球菌素、乳酸菌素）。

就牛奶品质而言，HPP 会对乳酪蛋白胶束和乳清蛋白结构造成破坏。在 25℃ 温度下，当压力达到 500MPa 时，β-乳球蛋白很容易变性。免疫球蛋白和 α-乳白蛋白则需要在更高的压力，特别是在 50℃ 下才会变性[114]。

由于酶的抗压能力较强，因此 HP 很难使酶失活[135]。有报道称，碱性磷酸酶、乳过氧化物酶、磷酸已糖异构酶和 γ-谷氨酰转移酶在 25℃ 下能耐受低于 400MPa 的压力[114,132]。

小分子物质，如氨基酸、维生素、单糖和风味物质均不会受 HPP 的影响，可保持不变。

### 3.7.5 微滤处理

微滤（MF）是一种非热处理方法，与传统巴氏杀菌相比，它可以更有效地去除细菌芽孢。

MF 的主要缺点是膜表面的结垢问题，不仅影响选择性，而且需要频繁冲洗和清洁，对该技术的成本效益产生不利影响[136]。

MF 为乳业链提供了机会，因为它可以在延长奶制品货架期的同时，使奶制品保持与生乳相近的感官特性。目前市场上已有许多微滤奶产品出现，其成功的原因就在于微滤乳有较优的新鲜度和较长的保质期。

### 3.7.6 超声波处理

超声波是一种频率高于 20 kHz 的声波，可分为低强度和高强度超声波 2 类，其声波功率分别为 ≤0.1MHz 和 10~1 000W/cm[137]。

在超声波处理过程中，超声波是通过液体交替压缩和膨胀循环传播的。在膨胀循环中，高强度的超声会使液体中的气泡增大，当气泡达到一定体积不再吸收能量时，气泡会剧烈破裂（空穴现象）。当气泡破裂时，气泡内部会产生局部的高温（达 5 500℃）和高压（50MPa），会对微生物产生不利影响。

超声波在奶和奶制品生产中的主要用途包括灭酶、灭菌、均质牛奶、提取酶和促进乳糖水解[134]。但有研究显示，超声波处理需要消耗比常规方法更多的能量才能杀死微生物。

此外，也有研究证实单独使用超声波对乳中微生物和酶的灭活效果不佳，因此提出了超声波与热（热-超声）和压力（压力-超声）联用的方法[137]。

目前已有关于超声波对乳脂肪、乳清蛋白、酪蛋白、碱性磷酸酶、乳过氧化物酶和 γ-谷氨酰转移酶影响的研究报道。超声波连续流动系统已被证明是适合对奶进行杀菌和均质的方法。

由于超声波对微生物和酶的影响小，因此超声波处理很难成为商业化的加工方法；但当超声与其他处理方法联用时，很有可能成为一种加工程度最小的方法。

尽管如此，还需要进一步研究改进加工设备，并深入研究超声波处理对奶中主要成分的影响。

## 4 结论

饮用生乳会影响人类健康、引起公共风险，因为它可能携带致病菌和腐败微生物。对其热处理可以保证乳品安全性，但却不能完全保留生乳原有的感官和营养特性。在农场进行良好农业操作规范（GAP）、良好卫生规范（GHPs）和良好的畜牧业生产规范能够保证获得高质量的生乳，这样就可采用较低强度的热处理，从而保留生乳原有的质量。

生乳对儿童发生哮喘和过敏是否具有所声称的保护作用还需要进一步探究，能替代传统热处理的新型加工技术尚需进一步优化，以确保生产出安全、新鲜的奶制品。

## 参考文献

[1] Román, S.; Sánchez-Siles, L. M.; Siegrist, M. The importance of food naturalness for consumers: Results of a systematic review. *Trends Food Sci. Technol.* 2017, 67: 44-57.

[2] GoodMills Innovation. Kampffmeyer Food Innovation Study. 2012. Available online: http://goodmillsinnovation.com/sites/kfi.kampffmeyer.faktor3server.de/files/attachments/1_pi_kfi_cleanlabelstudy_english_final.pdf/ (accessed on 3 September 2017).

[3] The Nielsen Company. We Are What We Eat. Healthy Eating Trends around the World. 2015. Available online: https://www.nielsen.com/content/dam/nielsenglobal/eu/nielseninsights/pdfs/Nielsen%20Global%20Health%20and%20Wellness%20Report%20-%20January%202015.pdf (accessed on 3 September 2017).

[4] EFSA Panel on Biological Hazards (BIOHAZ). Scientific Opinion on the Public Health Risks Related to the Consumption of Raw Drinking Milk: Public Health Risks Related to Raw Drinking Milk. *EFSA J.* 2015, 13: 3940.

[5] U.S. Food and Drug Administration. The Dangers of Raw Milk: Unpasteurized Milk Can Pose a Serious Health Risk. Available online: https://www.fda.gov/food/resourcesforyou/consumers/ucm079516.htm (accessed on 3 September 2017).

[6] Centers for Disease Control and Prevention. Raw Milk. Available online: https://www.cdc.gov/foodsafety/rawmilk/raw-milk-index.html (accessed on 3 September 2017).

[7] European Parliament and the Council of the European Union. Regulation (EC) No 853/2004 of the European Parliament and of the Council of 29 April 2004 laying down specific hygiene rules for on the hygiene of foodstuffs. *Off. J. Eur. Union* 2004, L 139: 55-205.

[8] European Parliament and the Council of the European Union. Regulation (EC) No 178/2002 of the European Parliament and of the Council of 28 January 2002 laying down the general principles and requirements of food law, establishing the European Food Safety Authority and laying down procedures in matters of food safety. *Off. J. Eur. Union* 2002, L 31: 1-24.

[9] European Parliament and the Council of the European Union. Regulation (EC) No 854/2004 of the European Parliament and of the Council of 29 April 2004 laying down specific rules for the organization of official controls on products of animal origin intended for human consumption. *Off. J. Eur. Union* 2004, L 139: 206-320.

[10] Latorre, A. A.; Van Kessel, J. S.; Karns, J. S.; Zurakowski, M. J.; Pradhan, A. K.; Boor, K. J.; Jayarao, B. M.; Houser, B. A.; Daugherty, C. S.; Schukken, Y. H. Biofilm in milking equipment on a dairy farm as a potential source of bulk tank milk contamination

with *Listeria monocytogenes*. *J. Dairy Sci.* 2010, 93: 2792-2802.

[11] Giacometti, F.; Serraino, A.; Finazzi, G.; Daminelli, P.; Losio, M. N.; Tamba, M.; Garigliani, A.; Mattioli, R.; Riu, R.; Zanoni, R. G. Field handling conditions of raw milk sold in vending machines: Experimental evaluation of the behaviour of *Listeria monocytogenes*, *Escherichia coli* O157: H7, *Salmonella Typhimurium* and *Campylobacter jejuni*. *Ital. J. Anim. Sci.* 2012, 11: e24.

[12] Marchand, S.; De Block, J.; De Jonghe, V.; Coorevits, A.; Heyndrickx, M.; Herman, L. Biofilm Formation in Milk Production and Processing Environments; Influence on Milk Quality and Safety. *Compr. Rev. Food Sci. Food Saf.* 2012, 11: 133-147.

[13] Moatsou, G. Sanitary Procedures, Heat Treatments and Packaging. In *Milk and Dairy Products in Human Nutrition*; Park, Y. W., Haenlein, G. F. W., Eds.; JohnWiley & Sons: Chichester, UK, 2013; pp. 288-309.

[14] Moatsou, G.; Moschopoulou, E. Microbiology of Raw Milk. In *Dairy Microbiology and Biochemistry: Recent Developments*; Ozer, B. H., Akdemir-Evrendilek, G., Eds.; CRC Press—Taylor & Francis Group: Boca Raton, FL, USA, 2015; pp. 1-38.

[15] Quigley, L.; McCarthy, R.; O'Sullivan, O.; Beresford, T. P.; Fitzgerald, G. F.; Ross, R. P.; Stanton, C.; Cotter, P. D. The microbial content of raw and pasteurized cow milk as determined by molecular approaches. *J. Dairy Sci.* 2013, 96: 4928-4937.

[16] Quigley, L.; O'Sullivan, O.; Stanton, C.; Beresford, T. P.; Ross, R. P.; Fitzgerald, G. F.; Cotter, P. D. The complex microbiota of raw milk. *FEMS Microbiol. Rev.* 2013, 37: 664-698.

[17] Bonizzi, I.; Buffoni, J. N.; Feligini, M.; Enne, G. Investigating the relationship between raw milk bacterial composition, as described by intergenic transcribed spacer-PCR fingerprinting and pasture altitude. *J. Appl. Microbiol.* 2009, 107: 1319-1329.

[18] Vacheyrou, M.; Normand, A.-C.; Guyot, P.; Cassagne, C.; Piarroux, R.; Bouton, Y. Cultivable microbial communities in raw cow milk and potential transfers from stables of sixteen French farms. *Int. J. Food Microbiol.* 2011, 146: 253-262.

[19] Hagi, T.; Kobayashi, M.; Nomura, M. Molecular-based analysis of changes in indigenous milk microflora during the grazing period. *Biosci. Biotechnol. Biochem.* 2010, 74: 484-487.

[20] Van Hoorde, K.; Heyndrickx, M.; Vandamme, P.; Huys, G. Influence of pasteurization, brining conditions and production environment on the microbiota of artisan Gouda-type cheeses. *Food Microbiol.* 2010, 27: 425-433.

[21] Von Neubeck, M.; Baur, C.; Krewinkel, M.; Stoeckel, M.; Kranz, B.; Stressler, T.; Fischer, L.; Hinrichs, J.; Scherer, S.; Wenning, M. Biodiversity of refrigerated raw milk microbiota and their enzymatic spoilage potential. *Int. J. Food Microbiol.* 2015, 211: 57-65.

[22] Callon, C.; Duthoit, F.; Delbès, C.; Ferrand, M.; Le Frileux, Y.; De Crémoux,

[22] R.; Montel, M. -C. Stability of microbial communities in goat milk during a lactation year: Molecular approaches. *Syst. Appl. Microbiol.* 2007, 30: 547-560.

[23] Bluma, A.; Ciprovica, I. Diversity of lactic acid bacteria in raw milk. In Research for Rural Development, Proceedings of the International Scientific Conference: Research for Rural Development, Jelgava, Latvia, 13-15 May 2015; Latvia University of Agriculture: Jelgava, Latvia, 2015.

[24] Touch, V.; Deeth, H. C. Microbiology of Raw and Market Milks. In *Milk Processing and Quality Management*; Tamine, A. Y., Ed.; Wiley-Blackwell: Oxford, UK, 2009; pp. 48-71.

[25] De Oliveira, G. B.; Favarin, L.; Luchese, R. H.; McIntosh, D. Psychrotrophic bacteria in milk: How much do we really know? *Braz. J. Microbiol.* 2015, 46: 313-321.

[26] Hantsis-Zacharov, E.; Halpern, M. Culturable Psychrotrophic Bacterial Communities in Raw Milk and Their Proteolytic and Lipolytic Traits. *Appl. Environ. Microbiol.* 2007, 73: 7162-7168.

[27] Vithanage, N. R.; Dissanayake, M.; Bolge, G.; Palombo, E. A.; Yeager, T. R.; Datta, N. Biodiversity of culturable psychrotrophic microbiota in raw milk attributable to refrigeration conditions, seasonality and their spoilage potential. *Int. Dairy J.* 2016, 57: 80-90.

[28] Scheldeman, P.; Herman, L.; Foster, S.; Heyndrickx, M. *Bacillus* sporothermodurans and other highly heat-resistant spore formers in milk. *J. Appl. Microbiol.* 2006, 101: 542-555.

[29] Martin, N. H.; Trmˇci′c, A.; Hsieh, T. -H.; Boor, K. J.; Wiedmann, M. The Evolving Role of Coliforms as Indicators of Unhygienic Processing Conditions in Dairy Foods. *Front. Microbiol.* 2016: 7.

[30] Jackson, E. E.; Erten, E. S.; Maddi, N.; Graham, T. E.; Larkin, J. W.; Blodgett, R. J.; Schlesser, J. E.; Reddy, R. M. Detection and enumeration of four foodborne pathogens in raw commingled silo milk in the United States. *J. Food Prot.* 2012, 75: 1382-1393.

[31] D'Amico, D. J.; Groves, E.; Donnelly, C. W. Low incidence of foodborne pathogens of concern in raw milk utilized for farmstead cheese production. *J. Food Prot.* 2008, 71: 1580-1589.

[32] Rapid Alert System for Food and Feed. Available online: https://ec.europa.eu/food/safety/rasff_en (accessed on 3 September 2017).

[33] Van Asselt, E. D.; van der Fels-Klerx, H. J.; Marvin, H. J. P.; van Bokhorst-van de Veen, H.; Groot, M. N. Overview of Food Safety Hazards in the European Dairy Supply Chain. *Compr. Rev. Food Sci. Food Saf.* 2017, 16: 59-75.

[34] McDaniel, C. J.; Cardwell, D. M.; Moeller, R. B.; Gray, G. C. Humans and Cattle: A Review of Bovine Zoonoses. *Vector Borne Zoonotic Dis.* 2014, 14: 1-19.

[35] Hunt, K.; Drummond, N.; Murphy, M.; Butler, F.; Buckley, J.; Jordan, K. A

case of bovine raw milk contamination with *Listeria monocytogenes*. *Ir. Vet. J.* 2012, 65: 13.

[36] O'Mahony, M.; Fanning, S.; Whyte, P. The Safety of Raw Liquid Milk. In *Milk Processing and Quality Management*; Tamine, A. Y., Ed.; Wiley-Blackwell: Oxford, UK, 2009; pp. 139-167.

[37] Dhanashekar, R.; Akkinepalli, S.; Nellutla, A. Milk-borne infections. An analysis of their potential effect on the milk industry. *Germs* 2012, 2: 101-109.

[38] Grant, I. R.; Ball, H. J.; Rowe, M. T. Incidence of *Mycobacterium paratuberculosis* in bulk raw and commercially pasteurized cows' milk from approved dairy processing establishments in the United Kingdom. *Appl. Environ. Microbiol.* 2002, 68: 2428-2435.

[39] World Health Organisation. Food and Agriculture Organisation and Codex Alimentarius Commission. Principles and Guidelines for the Conduct of Microbiological Risk Management (MRM). 2007. Available online: https://www.google.it/url?sa=t&rct=j&q=&esrc=s&source=web&cd=1&cad=rja&uact=8&ved=0ahUKEwjsrbf7lYbXAhVBbhQKHQ0fD7YQFggyMAA&url=http%3A%2F%2Fwww.fao.org%2Finput%2Fdownload%2Fstandards%2F10741%2FCXG_063e.pdf&usg=AOvVaw16HPgG3XDCD5t7PyRqEt9B (accessed on 8 October 2017).

[40] Food Standards Australia New Zealand (FSANZ). Microbiological Risk Assessment of Raw Cow Milk. Risk Assessment Microbiology Section. December 2009. Available online: https://www.google.it/url?sa=t&rct=j&q=&esrc=s&source=web&cd=1&ved=0ahUKEwjigfTNnevWAhXKEVAKHc8ECMMQFggnMAA&url=https%3A%2F%2Fwww.foodstandards.gov.au%2Fcode%2Fproposals%2Fdocuments%2Fp1007%2520ppps%2520for%2520raw%2520milk%25201ar%2520sd1%2520cow%2520milk%2520risk%2520assessment.pdf&usg=AOvVaw0XYHQ27rcYxv4ld8jkBqkH (accessed on 12 October 2017).

[41] Soboleva, T. Assessment of the Microbiological Risks Associated with the Consumption of Raw Milk. Ministry for Primary Industries (MPI) Technical Paper No: 2014/12. June 2013. Available online: https://www.google.it/url?sa=t&rct=j&q=&esrc=s&source=web&cd=1&cad=rja&uact=8&ved=0ahUKEwjG5sfesevWAhXGaVAKHXycCFkQFggnMAA&url=https%3A%2F%2Fwww.mpi.govt.nz%2Fdmsdocument%2F1118-assessment-of-the-microbiological-risks-associated-with-the-consumption-ofraw-milk&usg=AOvVaw3Wmo0Ycg1gk84D9lavhx6n (accessed on 2 October 2017).

[42] Heidinger, J. C.; Winter, C. K.; Cullor, J. S. Quantitative microbial risk assessment for Staphylococcus aureus and Staphylococcus enterotoxin A in raw milk. *J. Food Prot.* 2009, 72: 1641-1653.

[43] Latorre, A. A.; Pradhan, A. K.; Van Kessel, J. A.; Karns, J. S.; Boor, K. J.; Rice, D. H.; Mangione, K. J.; Grohn, Y. T.; Schukken, Y. H. Quantitative risk assessment of listeriosis due to consumption of raw milk. *J. Food Prot.* 2011, 74: 1268-1281.

[44] Koutsoumanis, K.; Pavlis, A.; Nychas, G.-J. E.; Xanthiakos, K. Probabilistic Model for *Listeria monocytogenes* Growth during Distribution, Retail Storage and Domestic Storage of

Pasteurized Milk. *Appl. Environ. Microbiol.* 2010, 76: 2181-2191.

[45] Giacometti, F.; Serraino, A.; Bonilauri, P.; Ostanello, F.; Daminelli, P.; Finazzi, G.; Losio, M. N.; Marchetti, G.; Liuzzo, G.; Zanoni, R. G.; et al. Quantitative risk assessment of verocytotoxin-producing *Escherichia coli* O157 and *Campylobacter jejuni* related to consumption of raw milk in a province in Northern Italy. *J. Food Prot.* 2012, 75: 2031-2038.

[46] Giacometti, F.; Bonilauri, P.; Albonetti, S.; Amatiste, S.; Arrigoni, N.; Bianchi, M.; Bertasi, B.; Bilei, S.; Bolzoni, G.; Cascone, G.; et al. Quantitative risk assessment of human salmonellosis and listeriosis related to the consumption of raw milk in Italy. *J. Food Prot.* 2015, 78: 13-21.

[47] Giacometti, F.; Bonilauri, P.; Amatiste, S.; Arrigoni, N.; Bianchi, M.; Losio, M. N.; Bilei, S.; Cascone, G.; Comin, D.; Daminelli, P.; et al. Human campylobacteriosis related to the consumption of raw milk sold by vending machines in Italy: Quantitative risk assessment based on official controls over four years. *Prev. Vet. Med.* 2015, 121: 151-158.

[48] Giacometti, F.; Bonilauri, P.; Piva, S.; Scavia, G.; Amatiste, S.; Bianchi, D. M.; Losio, M. N.; Bilei, S.; Cascone, G.; Comin, D.; et al. Paediatric HUS Cases Related to the Consumption of Raw Milk Sold by Vending Machines in Italy: Quantitative Risk Assessment Based on *Escherichia coli* O157 Official Controls over 7 years. *Zoonoses Pub. Health* 2016, 64: 505-516.

[49] Crotta, M.; Paterlini, F.; Rizzi, R.; Guitian, J. Consumers' behavior in quantitative microbial risk assessment for pathogens in raw milk: Incorporation of the likelihood of consumption as a function of storage time and temperature. *J. Dairy Sci.* 2016, 99: 1029-1038.

[50] Crotta, M.; Rizzi, R.; Varisco, G.; Daminelli, P.; Cunico, E. C.; Luini, M.; Grober, H. U.; Paterlini, F.; Guitian, J. Multiple-Strain Approach and Probabilistic Modeling of Consumer Habits in Quantitative Microbial Risk Assessment: A Quantitative Assessment of Exposure to Staphylococcal Enterotoxin A in Raw Milk. *J. Food Prot.* 2016, 79: 432-441.

[51] Barker, G. C.; Goméz-Tomé, N. A risk assessment model for enterotoxigenic Staphylococcus aureus in pasteurized milk: A potential route to source-level inference. *Risk Anal. Off. Publ. Soc. Risk Anal.* 2013, 33: 249-269.

[52] Codex Alimentarius. Standard CAC-RCP57-2004: Code on Hygienic Practice for Milk and Milk Products. 2004. Available online: http://codexalimentarius.org (accessed on 31 August 2017).

[53] Kelly, A. L.; O'Shea, N. Plant and Equipment—Pasteurizers, Design and Operation. In *Encyclopedia of Dairy Sciences*; Academic Press: Cambridge, MA, USA, 2011.

[54] Tamime, A. Y. *Milk Processing and Quality Management*; Wiley-Blackwell: Oxford, UK, 2009.

[55] Ozer, B.; Akdemir-Evrendilek, G. *Dairy Microbiology and Biochemistry: Recent Developments*; CRC Press—Taylor & Francis Group: Boca Raton, FL, USA, 2015.

[56] Kelly, A.; Datta, N.; Deeth, H. Thermal Processing of Dairy Products. In *Thermal Food Processing: New Technologies and Quality Issues. Contemporary Food Engineering*; CRC Press—Taylor & Francis Group: Boca Raton, FL, USA, 2012; pp. 273-306.

[57] Fernandes, R. *Microbiology Handbook: Dairy Products*; Leatherhead Pub.: Leatherhead, UK; Royal Society of Chemistry: Cambridge, UK, 2009.

[58] Papademas, P.; Bintsis, T. Food Safety Management Systems (FSMS) in the Dairy Industry: A Review. *Int. J. Dairy Technol.* 2010, 63: 489-503.

[59] Rall, V. L. M.; Vieira, F. P.; Rall, R.; Vieitis, R. L.; Fernandes, A.; Candeias, J. M. G.; Cardoso, K. F. G.; Araújo, J. P. PCR detection of staphylococcal enterotoxin genes in Staphylococcus aureus strains isolated from raw and pasteurized milk. *Vet. Microbiol.* 2008, 132: 408-413.

[60] Ryser, E. T. Safety of Dairy Products. In *Microbial Food Safety*; Food Science Text Series; Springer: New York, NY, USA, 2012; pp. 127-145.

[61] Claeys, W. L.; Cardoen, S.; Daube, G.; De Block, J.; Dewettinck, K.; Dierick, K.; De Zutter, L.; Huyghebaert, A.; Imberechts, H.; Thiange, P.; et al. Raw or heated cow milk consumption: Review of risks and benefits. *Food Control* 2013, 31: 251-262.

[62] Braunig, J.; Hall, P. Milk and dairy products. In *Micro-Organisms in Foods*; Roberts, T. A., Cordier, J. L., Gram, L., Tompkin, R. B., Pitt, J. I., Gorris, L. G. M., Swanson, K. M. J., Eds.; Kluwer Academic/Plenum Publishers: New York, NY, USA, 2005; pp. 643-715.

[63] Farrokh, C.; Jordan, K.; Auvray, F.; Glass, K.; Oppegaard, H.; Raynaud, S.; Thevenot, D.; Condron, R.; De Reu, K.; Govaris, A.; et al. Review of Shiga-toxin-producing *Escherichia coli* (STEC) and their significance in dairy production. *Int. J. Food Microbiol.* 2013, 162: 190-212.

[64] Simmonds, P.; Mossel, B. L.; Intaraphan, T.; Deeth, H. C. Heat resistance of *Bacillus* spores when adhered to stainless steel and its relationship to spore hydrophobicity. *J. Food Prot.* 2003, 66: 2070-2075.

[65] Walstra, P.; Walstra, P.; Wouters, J. T. M.; Geurts, T. J. *Dairy Science and Technology*, 2nd ed.; CRC Press: Boca Raton, FL, USA, 2005.

[66] Braun-Fahrlander, C.; Von Mutius, E. Can farm milk consumption prevent allergic diseases? *Clin. Exp. Allergy* 2011, 41: 29-35.

[67] Lacroix, M.; Bos, C.; Léonil, J.; Airinei, G.; Luengo, C.; Daré, S.; Benamouzig, R.; Fouillet, H.; Fauquant, J.; Tomé, D.; et al. Compared with casein or total milk protein, digestion of milk soluble proteins is too rapid to sustain the anabolic post-

prandial amino acid requirement. *Am. J. Clin. Nutr.* 2006, 84: 1070-1079.

[68] Lacroix, M.; Bon, C.; Bos, C.; Léonil, J.; Benamouzig, R.; Luengo, C.; Fauquant, J.; Tomé, D.; Gaudichon, C. Ultra high temperature treatment but not pasteurization, affects the postprandial kinetics of milk proteins in humans. *J. Nutr.* 2008, 138: 2342-2347.

[69] Fox, P. F.; McSweeney, P. L. H. *Dairy Chemistry and Biochemistry*; Chapman and Hall: London, UK, 1998.

[70] Pestana, J. M.; Gennari, A.; Wissmann Monteiro, B.; Neutzling Lehn, D.; Volken de Souza, C. F. Effects of Pasteurization and Ultra-High Temperature Processes on Proximate Composition and Fatty Acid Profile in Bovine Milk. *Am. J. Food Technol.* 2015, 10: 265-272.

[71] Ijaz, N. Epidemiological Hazard Characterization and Risk Assessment for Unpasteurized Milk Consumption: United States, 1998-2010; Working Paper; 2013. Available online: https://www.google.it/url?sa=t&rct=j&q=&esrc=s&source=web&cd=1&ved=0ahUKEwjyyaSpyJ_XAhVJ56QKHeH5DJwQFggnMAA&url=http%3A%2F%2Fwww.bccdc.ca%2FHealth-Professionals-Site%2F_layouts%2F15%2FDocIdRedir.aspx%3FID%3DBCCDC-291-107&usg=AOvVaw0cqohwDQiqIKMyh80gd24B (accessed on 6 November 2017).

[72] Lejeune, J.; Rajala-Schults, P. J. Unpasteurized milk: A continued public health threat. *Clin. Infect. Dis.* 2009, 48: 93-100.

[73] Macdonald, L. E.; Brett, J.; Kelton, D.; Majowicz, S. E.; Snedeker, K.; Sargeant, J. M. A systematic review and meta-analysis of the effects of pasteurization on milk vitamins and evidence for raw milk consumption and other health-related outcomes. *J. Food Prot.* 2011, 74: 1814-1832.

[74] Jensen, R. G. *Handbook of Milk Composition*; Academic Press: San Diego, CA, USA, 1995.

[75] Canada Department of Justice. *Food and Drug Regulations*, *Part D*, *Division 3*. *Addition of Vitamins*, *Mineral Nutrients or Amino Acids to Foods*. 2017. Available online: http://laws-lois.justice.gc.ca/eng/regulations/c.r.c.,_c._870/page-144.html (accessed on 22 October 2017).

[76] European Parliament; Council of the European Union. Regulation (EC) No 1925/2006 of the European Parliament and of the Council of 20 December 2006 on the addition of vitamins and minerals and of certain other substances to foods. *Off. J. Eur. Union* 2006, L 404: 26-38.

[77] Law, D.; Conklin, J.; Pimentel, M. Lactose intolerance and the role of the lactose breath test. *Am. J. Gastroenterol.* 2010, 105: 1726-1728.

[78] Vuorisalo, T.; Arjamaa, O.; Vasemagi, A.; Taavitsainen, J.-P.; Tourunen, A.; Saloniemi, I. High lactose tolerance in North Europeans: A result of migration, not in situ milk consumption. *Perspect. Biol. Med.* 2012, 55: 163-174.

[79] Mummah, S.; Oelrich, B.; Hope, J.; Vu, Q.; Gardner, C. D. Effect of raw milk on lactose intolerance: A randomized controlled pilot study. *Ann. Fam. Med.* 2014, 12: 134-141.

[80] Brick, T.; Schober, Y.; Bocking, C.; Pekkanen, J.; Genuneit, J.; Loss, G.; Dalphin, J.-C.; Riedler, J.; Lauener, R.; Nockher, W. A.; et al. ω-3 fatty acids contribute to the asthma-protective effect of unprocessed cow's milk. *J. Allergy Clin. Immunol.* 2016, 137: 1699-1706. e13.

[81] Brooks, C.; Pearce, N.; Douwes, J. The hygiene hypothesis in allergy and asthma: An update. *Curr. Opin. Allergy Clin. Immunol.* 2013, 13: 70-77.

[82] Braman, S. S. The global burden of asthma. *Chest* 2006, 130: 4S-12S.

[83] Strachan, D. P. Hay fever, hygiene and household size. *BMJ* 1989, 299: 1259-1260.

[84] Kilpelainen, M.; Terho, E. O.; Helenius, H.; Koskenvuo, M. Farm environment in childhoodprevents the development of allergies. *Clin. Exp. Allergy J. Br. Soc. Allergy Clin. Immunol.* 2000, 30: 201-208.

[85] Riedler, J.; Eder, W.; Oberfeld, G.; Schreuer, M. Austrian children living on a farm have less hay fever, asthma and allergic sensitization. *Clin. Exp. Allergy* 2000, 30: 194-200.

[86] Von Ehrenstein, O. S.; Von Mutius, E.; Illi, S.; Baumann, L.; Bohm, O.; von Kries, R. Reduced risk of hay fever and asthma among children of farmers. *Clin. Exp. Allergy* 2000, 30: 187-193.

[87] Riedler, J.; Braun-Fahrlander, C.; Eder, W.; Schreuer, M.; Waser, M.; Maisch, S.; Carr, D.; Schierl, R.; Nowak, D.; von Mutius, E.; et al. Exposure to farming in early life and development of asthma and allergy: A cross-sectional survey. *Lancet Lond. Engl.* 2001, 358: 1129-1133.

[88] Braun-Fahrlander, C.; Riedler, J.; Herz, U.; Eder, W.; Waser, M.; Grize, L.; Maisch, S.; Carr, D.; Gerlach, F.; Bufe, A.; et al. Environmental exposure to endotoxin and its relation to asthma in school-age children. *N. Engl. J. Med.* 2002, 347: 869-877.

[89] Naleway, A. L. Asthma and Atopy in Rural Children: Is Farming Protective? *Clin. Med. Res.* 2004, 2: 5-12.

[90] Waser, M.; Michels, K. B.; Bieli, C.; Floistrup, H.; Pershagen, G.; von Mutius, E.; Ege, M.; Riedler, J.; Schram-Bijkerk, D.; Brunekreef, B.; et al. Inverse association of farm milk consumption with asthma and allergy in rural and suburban populations across Europe. *Clin. Exp. Allergy J. Br. Soc. Allergy Clin. Immunol.* 2007, 37: 661-670.

[91] Von Mutius, E.; Vercelli, D. Farm living: Effects on childhood asthma and allergy. *Nat. Rev. Immunol.* 2010, 10: 861-868.

[92] Poole, J. A. Farming-Associated Environmental Exposures and Atopic Diseases. *Ann. Allergy Asthma Immunol.* 2012, 109: 93-98.

[93] Chrischilles, E.; Ahrens, R.; Kuehl, A.; Kelly, K.; Thorne, P.; Burmeister, L.; Merchant, J. Asthma prevalence and morbidity among rural Iowa schoolchildren. *J. Allergy Clin. Immunol.* 2004, 113: 66-71.

[94] Wickens, K.; Lane, J. M.; Fitzharris, P.; Siebers, R.; Riley, G.; Douwes, J.; Smith, T.; Crane, J. Farm residence and exposures and the risk of allergic diseases in New Zealand children. *Allergy* 2002, 57: 1171–1179.

[95] Perkin, M. R.; Strachan, D. P. Which aspects of the farming lifestyle explain the inverse association with childhood allergy? *J. Allergy Clin. Immunol.* 2006, 117: 1374–1381.

[96] Ege, M. J.; Frei, R.; Bieli, C.; Schram-Bijkerk, D.; Waser, M.; Benz, M. R.; Weiss, G.; Nyberg, F.; van Hage, M.; Pershagen, G.; et al. Not all farming environments protect against the development of asthma and wheeze in children. *J. Allergy Clin. Immunol.* 2007, 119: 1140–1147.

[97] Loss, G.; Depner, M.; Ulfman, L. H.; van Neerven, R. J. J.; Hose, A. J.; Genuneit, J.; Karvonen, A. M.; Hyvarinen, A.; Kaulek, V.; Roduit, C.; et al. Consumption of unprocessed cow's milk protects infants from common respiratory infections. *J. Allergy Clin. Immunol.* 2015, 135: 56–62.

[98] Radon, K.; Ehrenstein, V.; Praml, G.; Nowak, D. Childhood visits to animal buildings and atopic diseases in adulthood: An age-dependent relationship. *Am. J. Ind. Med.* 2004, 46: 349–356.

[99] Ege, M. J.; Herzum, I.; Buchele, G.; Krauss-Etschmann, S.; Lauener, R. P.; Roponen, M.; Hyvarinen, A.; Vuitton, D. A.; Riedler, J.; Brunekreef, B.; et al. Prenatal exposure to a farm environment modifies atopic sensitization at birth. *J. Allergy Clin. Immunol.* 2008, 122: 407–412. e4.

[100] De Alwis, A. A. P.; Fryer, P. J. The use of direct resistance heating in the food industry. *J. Food Eng.* 1990, 11: 3–27.

[101] Duygu, B.; Umit, G. Application of Ohmic Heating System in Meat Thawing. *Procedia Soc. Behav. Sci.* 2015, 195: 2822–2828.

[102] Guida, V.; Ferrari, G.; Pataro, G.; Chambery, A.; Di Maro, A.; Parente, A. The Effects of ohmic and conventional blanching on the nutritional, bioactive compounds and quality parameters of artichoke heads. *LWT Food Sci. Technol.* 2013, 53: 569–579.

[103] Stancl, J.; Zitny, R. Milk fouling at direct ohmic heating. *J. Food Eng.* 2010, 99: 437–444.

[104] Varghese, K. S.; Pandey, M. C.; Radhakrishna, K.; Bawa, A. S. Technology, applications and modelling of ohmic heating: A review. *J. Food Sci. Technol.* 2014, 51: 2304–2317.

[105] Pereira, R. N.; Vincente, A. A. Novel technologies for Milk Processing. In *Engineering Aspects of Milk and Dairy Products*; Taylor & Francis: Boca Raton, FL, USA, 2010; pp. 155–174.

[106] Jaeger, H.; Roth, A.; Toepfl, S.; Holzhauser, T.; Engel, K.-H.; Knorr, D.; Vogel, R. F.; Bandick, N.; Kulling, S.; Heinz, V.; et al. Opinion on the use of

ohmic heating for the treatment of foods. *Trends Food Sci. Technol.* 2016, 55: 84-97.

[107] Tucker, G. Commercially successful applications. In *Ohmic Heating in Food Processing*; CRC Press: Boca Raton, FL, USA, 2014; ISBN 978-1-4200-7108-5.

[108] Cappato, L. P.; Ferreira, M. V. S.; Guimaraes, J. T.; Portela, J. B.; Costa, A. L. R.; Freitas, M. Q.; Cunha, R. L.; liveira, C. A. F.; Mercali, G. D.; Marzack, L. D. F.; et al. Ohmic heating in dairy processing: Relevant aspects or safety and quality. *Trends Food Sci. Technol.* 2017, 62: 104-112.

[109] Chandrasekaran, S.; Ramanathan, S.; Basak, T. Microwave food processing—A review. *Food Res. Int.* 2013, 2: 243-261.

[110] Choi, H. K.; Marth, E. H.; Vasavada, P. C. Use of microwave energy to inactive *Listeria monocytogenes* in milk. *ilchwissenschaft* 1993, 48: 200-203.

[111] Choi, H. K.; Marth, E. H.; Vasavada, P. C. Use of microwave energy to inactive *Yersinia enterocolitica* and *ampylobacter jejuni* in milk. *Milchwissenschaft* 1993, 48: 134-136.

[112] Galuska, P. J.; Kolarik, R. W.; Vasavada, P. C.; Marth, E. H. Inactivation of *Listeria monocytogenes* by microwave reatment. *Dairy Sci.* 1989, 72: 139.

[113] Khalil, H.; Villota, R. Comparative study on injury and recovery of *Staphylococcus aureus* using microwaves nd conventional heating. *J. Food Prot.* 1988, 51: 181-186.

[114] Lopez-Fandino, R.; Villamiel, M.; Corzo, N.; Olano, A. Assessment of the thermal-treatment of milk during ontinuous microwave and conventional heating. *J. Food Prot.* 1996, 59: 889-892.

[115] Merin, U.; Rosenthal, I. Pasteurisation of milk by microwave irradiation. *Milchwissenschaft* 1984, 39: 643-644.

[116] Stearns, G.; Vasavada, P. C. Effect of microwave processing on quality of milk. *J. Food Prot.* 1986, 49: 853-858.

[117] Villamiel, M.; López-Fandiˇno, R.; Corzo, N.; Martinez-Castro, I.; Olano, A. Effects of continuous-flow icrowave treatment on chemical and microbiological characteristics of milk. *Z. Lebensm. Unters. Forch.* 996, 201: 15-18.

[118] Villamiel, M.; López-Fandiˇno, R.; Olano, A. Microwave pasteurisation in a continuous flow unit. Shelf life of ow's milk. *Milchwissenschaft* 1996, 51: 674-677.

[119] Ryynanen, S.; Tuorila, H.; Hyvonen, L. Perceived temperature effects on microwave heated meals and meal omponents. *Food Serv. Technol.* 2001, 1: 141-148.

[120] Mishra, V. K.; Ramchandran, L. Novel Thermal Methods in Dairy Processing. In *Emerging Dairy Processing echnologies: Opportunities for the Dairy Industry*; Datta, N., Tomasula, P. M., Eds.; John Wiley & Sons, Ltd.: hichester, UK, 2015; pp. 33-70.

[121] Knutson, K. M.; Marth, E. H.; Wagner, M. K. Use of microwave ovens to pasteurize milk. *J. Food Prot.* 1988, 1: 715-719.

[122] Rahman, M. S. *Handbook of Food Preservation*, 2nd ed.; CRC Press: Boca Raton, FL,

[123] Sierra, I.; Vidal-Valverde, C.; Olano, A. The effects of continuous flow microwave treatment and conventional mating on the nutritional value of milk as shown by influence on vitamin $B_1$ retention. *Eur. Food Res. Technol.* 999, 209: 352-354.

[124] Bai, Y.; Saren, G.; Huo, W. Response surface methodology (RSM) in evaluationof the vitamin C concentrations n microwave treated milk. *J. Food Sci. Technol.* 2015, 52: 4647-4651.

[125] Bendicho, S.; Barbosa-Cánovas, G. V.; Martin, O. Milk processing by high intensity pulsed electric fields. *rends Food Sci. Technol.* 2002, 13: 195-204.

[126] Buckow, R.; Chandry, P. S.; Ng, S. Y.; McAuley, C. M.; Swanson, B. G. Opportunities and challenges in pulsed lectric field processing of dairy products. *Int. Dairy J.* 2014, 34: 199-212.

[127] Bermúdez-Aguirre, D.; Fernández, S.; Esquivel, H.; Dunne, P. C.; Barbosa-Cánovas, G. V. Milk Processed y Pulsed Electric Fields: Evaluation of Microbial Quality, Physicochemical Characteristics and Selected utrients at Different Storage Conditions. *J. Food Sci.* 2011, 76, S289-S299.

[128] McAuley, C. M.; Singh, T. K.; Haro-Maza, J. F.; Williams, R.; Buckow, R. Microbiological and physicochemical tability of raw, pasteurised or pulsed electric field-treated milk. *Innov. Food Sci. Emerg. Technol.* 2016, 8: 365-373.

[129] Buckow, R.; Semrau, J.; Sui, Q.; Wan, J.; Knoerzer, K. Numerical evaluationof lactoperoxidase inactivation uring continuous pulsed electric field processing. *Biotechnol. Prog.* 2012, 28: 1363-1375.

[130] Sharma, P.; Oey, I.; Bremer, P.; Everett, D. W. Microbiological and enzymatic activity of bovine whole milk reated by pulsed electric fields. *Int. J. Dairy Technol.* 2017.

[131] Voigt, D. D.; Kelly, A. L.; Huppertz, T. High-Pressure Processing of Milk and Dairy Products. In *Emerging airy Processing Technologies—Opportunities for the Dairy Industry*; Datta, N., Tomasula, P. M., Eds.; John Wiley Sons, Ltd.: Chichester, UK, 2015; pp. 71-92.

[132] Evrendilek, G. Non-Thermal Processing of Milk and Milk Products for Microbial Safety. In *Dairy Microbiology nd Biochemistry*; CRC Press: Boca Raton, FL, USA, 2014; pp. 322-355.

[133] Patterson, M. F. Microbiology of pressure-treated foods. *J. Appl. Microbiol.* 2005, 98: 1400-1409.

[134] Villamiel, M.; Schutyser, M. A. I.; De Jong, P. Novel Methods of Milk Processing. In *Milk Processing and Quality anagement*; Tamine, A. Y., Ed.; Wiley-Blackwell: Oxford, UK, 2009; pp. 205-236.

[135] Huppertz, T.; Fox, P. F.; Kelly, A. L. High pressure-induced denaturation of alpha-

lactalbumin and eta-lactoglobulin in bovine milk and whey: A possible mechanism. *J. Dairy Res.* 2004, 71: 489-495.

[136] Tomasula, P. M.; Bonnaillie, L. M. Crossflow Microfiltration in the Dairy Industry. In *Emerging Dairy Processing echnologies—Opportunities for the Dairy Industry*; Datta, N., Tomasula, P. M., Eds.; John Wiley & Sons, Ltd.: hichester, UK, 2015; pp. 1-31.

[137] Zisu, B.; Chandrapala, J. High Power Ultrasound Processing in Milk and Dairy Products. In *Emerging Dairy rocessing Technologies—Opportunities for the Dairy Industry*; Datta, N., Tomasula, P. M., Eds.; John Wiley & Sons, td.: Chichester, UK, 2015; pp. 149-180.

[138] Villamiel, M.; de Jong, P. Influence of high-intensity ultrasound and heat treatment in continuous flow on fat, roteins and native enzymes of milk. *J. Agric. Food Chem.* 2000, 48: 472-478.

# 奶及其乳糖评价方法简述

Loretta Gambelli

Council for Agriculture Research and Analysis of the Agrarian Economy, Research Center CREA-Food and Nutrition, Via Ardeatina 546, 00178 Rome, Italy;
loretta. gambelli@ crea. gov. it

**摘要**：乳糖是乳中主要的二糖，经乳糖酶催化可分解为葡萄糖和半乳糖。乳糖是一种重要的能量物质，因为它在乳制品中的含量很高，有时简单地称为奶糖。乳糖是哺乳动物发育过程中碳水化合物的主要来源，占哺乳期摄入能量的40%。乳糖不耐症个体由于缺乏乳糖酶而不能使乳糖完全分解。对于乳糖不耐症病人，乳糖不耐受是其选择饮食的一个重要因素，因此，必须对食物中的乳糖含量进行检测以避免造成不适和疾病。这就需要研究出简单的检测方法，如旋光法、重量法、中红外法、pH 示差法和酶法，但所有这些方法都很费时，因为需要进行大量的样品前处理，且不能区分出不同的糖。为了定量测定低水平含量的乳糖，目前已经开发出更精确的分析新方法。这些方法一般需用高效液相色谱仪或高效阴离子交换仪配备脉冲安培检测器（HPAE-PAD）。

**关键词**：乳糖；分析方法；营养

## 1 乳糖及其特殊的营养作用

奶和奶制品是意大利人的饮食中处于绝对中心位置的一类食品，奶制品被列入意大利食品金字塔，摄入量属于中等水平，包括奶、酸奶和奶酪，摄入量每天 2~3 份。

奶是一种由雌性哺乳动物乳腺分泌的复杂的流体食物，几乎含有维持新生动物生命和发育所需的所有营养物质，是一种营养全面的食物。

尽管除了母乳外，各种不同的奶都可供人在生命早期饮用，例如绵羊奶、山羊奶、驴奶和其他婴儿配方奶，但我们谈到奶时通常指的是牛奶[1]。

在奶所含的营养成分中，糖类起到关键的作用，其含量可高达约 10%，取决于哺乳动物的种类[2]，并且几乎仅以乳糖的形式存在（占奶中糖类的 98%），而乳糖并不存在于其他食物中。乳糖对于新生命最初几个月的神经组织发育是很重要的，其主要作用是为新生动物提供半乳糖以合成神经结构（髓鞘）。

D-乳糖在奶中以两种形式存在，α-乳糖和β-乳糖（比例是2∶3），这取决于葡萄糖吡喃糖的构象（α或β），半乳糖都以β-吡喃糖形式存在。这些异构体也有不同的物理性质，如熔点，更重要的是水溶解度，β-乳糖溶解度比α-乳糖大[3,4]。

乳糖是在乳腺组织中合成的，先由血液中的一部分葡萄糖转化为半乳糖，半乳糖再与葡萄糖合成乳糖。合成过程涉及乳糖合成酶复合体，它由半乳糖基转移酶和α-乳白蛋白组成[5]。

## 2 乳糖的测定方法

由于有些人存在乳糖不耐症，所以乳糖的测定非常重要。不仅是奶和奶制品含有乳糖，许多食品中都含有少量乳糖，乳糖可能少量存在于以下食品中：乳固体、乳清、凝乳、脱脂奶粉和脱脂乳固体，这意味着如果食品中含有乳糖，就必须在食品标签上注明。乳糖不耐受是对乳糖敏感或不耐受的人选择食物的重要因素，所以必须对食物中乳糖的含量进行监测以避免不适和疾病[6,7]。因此，精准地测定这些产品中的乳糖含量是非常重要的，并且选择的方法应该经济、快速、灵敏。

目前已经建立了许多用于测定乳中碳水化合物的方法，包括年代较久的和灵敏度较差的方法，例如重量分析法、旋光法、酶法或分光光度分析，以及高特异性、高灵敏的高效液相色谱示差折光检测器法和高效阴离子交换脉冲安培检测器法。

下面是测量奶中乳糖的最常用方法。

### 2.1 旋光法

旋光法基于测量脱脂、脱蛋白乳滤液中的手性分子（如乳糖）引起偏振光的旋光率[8,9]。

### 2.2 重量法

重量法是建立在硫酸铜在醛糖和酮糖存在条件下与氢氧化钾发生反应生成沉淀物氧化亚铜，称量生成的氧化亚铜量，通过经验表查出与氧化亚铜量相当的乳糖含量，从而计算出乳糖含量[8,10]。

### 2.3 中红外法

红外光谱法是基于乳糖分子中羟基吸收红外能量，其测定波长为$1042 cm^{-1}$[11]。早期的仪器完全基于滤波器，用光学过滤器对（样本和参考样）来选择测量脂肪、蛋白质和乳糖的一系列波长。

现在，最近生产的仪器利用傅里叶变换红外光谱仪（FTIR）的干涉仪获得物质在中红外区的全部光谱信息，通过这种方式，可以获得巨大的计算和数据处理能力[12-15]。

## 2.4 酶法

已报道有多种可用于测定乳糖的酶测定法[16-19]，这些方法都利用酶将乳糖水解生成葡萄糖和半乳糖，然后用酶法测定分解出的任一种单糖。样品中乳糖的含量由水解前后单糖含量之差算出。

### 2.4.1 烟酰胺腺嘌呤二核苷酸酶法

在笔者看来，测量半乳糖最常用的酶方法是基于其被β-半乳糖脱氢酶氧化生成半乳糖醛酸，此反应需烟酰胺腺嘌呤二核苷酸（NAD）参与，NAD被还原成NADH，反应如下：

$$\beta\text{-D-半乳糖}+NAD+\beta\text{-D-半乳糖脱氢酶}\rightarrow D\text{-半乳糖-}\gamma\text{-内酯}+NADH+H^+$$

从添加半乳糖脱氢酶前后的读数之差可算出NADH在340nm处的吸光度值[20-22]。尽管这种紫外法具有特异性和准确性，但是NADH的测量需要在紫外线范围内进行，于是开发了利用硫代-NAD代替NAD，在可见光范围405或415nm处进行测定的方法。这种改变可以实现使用酶标仪同时测定几个样品中D-半乳糖浓度，而不需用紫外分光光度计[16-19]。

### 2.4.2 pH示差法

用于测定乳样品中乳糖和乳果糖的pH示差法是基于酶促反应引起的pH值变化。乳糖测定是通过测定β-半乳糖苷酶处理前和处理后葡萄糖和ATP在己糖激酶（HK）存在下发生反应引起的pH值变化来进行的。乳果糖的测定是先用β-半乳糖苷酶和葡萄糖激酶的混合物在有ATP存在的条件下处理样品。3h后测量pH值变化，再加入己糖激酶（HK），监测4h内pH值变化，以观察d-果糖-6-磷酸的形成[23]。

## 2.5 高效液相色谱示差检测法（HPLC-RI）/高效阴离子交换色谱（HP-AEC）脉冲安培检测（HPAEC-PAD）

高效液相色谱是应用最广泛的技术之一，因其具有样品前处理方法快速、简便的优势，被广泛用于许多碳水化合物检测，尤其是食品分离中。由于碳水化合物可以吸收低波长的紫外线，所以高效液相色谱可直接用于碳水化合物的检测。

然而，由于在低波长紫外区域，其灵敏度低和选择性较差，在该光谱区（低于200nm）的检测是困难的；同时也需要使用高质量和昂贵的试剂。在高效液相色谱分离后，最常用的测量糖含量的仪器是折射仪；但折射仪的响应非常差，不具有特异性，对温度、压力和溶剂成分的变化非常敏感，且与浓度梯度不呈比例关系。如果用折射仪进行检测，方法很简单，但灵敏度较差，有报道其最低检出限值（LOD）为250mg/L，定量限值（LOQ）为380mg/L（LOQ）[24]。

有几种色谱方法可对碳水化合物进行分离，其中反相色谱和阳离子交换色谱是应用最为广泛的[25-29]。

反相分配色谱是根据疏水相互作用原理进行分离，疏水相互作用来自于相对极性溶剂、非极性分析物和非极性固定相之间的排斥力。烷基化和氨基烷基化硅胶是最常用的固定相，甲醇水溶液或乙腈水溶液作为流动相，通过疏水相互作用、极性相互作用和分配进行分离[24,30,31]。

传统的吸附色谱法几乎完全被离子交换色谱法（IEC）取代。用两种不同类型的离子交换剂（阴离子和阳离子交换剂，分别带负电荷和正电荷）根据电荷差异来对碳水化合物进行分离[32,33]。

一些基于阳离子交换高效液相色谱的方法已经被优化用于测定许多乳制品中的碳水化合物，这些方法使用不同的固定相和流动相，比如胺（用钙作抗衡离子）和糖柱[27-29]。

另外一种更敏感的方法是高效阴离子交换色谱（HPAEC）-脉冲安培检测法（PAD）。对非衍生性碳水化合物的分析，该方法是一种高灵敏度和高分辨率的替代分析技术。

碳水化合物的分离和洗脱顺序是基于它们的酸解离常数 pKa 值的差异，实际上高效阴离子交换色谱（HPAEC）利用碳水化合物的弱酸性，在高 pH 值下用强阴离子交换固定相进行高度的选择性分离。交换柱用烷基季铵盐官能团化的聚（苯乙烯-二乙烯基苯）填充作为固定相[34]。HPAEC-PAD 存在的主要问题是保留时间非常接近、有密切相关的碳水化合物可能被共洗脱。Cataldi 等[35]优化了一种快速灵敏的 HPAEC-PAD 方法，此法采用 10~12mM NaOH，再在加热的奶中加入 1~2mM 醋酸钡进行改性，这样可对奶和奶制品中的乳果糖和乳糖以及其他碳水化合物进行分离和定量测定[35,36]。

在最近的一份应用报告中，现在属于赛默飞世尔的 Dionex 公司建议用这种方法来测定不含乳糖产品中的乳糖，且说其 LOD 低于 1mg/L[37,38]。

显然，上述所有方法各有优缺点，但笔者认为最后这种方法具有很高的性价比。

# 3 结论

乳糖是新生儿非常重要的营养素，但成年人并不总是能耐受。这篇简短的综述介绍了从最古老到最近、最新的各种测定奶中乳糖的方法。考虑到乳糖不耐受的普遍程度，今天乳糖分析应该被视为常规分析。为了选择最合适的方法，考虑了分析的灵敏度、精度、准确度和简便程度等重要参数。

可惜在某些情况下，这并不总是可以兼顾的，比如在不发达国家，昂贵的科学仪器、试剂、实验室和技术人员充足的培训，使其难以进行精细的分析。但是，在条件允许时，必须选择最好的方法。这也是本综述的主要目的。

# 参考文献

[1] Nickerson, T. A. Lactose. In Fundamentals in Dairy Chemistry, 2nd ed.; Webb, B. H., Johnson, A. H., Alford, J. A., Eds.; Avi Publishing Co.: Westport, CT, USA, 1974; Chapter 6.

[2] Fox, P. F.; Mcsweeney, P. L. H. Dairy Chemistry and Biochemistry; Blackie Academice Professional: London, UK, 1998.

[3] Ganzle, M. G. Enzymatic synthesis of galacto-oligosaccharides and other lactose derivatives (hetero-oligosaccharides) from lactose. Int. Dairy J. 2012, 22: 116-122.

[4] Idda, I.; Spano, N.; Ciulu, M.; Nurchi, V. M.; Panzanelli, A.; Pilo, M. I.; Sanna, G. Gas chromatography analysis of major free mono-and disaccharides in milk: Method assessment, validation, and application to real samples. J. Sep. Sci. 2016, 39: 4577-458.

[5] [CrossRef] [PubMed] 5. Harju, M.; Kallioinen, H.; Tossavainen, O. Lactose hydrolysis and other conversions in dairy products: Technological aspects. Int. Dairy J. 2012, 22: 104-109.

[6] EFSA NDA Panel (EFSA Panel on Dietetic Products, Nutrition and Allergies). Scientific opinion on lactose thresholds in lactose intolerance and galactosaemia. EFSA J. 2010, 8: 29.

[7] Brown-Esters, O.; Namara, M. P.; Savaiano, D. Dietary and biological factors influencing lactose intolerance. Int. Dairy J. 2012, 22: 98-103.

[8] Lactose. In Official Methods of Analysis, 15th ed.; Helrich, K., Ed.; Association of Official Analytical Chemists (AOAC): Washington, DC, USA, 1990; p. 810.

[9] Official Method 896.01. Lactose in Milk. Polarimetric Method. In Official Methods of Analysis of AOAC International; AOAC: Washington, DC, USA, 2005.

[10] Official Method 930.28. Lactose in Milk. Gravimetric Method. In Official Methods of Analysis of AOAC International; AOAC: Washington, DC, USA, 2005.

[11] Lactose. Infrared Milk Analysis. In Official Methods of Analysis, 18th ed.; Horwitz, W., Ed.; AOAC: Washington, DC, USA, 2005.

[12] Linch, J. M.; Barbano, D. M.; Schweisthal, M.; Fleming, J. R. Precalibration evaluation procedures for mid-infrared milk analyzers. J. Dairy Sci. 2006, 89: 2761.

[13] Official Method 972.16 Lactose in Milk. Mid-Infrared Method. In Official Methods of Analysis of AOAC International; AOAC: Washington, DC, USA, 2005.

[14] IDF. International Standard 141C. Whole Milk-Determination of Milkfat, Protein and Lactose Content, Guidance on the Operation of Mid-Infrared Instruments; Int. Dairy Fed.: Brussels, Belgium, 2000.

[15] Kittivachra, R.; Sanguandeekul, R.; Sakulbumrungsil, R.; Phongphanphanee, P.; Srisomboon, J. Determination of essential nutrients in raw milk. Songklanakarin J. Sci. Technol. 2006, 28: 115-120.

[16] Shapiro, F.; Shamay, A.; Silanikove, N. Determination of lactose and D-galactose using thio-NAD+ instead of NAD+. Int. Dairy J. 2002, 12, 667.

[17] ISO 5765-1: 2002. Dried Ice-Mixes and Processed Cheese—Determination of Lactose Content—Part 1: Enzymatic Method Utilizing the Glucose Moiety of the Lactose; International Organization for Standardization: Geneva, Switzerland, 2002.

[18] ISO 5765-2: 2002. Dried Ice-Mixes and Processed Cheese—Determination of Lactose Content—Part 2: Enzymatic Method Utilizing the Galactose Moiety of the Lactose; International Organization for Standardization: Geneva, Switzerland, 2002.

[19] Official Method 984. 15. Lactose in Milk. Enzymatic Method. In Official Methods of Analysis of AOAC International; AOAC: Washington, DC, USA, 2005.

[20] Coffey, R. G.; Reithel, F. J. An enzymic determination of lactose. Anal. Biochem. 1969, 32: 229.

[21] Lynch, J. M.; Barbano, D. Determination of the lactose content of fluid milk by spectrophotometric enzymatic analysis using weight additions and path length adjustment: Collaborative study. J. AOAC Intern. 2007, 90: 196.

[22] Kleyn, D. H. Determination of lactose by an enzymatic method. J. Dairy Sci. 1985, 68: 2791-2798.

[23] 23. Milk: Determination of Lactose Content. Enzimatic Method Using Difference in pH. ISO Standard 26462; International Organization of Standardization: Geneva, Switzerland, 2010.

[24] Chavez-Servin, J. L.; Castellote, A. I.; Lopez-Sabater, M. C. Analysis of mono-and disaccharides in milk-based formulae by high-performance liquid chromatography with refractive index detection. J. Chromatogr. A 2004, 1043: 211-215.

[25] Richmond, M. L.; Barfuss, D. L.; Harte, B. R.; Gray, J. I.; Stine, C. M. Separation of carbohydrates in dairy products by high performance liquid chromatography. J. Dairy Sci. 1982, 65: 1394.

[26] West, L. G.; Llorente, M. A. High performance liquid chromatographic determination of lactose in milk. J. Assoc. Off. Anal. Chem. 1981, 64: 805.

[27] Pirisino, J. F. High performance liquid chromatographic determination of lactose, glucose and galactose in lactose-reduced milk. J. Food Sci. 1983, 48: 742.

[28] Mullin, W. J.; Emmons, D. B. Determination of organic acids and sugars in cheese, milk and whey by high performance liquid chromatography. Food Res. Int. 1997, 30: 147.

[29] Elliot, J.; Dhakal, A.; Datta, N.; Deeth, H. C. Heat-induced changes in UHT milks. Part 1. Aust. J. Dairy Technol. 2003, 58: 3.

[30] Honda, S. High-performance liquid chromatography of mono- and oligosaccharides. Anal. Chem. 1984, 140: 1.

[31] Manzi, P.; Pizzoferrato, L. HPLC determination of lactulose in heat treated milk. Food Bioprocess Technol. 2013, 6: 851-857.

[32] Kennedy, J. F.; Pagliuca, G. Oligosaccharides. In Carbohydrate Analysis. A Practical Ap-

proach; (The Practical Approach Series); Chaplin, M. F., Kennedy, J. F., Eds.; Oxford University Press: New York, NY, USA, 1994; Chapter 2.

[33] Macrae, R. Applications of HPLC to food analysis. In HPLC in Food Analysis; Macrae, R., Ed.; Academic Press: San Diego, CA, USA, 1988; Chapter 2.

[34] Cataldi, T. R. I.; Campa, C.; De Benedetto, G. E. Carbohydrate analysis by high performance anion-exchange chromatography with pulsed amperometric detection: The potential is still growing. Fresen. J. Anal. Chem. 2000, 368: 739.

[35] Cataldi, T. R. I.; Angelotti, M.; Bufo, S. A. Method development for the quantitative determinationof lactulose in heat-treated milks by HPAEC-with pulsed amperometric detection. Anal. Chem. 1999, 71: 4919.

[36] Cataldi, T. R. I.; Angelotti, M.; Bianco, G. Determination of mono-and disaccharides in milkand milk products by high performance anion-exchange chromatography with pulsed amperometric detection. Anal. Chim. Acta 2003, 485, 43. [CrossRef] 117 Beverages 2017, 3: 35

[37] Monti, L.; Negri, S.; Meucci, A.; Stroppa, A.; Galli, A.; Contarini, G. Lactose, galactose and glucose determination in naturally "lactose free" hard cheese: HPAEC-PAD method validation. Food Chem. 2017, 220: 18-24.

[38] Determinatio of Lactose in Lactose-Free Milk products by High-Performance Anion-Exchange Chromatography with Pulsed Amperometric Detection. Available online: https: //tools. thermofisher. com/content/sfs/brochures/ AN - 248 - Lactose - Milk - Products - HPAE - PAD - AN70236-EN. pdf (accessed on 13 July 2017).

# 乳清的药用潜力

Charu Gupta* and Dhan Prakash

Amity Institute for Herbal Research and Studies, Amity University Uttar Pradesh,
Sector-125, Noida-201313, India; dprakash_in@yahoo.com

**摘要**：乳清是奶酪或酪蛋白生产过程中的副产品。乳清往往含有较多乳糖，较少的含氮化合物、蛋白质、盐、乳酸、及少量的维生素和矿物质。乳清还含有一些特别的成分，例如免疫球蛋白（Igs）、乳铁蛋白（Lf）、乳过氧化物酶（Lp）、糖巨肽（GMP）和鞘脂，这些组分具有一些重要的抗菌和抗病毒特性。此外，一些乳清成分还具有抗癌特性，例如鞘磷脂具有抑制结肠癌的作用。而从乳清中浓缩得到的免疫球蛋白G（IgG）、乳过氧化酶和乳铁蛋白可以参与体内免疫。免疫球蛋白G可与细菌毒素结合，降低大肠中的细菌总量。乳清中含有一些具有益生元活性的碳水化合物组分。乳糖可为乳酸菌（如双歧杆菌和乳酸杆菌）提供养分。Stallic acid是乳清中的一种寡糖，它通常与蛋白质结合在一起，也具有益生元活性。乳清蛋白的独特之处是能够提高各种组织的谷胱甘肽（GSH）水平并优化免疫系统的各种途径。组织中存在的谷胱甘肽非常重要，因为它可以保护细胞免受自由基损伤、感染、有毒物质、污染和紫外线暴露损伤。总的来说，谷胱甘肽是体内抗氧化防御系统的核心。已有大量研究表明患有癌症、艾滋病、慢性疲劳综合征以及许多其他免疫受损疾病的个体谷胱甘肽的水平很低。乳清蛋白中也含有较多含硫氨基酸（半胱氨酸和蛋氨酸）。因此，本综述将着重介绍乳清的药用潜力，如其抗菌、抗癌、抗毒素、免疫增强和益生元活性等。

**关键词**：乳清；药用潜力；奶酪乳清；抗菌药物；免疫强化剂；生物活性肽

# 1 介绍

乳清通常在奶酪生产过程中作为副产品而产生。牛奶中通常含有3.6%的蛋白质，这些蛋白质中酪蛋白占80%左右，其余20%称为乳清蛋白。乳清蛋白独特之处

---

\* Correspondence: charumicro@gmail.com

在于含有优质蛋白质所有的必需氨基酸。乳清和乳清蛋白具有不同的生物学特性和功能特性。因此，乳清蛋白被用于生产各种产品，如婴幼儿食品、运动员营养产品、为控制肥胖量身定做的专门产品、情绪控制和其他临床上使用的蛋白补充剂（如供肠道紊乱使用）等[1]。

乳清中的生物活性肽是各种奶制品中研究最多的一类化合物。来自奶中的生物活性肽主要根据其生物活性分为以下几类：抗高血压肽、抗氧化肽、免疫调节肽、抗诱变肽、抗菌肽、阿片肽、抗血栓肽、抗肥胖肽以及矿物结合肽。这些活性肽是在发酵和胃肠道消化过程中通过酶的水解反应产生的，因此发酵乳制品如酸奶、奶酪和酪奶在世界范围内越来越受欢迎，被认为是极好的乳源肽补充剂。此外，已有研究表明这些奶制品与降低高血压、凝血病、中风和癌症的风险具有一定相关性[2]。

## 2 历史背景

从历史上看，乳清被认为是治疗胃肠疾病以及关节和韧带问题等所有常见疾病的良药。来自冰岛的食品专家 Nanna Rognvaldardottir 将乳清（在冰岛也叫 syra）描述为储存在桶里的发酵液体。

饮用乳清之前，需要先用水稀释。此外乳清也用来腌泡或保存肉类和其他食物。乳清是冰岛人最常见的饮料，由于冰岛地区缺少谷物，人们用它来代替爱尔啤酒[3]。

## 3 乳清成分

乳清中具有保健功能的成分主要包括 β-乳球蛋白，α-乳清蛋白，牛血清白蛋白（BSA），乳铁蛋白，免疫球蛋白，乳过氧化物酶，糖巨肽，乳糖以及矿物质。液体乳清的成分也与乳源有关，例如，从酪奶得到的乳清比从奶酪生产得到的乳清含有更多的鞘磷脂。乳清是一种很受欢迎的膳食蛋白质补充剂，这种蛋白以其具有抗菌活性，免疫调节，增强肌肉力量和调节机体组分的功能而为人们所称道。此外，乳清还被认为有预防心血管疾病和骨质疏松症的作用。

附表 A1 介绍了各类不同的乳清的营养成分（甜乳清和超滤乳清），附表 A2 则着重介绍了乳清的特性。

### 3.1 β-乳球蛋白

β-乳球蛋白约占牛奶乳清蛋白含量的一半，它是必需氨基酸和支链氨基酸的一个来源，但在人奶中却没有这种蛋白。在 β-乳球蛋白结构中存在一种视黄醇结合蛋白（是包括视黄酸在内的疏水小分子的载体蛋白）。该蛋白具有调节淋巴细胞应答的能力[4,5]。它还具有与脂肪酸等疏水基团结合的性质。

最近，Le Maux 等人证明 β-乳球蛋白可以作为载体分子改变亚油酸酯和亚油酸的生物利用率[6]。它还能抵抗胃和模拟十二指肠消化，也可用作保护不稳定疏水性药物通过胃部的载体。因而，它很有可能可用作酸性敏感药物通过胃的保护性载体[7]。

## 3.2 α-乳清蛋白

据报道 α-乳清蛋白是乳清中含量第二多的蛋白质，大约占乳清蛋白总含量的 20%（w/w），该蛋白完全在乳腺中合成。它对 Caco-2 和 HT-29 等人类腺癌细胞系具有显著的抗增殖作用[8]。此外，α-乳清蛋白还能杀死肿瘤细胞，杀灭上呼吸道系统细菌的作用并对胃黏膜具有保护作用。

由于 α-乳清蛋白能够抑制细胞分裂，因此在降低某些癌症的风险方面也起着至关重要的作用[9]。另一项研究表明 α-乳清蛋白对治疗认知能力衰退方面也有一定效果，这是由于其色氨酸含量高增加了血浆中色氨酸与中性氨基酸的比率[10]。

## 3.3 牛血清白蛋白

牛血清白蛋白不是在乳腺中产生的，而是从血液被动渗漏进入乳汁中，再从乳中分泌出来。牛血清白蛋白最重要的特性是能与各种配体可逆结合。它是脂肪酸的主要载体，可以结合游离脂肪酸和其他脂类以及风味化合物[11]，然而这种性质在加热变性时会受损。牛血清白蛋白对自身分泌的生长调节因子的活性具有调节作用，所以也能抑制肿瘤生长[12]。

牛血清白蛋白还与人体内储存的脂肪酸结合，因而它也参与脂质合成[13]。此外牛血清白蛋白还具有抗氧化活性[14]。

牛血清白蛋白含有所有主要必需氨基酸，其药用潜力在很大程度上仍未很好的开发。

## 3.4 乳铁蛋白

乳铁蛋白是一种存在于常乳和初乳乳清中的铁结合糖蛋白。它是一种非酶的抗氧化剂，由大约 689 个氨基酸残基组成[15]。已有研究表明人乳和人初乳中的乳铁蛋白的浓度分别为 2mg/mL 和 7mg/mL，而牛乳和牛初乳中分别为 0.2mg/mL 和 1.5mg/mL[16]。乳铁蛋白是人乳中乳清蛋白的一种主要成分。

乳铁蛋白也是一种重要的宿主防御分子，具有抗菌、抗病毒、免疫调节和抗氧化等一系列生理功能。多项科学研究表明，口服乳铁蛋白，可对人和动物产生抗感染、抗癌和抗炎等多种有益的健康作用。因此，乳铁蛋白有望作为食品添加剂被使用[17]。

## 3.5 免疫球蛋白

免疫球蛋白是抗体，化学上为 γ-球蛋白。乳清中含有大量的免疫球蛋白，占乳清总蛋白的 10%~15%。已有大量研究表明免疫球蛋白具有重要的生物学特性并有一定的药用潜力。

在一项体外研究中，极低浓度的牛乳免疫球蛋白 G（0.3mg/mL）即可抑制人体淋巴细胞对 T 细胞的增殖反应。进一步研究表明牛乳中免疫球蛋白 G 浓度介于 0.6~0.9mg/mL，因而可以将其免疫力传给人类[18]。以前的研究表明，未经巴氏杀菌的牛奶中含有针对人类的轮状病毒、大肠杆菌（E. coli）、肠炎沙门氏菌（Salmonella enteriditis）、鼠伤寒沙门氏菌（S. typhimurium）和福氏志贺菌（Shigella flexneri）的特异性抗体[19]。

如今，从牛初乳乳清中提取的免疫球蛋白商品制剂已经在市场上广泛使用，可作为饲料添加剂或新生家畜代乳料补充剂在市场上销售[20]。

但对于这些非特异性免疫球蛋白产品，很少有研究报道其在防感染方面的功效，而且在不同动物试验中其治疗胃肠道感染的功效差异较大[21]。

然而 Hilper 等介绍了一种利用特异性抗体对奶牛进行免疫来生产"超免疫牛奶"，再利用这种牛奶制备乳清蛋白浓缩物用于给年幼动物防病[22]。

越来越多的临床对照实验研究表明口服含有高效价特异性抗体的免疫乳制剂能够对人体提供有效的保护，并且在一定程度上对人类胃肠道感染也有治疗效果[23,24]。

## 3.6 乳过氧化物酶

乳清中含有多种酶，如乳过氧化物酶、水解酶、转移酶、裂解酶、蛋白酶和脂肪酶。乳过氧化物酶占乳清总蛋白含量的 0.25%~0.5%。乳过氧化物酶是乳清中一种重要的酶，是凝乳过程后乳清中含量最多的一种酶。这种酶能催化某些分子和过氧化氢的还原反应。这种酶系统能够催化硫氰酸盐和一些卤化物（如碘和溴）的过氧化反应，最后产生能抑制或杀死多种细菌的产物。乳过氧化物酶的耐热性较好，在巴氏杀菌过程中不被灭活，因而可作为一种热稳定防腐剂使用。

这种酶的生物学意义在于它是一个抵御微生物入侵的天然保护系统。除了具有抗病毒作用外，乳过氧化物酶还能保护动物细胞免受各种损伤和过氧化作用的影响[25]。

乳过氧化物酶也能对新生儿消化系统的病原体微生物起到防御作用。乳过氧化物酶以哺乳动物的非免疫生物防御系统的方式发挥作用，这种酶可以催化氧化硫氰酸根离子生成具有抗菌效果的次硫氰酸根离子[26]。此外，另一项研究表明，经流感病毒感染的小鼠口服乳过氧化物酶不仅可以减轻肺炎，还可以抑制肺部炎症细胞的浸润[27]。

因此乳过氧化物酶的一个主要用途是作为抗感染性微生物的保护因子。

### 3.7 糖巨肽

糖巨肽也被称为酪蛋白巨肽（CMP），占乳清蛋白总量的 10%~15%，它是在奶酪制作过程中由凝乳酶降解酪蛋白而产生的。糖巨肽中含有大量的支链氨基酸，但缺少苯丙氨酸、色氨酸和酪氨酸这类芳香族氨基酸。由于糖巨肽中缺乏苯丙氨酸[28]，因而可以安全地应用于苯丙酮尿症（PKU）患者。

糖巨肽能够抑制胃酸分泌，改变消化调节肽的血液浓度。同时糖巨肽能够通过诱导胆囊收缩素释放导致产生饱腹感，但是在人服用糖巨肽的试验中，没有观察到类似的结果[29]。糖巨肽的另一个作用是抑制致龋细菌如变形链球菌等（Streptococcus mutans、Sanguis 和 Sobrinus）对口腔表面的粘附，从而可以改变牙菌斑细菌的组成并控制其产酸，进而减少牙釉质的去矿化，促进再矿化。糖巨肽也是 n-乙酰-necromatic acid 的来源之一，摄入糖巨肽可以增加唾液中唾液酸的含量，从而影响唾液的黏度和保护功能[4]。

### 3.8 溶菌酶

溶菌酶是一种广泛分布于自然界的水解酶，存在于活体生物的多种体液和组织中[30]。眼泪和蛋清蛋白中的溶菌酶浓度最高，此外人乳中也存在较多溶菌酶。这种酶只对革兰氏阳性菌有抗菌活性。

这种酶用途非常广泛，可以作为食品添加剂，也可用于医学诊断、人药和兽药中。此外，溶菌酶也用于治疗细菌和病毒感染、皮肤和眼科疾病、牙周炎、白血病和癌症[31,32]。

### 3.9 蛋白胨组分 3

蛋白胨组分 3 是牛奶在高温加热再酸化至 pH 值 4.7 后留在乳清中的蛋白组分。蛋白胨组分 3 仅存在于除了人奶之外的其他乳源的乳清中，该类组分是在脱脂牛奶发酵过程中产生的，这类组分可以提高人杂交瘤细胞单克隆抗体的生成量[33]。

## 4 乳清的治疗作用

### 4.1 抗菌性

牛奶乳清也称为奶酪乳清，含有多种具有一些重要抗菌和抗病毒特性的特殊组分。这些组分包括：免疫球蛋白、乳铁蛋白、乳过氧化物酶、糖巨肽和鞘酯类。这些组分通过胃和小肠后均能保留活性，并可以在大肠中进一步发挥生物学作用。在肠道中提供抗菌作用的重要乳清成分主要是免疫球蛋白 G、免疫球蛋白 M、免疫球蛋白 A

等这类免疫球蛋白。免疫球蛋白 G 能与艰难梭菌（Clostridium difficile）产生的毒素结合，从而减轻腹泻、脱水和肌肉疼痛等症状。糖巨肽可以抑制霍乱毒素与肠道内受体的结合。

乳铁蛋白是一种存在于乳清中具有抗菌性能的铁结合蛋白。它可以夺走细菌的铁[34]。由于病原体代谢生长对铁元素需求量很大，因而乳铁蛋白的这种特性使其具有广泛的抗菌性。乳酸菌可以利用乳铁蛋白结合铁，这样使乳铁蛋白既能抑制病原菌，又能支持乳酸菌的生长。

此外，乳铁蛋白还具有明显的抗病毒活性。它可以直接与特定的病毒病原体相互作用，从而抑制病毒复制并抑制其附着在结肠上皮细胞的能力。乳铁蛋白也可以通过免疫调节作用对病毒产生抑制作用。

另一种来自乳清的重要蛋白质组分是乳过氧化物酶，它具有很强的抗微生物活性。这种酶能够催化硫氰酸盐氧化成次硫氰酸根离子。次硫氰酸根离子是一种强氧化剂。这种离子能破坏细菌细胞膜，因此，这种"乳过氧化物酶体系"可用于保存牛奶。源自乳清的磷脂如鞘磷脂在胃肠道中代谢并产生鞘氨醇和溶血神经鞘磷脂。这些化合物在体外具有强大的杀菌能力。

乳酪乳清很便宜，被用作芽孢杆菌属（Bacillus sp.P11）的培养基来生产细菌素[35]，细菌素是由乳酸菌产生的抗菌肽。

有人也研究了乳铁蛋白、α-乳白蛋白和 β-乳球蛋白这 3 种蛋白抵抗人类免疫缺陷病毒 1 型（HIV-1）的活性[36]。特别是，β-乳球蛋白有可能用作预防生殖器疱疹病毒感染和艾滋病毒传播的制剂。乳铁蛋白和乳铁素对许多种类的微生物，包括革兰氏阴性菌、革兰氏阳性菌、酵母菌、真菌和寄生原生动物等均具有抑制活性的作用[37]。此外，这类组分还能抑制食源性病原体，如大肠杆菌和单核增生李斯特菌[38]的生长。

乳铁蛋白也具有抗病毒能力，对 HIV、人巨细胞病毒（HCMV）、疱疹病毒、人乳头瘤病毒（HPV）、甲型流感病毒和乙型、丙型、庚型肝炎病毒等病毒都有作用。总的来说，乳清蛋白能激活免疫细胞和防止感染。这类蛋白有希望用于治疗儿童常见的轮状病毒性腹泻[39]。乳过氧化物酶的天然抗菌作用被用于一系列口腔保健产品的开发、防止和治疗口干症。因此，补充乳清蛋白浓缩物可以减少相关合并感染的发生[40]。

## 4.2 抗癌性

一些奶酪乳清成分具有抗癌特性。乳清蛋白中含有大量含硫氨基酸，包括半胱氨酸和蛋氨酸。半胱氨酸和蛋氨酸被用来合成谷胱甘肽。谷胱甘肽是催化解毒化合物以及结合诱变剂和致癌物的两类酶的底物，从而利于将这些有害物质排出体外。乳铁蛋白在预防结肠癌方面还有另一个优点，它能与铁结合，可以诱导肿瘤细胞凋亡，因此可以用作治疗结肠癌的辅助制剂。

鞘磷脂是乳清中含量最高的鞘脂之一，也具有抑制结肠癌的潜力。鞘磷脂还调节生长因子受体，例如转化生长因子β家族（TGF-β）。TGF-β是具有多种功能的生长因子家族，可通过抑制增殖、诱导分化和凋亡来调节正常细胞和肿瘤细胞的生长。TGF-β不被酶水解，经过胃部后活性不受影响，在结肠仍有生物活性。

几项以动物实验为基础的科学研究表明，牛乳铁蛋白（BLF）对多种癌症有疗效[41]，包括结肠癌[42]。除此之外，牛乳铁蛋白的铁结合能力也与其抗癌活性有关。有人提出的机制是游离铁通过诱导核酸结构的氧化损伤，可以作为诱变启动子；因此，当牛乳铁蛋白与组织中的铁结合时，可以降低氧化诱发癌和结肠腺癌的风险。此外也有关于肺癌、膀胱癌、舌癌和食道癌等其他癌症的研究，也得到类似的结果[42,43]。

## 4.3 免疫增强剂

从乳清中浓缩的免疫球蛋白G、乳过氧化物酶和乳铁蛋白参与宿主免疫。免疫球蛋白G与细菌毒素结合并降低大肠中的细菌总量。由于乳过氧化物酶和乳铁蛋白对病原微生物具有较强的抗菌性，因而在膳食中补充这两类组分在宿主免疫中能起到重要作用。因此，在日常饮食中补充来自乳清的佐剂能改变肠道菌群的平衡并有助于增强免疫力。由于钙对益生菌有促进作用，对巨噬细胞、中性粒细胞和其他种类的白细胞有影响，所以也列为免疫调节矿物质。

由于乳铁蛋白是人体免疫系统的一种天然组分，存在于包括唾液在内的人体黏液中，所以它也具有免疫调节功能。

TGFs在常乳和初乳中含量均较高，分别为1~2mg/L和20~40mg/L，对新生动物的胃肠道完整性起着重要作用。TGF-β2位于肠绒毛顶部附近，作为体内先天免疫的一部分，它可抑制中性粒细胞的增殖和信号传导。

在免疫系统受到刺激时牛乳铁蛋白可以增加巨噬细胞活性，引发炎症因子的诱导反应，包括白细胞介素、肿瘤坏死因子和一氧化氮的诱导，刺激淋巴细胞增殖，并进一步激活单核细胞、自然杀伤细胞和中性粒细胞[44]。

## 4.4 益生元性能

乳清中有些碳水化合物成分具有益生元活性。乳糖可支持乳酸菌的生长（如双歧杆菌和乳酸杆菌）。石竹酸（一种乳清中常见的低聚糖）通常与具有益生元活性的蛋白质相结合。此外，来自乳清的其他3种非碳水化合物益生元分别是：①糖巨肽，它是干酪生产过程中κ-酪蛋白被酶部分水解的产物，是一种双歧杆菌的益生元；②乳铁蛋白，这种蛋白可以支持双歧杆菌和乳酸杆菌的生长；③矿物质——以磷酸钙的形式存在的钙离子。钙可选择性刺激大鼠肠道乳酸杆菌的生长并可降低沙门氏菌感染的严重程度[45]。

## 4.5 抗炎症作用

乳清蛋白有抗高血压作用，这是其对炎症和肾上腺素-血管紧张素系统（RAS）有作用的结果。血管紧张素转换酶（ACE）抑制剂具有抗炎症特性[46]。在一项研究中发现，与服用相同量的酪蛋白相比，服用乳清蛋白使血浆炎症细胞因子的水平降低（IL-1β：59%，IL-6：29%）。因此，促炎症细胞因子减少也可能与服用乳清蛋白及其氨基酸后体重减轻有关[47]。

## 4.6 心血管及相关疾病

心血管疾病（CVD）与许多因素有关，如年龄、基因组成、肥胖、久坐不动的生活方式、饮酒和膳食脂肪的质量。牛奶含有超过12种不同类型的脂肪，包括鞘脂、游离甾醇、胆固醇和油酸。一些研究表明，摄入牛奶和奶制品可以降低血压，并降低患高血压的风险[48]。

有项研究观察了在发酵奶（干酪乳杆菌和嗜热链球菌）中添加乳清蛋白浓缩物对20名健康成年男性血清脂质和血压的影响[49]。在8周的时间里，志愿者们早晚分别饮用200mL含乳清蛋白浓缩物的发酵牛奶或安慰剂。安慰剂是一种不添加乳清浓缩蛋白的非发酵奶制品。8周后，发酵乳组的高密度脂蛋白（HDLs）明显高于安慰剂组，甘油三酯和收缩压明显低于安慰剂组。

另一项研究目的是观察膳食中补充乳清蛋白对超重和肥胖绝经后妇女（这类人群极易患心血管疾病）的脂质、葡萄糖和胰岛素以及静息能量消耗的即刻效应。研究结果表明，与葡萄糖和酪蛋白餐相比，服用一个剂量的乳清蛋白可以使绝经后超重或肥胖女性餐后动脉中富含甘油三酯的低密度脂蛋白微粒水平降低[50]。

## 4.7 肠胃健康

乳清蛋白对胃粘膜损伤有治疗作用，这一效应是由于乳清蛋白中半胱氨酸的巯基可以与谷氨酸作用生成谷胱甘肽。Rosaneli等[51]在一项研究中观察到，当老鼠被喂食乳清蛋白浓缩物后，其因摄入乙醇而导致的溃疡发生率减少了41%，重复摄入乳清后溃疡发生率减少73%[52]。

乳清蛋白在体内吸收比酪蛋白快。以天然胶束存在的酪蛋白吸收率较低的原因在于胃的低pH值环境导致酪蛋白在胃中发生凝结并延迟胃排空[53]。因此，血浆氨基酸含量在摄入乳清蛋白后上升更快；而在摄入酪蛋白胶束后，血浆氨基酸上升较慢，更持久。因此，通过水解处理乳清蛋白或酪蛋白组分可以显著影响这些蛋白的吸收率以及随后的血浆氨基酸变化情况。

## 4.8 运动员的体能和表现

一些研究表明乳清蛋白对运动员有巨大的营养保健潜力。乳清蛋白常被称为黄金标准或快速吸收蛋白质，因为乳清蛋白特别能给肌肉提供营养。这是由于乳清蛋白易溶解、易消化、吸收率高等因素造成的。乳清蛋白含有日常饮食中所需的所有必需氨基酸，并且氨基酸比例很合理，可以帮助改善机体组分，提高运动成绩。

乳清蛋白中含有丰富的支链氨基酸，这对运动员很重要，因为这些支链氨基酸在肌肉组织代谢、修复和重建肌肉组织中起着重要作用。乳清蛋白是亮氨酸（一种必需氨基酸）的优质来源，亮氨酸在促进运动员肌肉蛋白合成和肌肉生长方面起着关键作用。据报道，乳清蛋白分离物中亮氨酸含量大约比大豆蛋白分离物多50%。乳清蛋白可增加体内谷胱甘肽的水平，有助于维持人体免疫系统的健康[4]。

## 4.9 控制肥胖

许多研究已经证明乳清蛋白有助于控制体重和控制肥胖。其机制是乳清蛋白对控制食欲和饥饿感的激素会产生一定影响[54]。高蛋白饮食使人有更大的饱腹感，因而能减少能量摄入，肥胖也随之减少。研究发现，在减肥方面，乳清蛋白甚至比红肉更有效，此外乳清蛋白还能增加人体胰岛素的敏感性。有人提出乳清蛋白控制体重的另一个机制是，饮食中富含α-乳白蛋白可以提高脂质氧化并迅速提供运动中所需要的氨基酸，从而减轻肥胖程度[55]。此外，钙离子也会对能量代谢产生影响，因为它能调节脂肪细胞脂质代谢和甘油三酯的储存。这已经得到了Zemel等[56]的实验支持，该研究团队证明来源于奶制品的钙比非奶制品的钙对改善体成分有更大的作用。

## 4.10 预防人类免疫缺陷病毒

研究表明，感染艾滋病毒的人会表现出谷胱甘肽缺乏。补充乳清可以提高谷胱甘肽的水平，并有助于增强宿主的免疫防御机制。

Mick等对30名人类免疫缺陷病毒感染者进行了研究[57]。研究对象被随机分成两组，每天各服用一个剂量45g的Protectamin®或Immunocal的乳清蛋白。这是两种具有不同氨基酸组成的商业化产品。口服补充乳清蛋白实验持续两周。两周后服用Protectamin®产品组谷胱甘肽水平显著升高，而服用Immunocal产品组则无显著升高。这些结果清楚地表明，补充高水平的乳清蛋白可以对艾滋病毒患者提供保护。

## 4.11 糖尿病

大量研究证明，乳清蛋白有助于控制血糖水平且对控制体重也有一定效果，这是2型糖尿病主要关注的问题[58]。因此，乳清蛋白是适合糖尿病患者使用的高生物学价值优质蛋白质。此外，与胶束状的酪蛋白相比，摄入乳清蛋白后胰岛素分泌更快[52]。

## 4.12 控制食欲

早前有人提到乳清饮料可以调节体重，帮助控制肥胖。这是由于在体内消化时从乳清蛋白中释放出一些氨基酸，这些氨基酸也会刺激包括胰岛素在内的激素的释放。胰岛素的分泌通过调节血糖反应和抑制食欲直接影响食物的摄入，从而减轻体重。其他一些激素也参与了食欲抑制，有的激素是直接作用于下丘脑，如胃饥饿素，有的激素是间接作用于迷走神经，如胆囊收缩素（CCK）和YY肽（PYY）[59]。糖巨肽是胆囊收缩素的强力刺激剂，胆囊收缩素是一种抑制食欲的激素，对胃肠功能包括调控食物的摄入有重要作用。关于糖巨肽和胆囊收缩素对食欲的抑制作用仍需进行进一步研究[60]。

## 4.13 衰老

大量研究表明，乳清蛋白饮料在延缓衰老过程中起着重要作用。在衰老过程中，骨骼肌会持续而缓慢地退化（骨骼肌减少症）。老年人群的骨骼肌已经基本受损并被抑制。乳清蛋白富含必需氨基酸，有助于改善骨骼肌的合成代谢。服用乳清蛋白使餐后血浆氨基酸含量增加从而刺激肌肉蛋白的合成[61]。乳清蛋白含有的谷胱甘肽是一种重要的抗氧化剂，可参与维持在运动和衰老过程中产生氧化损伤的肌肉组织的功能和结构完整性。

## 4.14 创伤修复

伤口愈合包括利用蛋白质和其氨基酸长出新皮的过程。当摄入蛋白质不足或饮食中低质蛋白（如明胶）含量高时，愈合过程就会延迟。乳清蛋白由优质蛋白组成，因此在手术后或烧伤治疗后医生经常会推荐病人食用乳清蛋白[4]。

# 5 发酵乳清的治疗作用

通过发酵可以进一步改善乳清的治疗潜力和功能特性[62]。在益生菌发酵过程中，必需氨基酸和可消化氨基酸的比例显著增加，使这些发酵奶制品成为腹泻等疾病的理想营养补充物[63]。并且由于微生物在发酵代谢过程中生成了各种各样的化合物，包括风味物质和酸类，因而相比非发酵产品，发酵提高了产品的可口性和消费者的接受度。发酵过程中产生的有机酸具有很大的保健作用。这些有机酸由乳清中的蛋白质和碳水化合物在发酵过程中产生，主要是一些短链脂肪酸，如乙酸、柠檬酸和乳酸等。这些有机酸具有抗菌特性，特别是对肠道中的大肠杆菌具有良好的抗菌作用。有机酸有助于降低肠道的pH值，促进胆汁的分泌、营养的吸收，并且还能降低肠道中病原菌的水平。这些短链脂肪酸可用于治疗腹泻促进结肠中水和电解质吸收[64]。

在一项对大鼠的研究中，日粮中的钙，尤其是磷酸钙对于肠道乳酸杆菌的生长具有选择性促进作用，还降低了沙门氏菌感染的严重程度[65]。

另一项体外研究结果表明，嗜酸乳杆菌约氏亚种［*Lactobacillus acidophilus* subsp. johnsonii（La1）］能够有效抑制幽门螺杆菌的生长。该研究结果是用氢气呼吸实验来证明的。让一些志愿者服用嗜酸乳杆菌（约氏亚种）发酵的乳清饮料，再进行氢气呼吸实验，发现其检测值明显下降[66]。

## 6  乳清益生菌产品

近年来，世界各地的消费者奶制品消费意识越来越强。含有乳酸菌组和双歧杆菌组菌株的益生菌奶制品受到人们的普遍喜爱。发酵乳清等发酵乳制品因其营养丰富、解渴、酸度低、热量低而更受消费者青睐。由于乳制品很容易腐败变质，在储藏期间容易受到微生物污染而变质。所以现在液体乳清一般通过喷雾干燥、蒸发、超滤或反渗透等方式进行浓缩，从而延长其保质期。

此外，这些发酵乳清饮料还可以再用益生菌进行进一步强化以提高其保健性能，并赋予产品独特的质地和风味。目前市场上已有一些用乳清生产的益生菌产品，例如：Yakult 和 Sofyl（由养乐多制造），Chamyto（由雀巢制造），Activia、Actimel、Danito（由达能制造），Vigor-Club（由威戈制造）[67]。

生产乳清饮料最常见的方法是在奶酪生产过程中除去多余的乳清。液体乳清经过过滤、巴氏消毒，然后用所需的益生菌菌株进行发酵。人们普遍觉得甜乳清（用凝乳酶制备奶酪过程中排除的乳清）比酸凝乳清（酸凝制备奶酪过程中排出的乳清）更美味。通过酶凝乳过程得到的乳清更清澈，因而在长期储存期间不会沉淀。这种乳清也叫脱蛋白乳清。这些由甜乳清制得的饮料由于粘度低，也很容易像软饮料一样进行碳酸化[68]。

在一项研究中，给腹泻儿童服用强化了嗜酸乳杆菌的乳清饮料，发现有良好的效果[69]。

必须指出的是乳清饮料应该只用足够数量的特定活性益生菌进行强化，并经检验验证后用适当的标签标示以确保其治疗效果[70]。

## 7  结论

综上所述，乳清具有很强的治疗特性，如抗菌、抗癌、增强免疫、益生元活性、抗炎特性，对心血管、胃肠健康，对增强体能、控制体重和肥胖，对人类免疫缺陷、糖尿病、抑制食欲、衰老、伤口愈合等均有很好的治疗作用。目前市场上已经存在一些乳清益生菌产品，这些产品都可以被看作类似于 Kefir 酸奶、酸乳、冷冻酸奶这类具有促进健康作用的食品。

# 附录 A

### 表 A1　干酪乳清的营养含量（干物质基础）

| 营养含量 | 甜乳清（%） | 乳清滤液（%） |
| --- | --- | --- |
| 总氮（TN） | 1.300 | 0.260 |
| 非蛋白氮（NPN） | 0.340 | 0.240 |
| 钙 | 0.058 | 0.055 |
| 磷 | 0.052 | 0.045 |
| 泌乳净能（Mcal/磅） | 0.900 | 0.850 |
| 总消化能（Mcal/磅） | 1.860 | 1.700 |

### 表 A2　乳清的特性

| 特性和化学成分 | 甜乳清（%） | 乳清滤液（%） |
| --- | --- | --- |
| 比重（kg/l） | 1.025 | 1.030 |
| pH 值 | 6.400 | 6.550 |
| 可滴定酸度 | 0.050 | 0.089 |
| 水（%） | 91.950 | 94.450 |
| 干物质（%） | 8.050 | 5.550 |
| -非脂固体（%） | 7.550 | 5.550 |
| -脂肪（%） | 0.500 | 0.000 |
| 粗蛋白（%） | 1.100 | 0.250 |
| 可溶性碳水化合物（%） | 5.200 | 4.900 |
| 总灰分（%） | 0.520 | 0.500 |

# 参考文献

[1] Yalcin, A. S. Emerging therapeutic potential of whey proteins and peptides. *Curr. Pharm. Des.* 2006, 12: 637-1643.

[2] Sultan, S.; Huma, N.; Butt, M. S.; Aleem, M.; Abbas, M. Therapeutic potential of dairy bioactive peptides: Contemporary Perspectives. *Crit. Rev. Food Sci. Nutr.* 2016.

[3] Rognvaldardottir, N. *Icelandic Food and Cookery*; Hippocrene Books: New York, NY, USA, 2001.

[4] Gupta, C.; Prakash, D.; Garg, A. P.; Gupta, S. Whey Proteins: A novel source of Bioceuticals. *Mid. East J. ci. Res.* 2012, 12: 365-375.

[5] Yolken, R. H.; Losonsky, G. A.; Vonderfecht, S.; Leister, F.; Wee, S. B. Antibody to human rotavirus in cow's ilk. *N. Engl. J. Med.* 1985, 312: 605-610.

[6] Le Maux, S.; Giblin, L.; Croguennec, T.; Bouhallab, S.; Brodkorb, A. β-Lactoglobulin as a molecular carrier f linoleate: Characterization and effects on intestinal epithelial cells in vitro. *J. Agric. Food Chem.* 2012, 60: 476-9483.

[7] Mehraban, M. H.; Yousefi, R.; Taheri-Kafrani, A.; Panahi, F.; Khalafi-Nezhad, A. Binding study of novel nti-diabetic pyrimidine fused heterocycles to β-lactoglobulin as a carrier protein. *Coll. Surf. B Biointerfaces* 013, 112: 374-379.

[8] Bruck, W. M.; Gibson, G. R.; Bruck, T. B. The effect of proteolysis on the induction of cell death by monomeric lpha-lactalbumin. *Biochimie* 2014, 97: 138-143.

[9] Ganjam, L. S.; Thornton, W. H.; Marshall, R. T.; MacDonald, R. S. Antiproliferative effects of yoghurt fractions btained by membrane dialysis on cultured mammalian intestinal cells. *J. Dairy Sci.* 1997, 80: 2325-2339.

[10] Markus, C. R.; Olivier, B.; de Haan, E. H. Whey protein rich in a-lactalbumin increases the ratio of plasma ryptophan to the sum of the other large neutral amino acids and improves cognitive performance in tress-vulnerable subjects. *Am. J. Clin. Nutr.* 2002, 75: 1051-1056.

[11] Huang, B. X.; Kim, H.; Dass, C. Probing three-dimensional structure of bovine serum albumin by chemical ross-linking and mass spectrometry. *J. Am. Soc. Mass Spectrom.* 2004, 15: 1237-1247.

[12] Laursen, I.; Briand, P.; Lykkesfeldt, A. E. Serum albumin as a modulator of the human breast cancer cell line CF-7. *Anticancer Res.* 1990, 10: 343-352.

[13] Choi, J. K.; Ho, J.; Curry, S.; Qin, D.; Bittman, R.; Hamilton, J. A. Interactions ofvery long chain saturated fatty cids with serum albumin. *J. Lipid Res.* 2002, 43: 1000-1010.

[14] Tong, L. M.; Sasaki, S.; McClements, D. J.; Decker, E. A. Mechanisms of the antioxidant activity of a high olecular weight fraction of hey. *J. Agric. Food Chem.* 2000, 48, 1473-1478.

[15] Pierce, A.; Colavizza, D.; Benaissa, M.; Maes, P.; Tartar, A.; Montreuil, J.; Spik, G. Molecular cloning and equence analysis of bovine lactotransferrin. *Eur. J. Biochem.* 1991, 196: 177-184.

[16] Levay, P. F.; Viljoen, M. Lactoferrin: A general review. *Haematologica* 1995, 80: 252-267.

[17] El-Loly, M. M.; Mahfouz, M. B. Lactoferrin in Relation to Biological Functions and Applications: A Review. *nt. J. Dairy Sci.* 2011, 6: 79-111.

[18] El-Loly, M. M. Identification and Quantification of Whey Immunoglobulins by Reversed Phase

hromatography. *Int. J. Dairy Sci.* 2007, 2: 268-274.

[19] Losso, J. N. ; Dhar, J. ; Kummer, A. ; Li-Chan, E. ; Nakai, S. Detection of antibody specificity of raw bovine and uman milk to bacterial lipopolysaccharides using PCFIA. *Food Agric. Immunol.* 1993, 5: 231-239.

[20] Scammell, A. W. Production and uses of colostrum. *Aust. J. Dairy Technol.* 2001, 56, 74-82.

[21] Garry, F. B. ; Adams, R. ; Cattell, M. B. ; Dinsmore, R. P. Comparison of passive immunoglobulin transfer to airy calves fed colostrum or commercially available colostral supplement products. *JAVMA* 1996, 208, 07-110.

[22] Hilpert, H. ; Brussow, H. ; Mietens, C. ; Sidoti, J. ; Lerner, L. ; Werchau, H. Use of bovine milk concentrate ontaining antibody to rotavirus to treat rotavirus gastroenteritis in infants. *J. Infect. Dis.* 1987, 156: 158-166.

[23] Korhonen, H. ; Marnila, P. ; Gill, H. S. Milk immunoglobulins and complement factors. *Br. J. Nutr.* 2000, 84: 75-S80.

[24] Lilius, E. M. ; Marnila, P. The role of colostral antibodies in prevention of microbial infections. *Curr. Opin. nfect. Dis.* 2001, 14: 295-300.

[25] De Wit, J. N. ; van Hooydonk, A. C. M. Structure, functions and applications of lactoperoxidase in natural ntimicrobial systems. *Neth. ilk Dairy J.* 1996, 50: 227-244.

[26] Reiter, B. ; Perraudin, J. P. Lactoperoxidase, Biological Functions. In *Peroxidases in Chemistry and Biology*; verse, J. , Everse, K. E. , Grisham, M. B. , Eds. ; CRC Press: Boca Raton, FL, USA, 1991; pp. 144-180.

[27] Shin, K. ; Wakabayashi, H. ; Yamauchi, K. ; Teraguchi, S. ; Tamura, Y. ; Kurokawa, M. ; Shiraki, K. Effects of orally dministered bovine lactoferrin and lactoperoxidase on influenza virus infection in mice. *J. Med. Microbiol.* 005, 54: 717-723.

[28] Marshall, K. Therapeutic applications of whey protein. *Altern. Med. Rev.* 2004, 9: 136-156.

[29] Gustafson, D. R. ; McMahon, D. J. ; Morrey, J. ; Nan, R. Appetite is not influenced by a unique milk peptide: aseinomacropeptide (CMP). *Appetite* 2001, 36: 157-163.

[30] Fox, P. F. ; Kelly, A. L. Indigenous enzymes in milk: Overview and historical aspects-Part 2. *Int. Dairy J.* 2006, 6: 517-532.

[31] Lesnierowsk, G. New manners of physical-chemical modification of lysozyme. *Nauka Przyr. Technol.* 2009, 3: 1-18.

[32] Benkerroum, N. Antimicrobial activity of lysozyme with special relevance to milk. *Afr. J. Biotechnol.* 2008, 7: 856-4867.

[33] Krissansen, G. W. Emerging health properties of whey proteins and their clinical implications. *J. Am. oll. Nutr.* 2007, 26: 713-723.

[34] Troost, F. J. ; Steijns, J. ; Saris, W. H. ; Brummer, R. J. Gastric digestion of bovine lactoferrin in vivo in adults. . *Nutr.* 2001, 131: 2101-2104.

[35] Leães, F. L. ; Vanin, N. G. ; Sant'Anna, V. ; Brandelli, A. Use of Byproducts of Food Industry for Production of ntimicrobial Activity by Bacillus sp. P11. *Food Bioprocess Technol.*

2010, 4: 822-828.

[36] Chatterton, D. E. W.; Smithers, G.; Roupas, P.; Brodkrob, A. Bioactivity ofβ-lactoglobulin and-lactalbumin-technological implications for processing. *Int. Dairy J.* 2006, 16: 1229-1240.

[37] Takakura, N.; Wakabayashi, H.; Ishibashi, H.; Teraguchi, S.; Tamura, Y.; Yamaguchi, H.; Abe, S. Oral actoferrin treatment of experimental oral candidiasis in mice. *Antimicrob. Agents Chemother.* 2003, 47: 619-2623.

[38] Floris, R.; Recio, I.; Berkhout, B.; Visser, S. Antibacterial and antiviral effects of milk proteins and derivatives hereof. *Curr. Pharm. Des.* 2003, 9: 1257-1275.

[39] Wolber, F. M.; Broomfield, A. M.; Fray, L.; Cross, M. L.; Dey, D. Supplemental dietary whey protein concentrate educes rotavirus-induced disease symptoms in suckling mice. *J. Nutr.* 2005, 135: 1470-1474.

[40] Solak, B. B.; Akin, N. Health benefits of whey protein: A review. *J. Food Sci. Eng.* 2012, 2: 129-137.

[41] Gill, H. S.; Cross, M. L. Anticancer properties of bovine milk. *Br. J. Nutr.* 2000, 84, S161-S166.

[42] Masuda, C.; Wanibushi, H.; Sekine, K.; Yano, Y.; Otani, S.; Kishimoto, T.; Fukushima, S. Chemo-preventive ffect of bovine lactoferrin on N-butyl-N-(4-hydroxybutyl)-nitrosamine-induced bladder carcinogenesis. *pn. J. Cancer Res.* 2000, 91: 582-588.

[43] Tanaka, T.; Kawabata, K.; Kohno, H.; Honjo, S.; Murakami, M.; Ota, T.; Tsuda, H. Chemo-preventive effect f bovine lactoferrin on 4-nitroquinoline 1-oxide induced tongue carcinogenesis in male F344 rats. *Jpn. J. ancer Res.* 2000, 91: 25-33.

[44] Gahr, M.; Speer, C. P.; Damerau, B.; Sawatzki, G. Influence of lactoferrin on the function of human olymorphonuclear leukocytes and monocytes. *J. Leucoc. Biol.* 1991, 49: 427-433.

[45] Kassem, J. M. Future Challenges of Whey Proteins. *Int. J. Dairy Sci.* 2015, 10: 139-159.

[46] Sousa, G. T. D.; Lira, F. S.; Rosa, J. C.; de Oliveira, E. P.; Oyama, L. M.; Santos, R. V.; Pimente, G. D. Dietary whey rotein lessens several risk factors for metabolic diseases: A review. *Lipids Health Dis.* 2012, 11: 67.

[47] Luhovyy, B. L.; Akhavan, T.; Anderson, G. H. Whey proteins in the regulation of food intake and satiety. . *Am. Coll. Nutr.* 2007, 26: 704S-712S.

[48] Groziak, S. M.; Miller, G. D. Natural bioactive substances in milk and colostrum: effects on the arterial blood ressure system. *Br. J. Nutr.* 2000, 84, S119-S125.

[49] Kawase, M.; Hashimoto, H.; Hosoda, M.; Morita, H.; Hosono, A. Effect of administration of fermented milk ontaining whey protein concentrate to rats and healthy men on serum lipids and blood pressure. *J. Dairy Sci.* 000, 83: 255-263.

[50] Pal, S.; Ellis, V.; Ho, S. Acute effects of whey protein isolate on cardiovascular risk fac-

tors in overweight, ost-menopausal women. *Atherosclerosis* 2010, 212: 339-344.

[51] Rosaneli, C. F.; Bighetti, A. E.; Antonio, M. A.; Carvalho, J. E.; Sgarbieri, V. C. Efficacy of a Whey protein oncentrate on the inhibition of stomach ulcerative Lesions caused by ethanol ingestion. *J. Med. Food* 2002, 5: 21-228.

[52] McGregor, R. A.; Poppitt, S. D. Milk protein for improved metabolic health: A review of the evidence. *utr. Metab.* 2013, 10: 46.

[53] Dangin, M.; Boirie, Y.; Garcia-Rodenas, C.; Gachon, P.; Fauquant, J.; Callier, P.; Ballèvre, O.; Beaufrère, B. The igestion rate of protein is an independent regulating factor of postprandial protein retention. *Am. J. Physiol. ndocrinol. Metab.* 2001, 280: E340-E348.

[54] Hall, W. L.; Millward, D. J.; Long, S. J.; Morgan, L. M. Casein and whey exert different effects on plasma amino cid profiles, gastrointestinal hormone secretion and appetite. *Br. J. Nutr.* 2003, 89: 239-248.

[55] Bouthegourd, J. C. J.; Roseau, S. M.; Makarios-Lahham, L.; Leruyet, P. M.; Tome, D. G.; Even, P. C. A preexercise-lactalbumin-enriched whey protein meal preserves lipid oxidation and decreases adiposity in rats. *Am. J. hysiol. Endocrinol. Metab.* 2002, 283: E565-E572.

[56] Zemel, M. B. Mechanisms of dairy modulation of adiposity. *J. Nutr.* 2002, 133: 252-256.

[57] Micke, P.; Beeh, K. M.; Buhl, R. Effects of long-term supplementation with whey proteins on plasma lutathione levels of HIV-infected patients. *Eur. J. Nutr.* 2002, 41: 12-18.

[58] Shankar, J. R.; Bansal, G. K. A study on health benefits of whey proteins. *Int. J. Adv. Biotechnol. Res.* 2013, 4: 5-19.

[59] Jakubowicz, D.; Froy, O. Biochemical and metabolic mechanisms by whichdietary whey protein may combat besity and Type 2 diabetes. *J. Nutr. Biochem.* 2013, 24: 1-5.

[60] Walzem, R. L. *Health Enhancing Properties of Whey Proteins and Whey Fractions*; USA Dairy Export Council: rlington, VA, USA, 1999.

[61] Pennings, B.; Boirie, Y.; Senden, J. M. G.; Gijsen, A. P.; Kuipers, H.; van Loon, L. J. C. Whey protein stimulates ostprandial muscle protein accretion more effectively than do casein and casein hydrolysate in older men. *m. J. Clin. Nutr.* 2011, 93: 997-1005.

[62] Yang, S. T.; Silva, E. M. Novel products and new technologies for use of a familiar carbohydrate, milk lactose. . *Dairy Sci.* 1995, 78: 2541-2562.

[63] Hitchins, A. D.; Mc Donough, F. E. Prophylactic and therapeutic aspects of fermented milk. *Am. J. Clin. Nutr.* 989, 49: 675-684.

[64] Desjeux, J. F. Can mal-absorbed carbohydrates be useful in the treatment of acute diarrhoea? *J. Pediatr. astroenterol. Nutr.* 2000, 31: 503-507.

[65] Bovee-Oudenhoven, I. M.; Wissink, M. L.; Wouters, J. T.; Van der Meer, R. Dietary calcium phosphate stimulates ntestinal lactobacilli and decreases the severity of *Salmonella* infections. *J. Nutr.* 1999, 129: 607-612.

[66] Michetti, P. ; Dorta, G. ; Wiesel, P. H. ; Brassart, D. ; Verdu, E. ; Herranz, M. ; Felley, C. ; Porta, N. ; Rouvet, M. ; lum, A. L. ; et al. Effect of whey based culture supernatant of *Lactobacillus acidophilus* (*johnsonii*) LA1 on the *elicobacter pylori* infection in human. *Digestion* 1999, 60: 203-209.

[67] Katz, F. Active cultures add function to yogurt and other foods. *Food Technol.* 2001, 55: 46-49.

[68] Wilson, T. ; Temple, N. J. *Beverages in Nutrition and Health*; Humana Press: New York, NY, USA, 2004; p. 427, SBN 1-59259-415-8.

[69] Goyal, N. ; Gandhi, D. N. Whey, a Carrier of Probiotics against Diarrhoea. Available online: http://www.airyscience.info/probiotics/110-whey-probiotics.html?showall=1 (accessed on 17 May 2011).

[70] Reid, G. ; Kim, S. O. ; Kohler, G. A. Selecting, testing and understanding probiotic microorganisms. *EMS Immunol. Med. Microbiol.* 2006, 46: 149-157.

# 膳食牛奶鞘磷脂可减轻饮食诱导的肥胖小鼠全身炎症并抑制巨噬细胞中的 LPS 活性

Gregory H. Norris[\*], Caitlin M. Porter[\*], Christina Jiang and Christopher N. Blesso[\*\*]

Department of Nutritional Sciences, University of Connecticut, Storrs, CT 06269, USA; gregory. norris@ uconn. edu （G. H. N.）; caitlin. porter@ uconn. edu （C. M. P.）; christina. jiang@ uconn. edu （C. J.）

**摘要**：高脂肪饮食（HFD）使血液脂多糖（LPS）升高，可能导致出现肥胖和全身炎症。在日粮中添加牛奶鞘磷脂（SM）可减少小鼠对脂质的吸收，减轻结肠炎，我们认为也可能减轻炎症，可能是通过对肠道健康和 LPS 活性的影响进行调节。饲喂 C57BL/6J 小鼠以高脂肪、高胆固醇饮食（HFD，n=14）或添加了牛奶 SM（HFD-MSM，添加量占饲料重 0.1%，n=14）的相同饮食，连续 10 周。与 HFD 相比，HFD-MSM 可显著降低血清炎症因子水平，并倾向于降低血清 LPS（$P=0.08$）。结肠和肠系膜脂肪组织中与肠屏障功能和巨噬细胞炎症相关的基因表达基本保持不变。喂饲牛奶 SM 的小鼠盲肠肠道菌群含有较多 Acetatifactor 菌，但其他类群的变化很小。牛奶 SM 使 LPS 对 RAW264.7 巨噬细胞促炎性基因表达的影响显著减小。牛奶 SM 只在水解后才有这些作用，长链神经酰胺和鞘氨醇具有抗炎作用，但二氢神经酰胺则没有。我们的研究表明，在饮食中添加牛奶 SM 可能有效减轻全身炎症，主要是通过抑制 LPS 活性起作用，而起作用的主要是牛奶 SM 的水解产物。

**关键词**：鞘磷脂；鞘脂类；神经酰胺；鞘氨醇；牛奶；乳制品；肥胖；炎症；肠道；巨噬细胞

## 1 前言

轻度慢性炎症与心血管疾病、2 型糖尿病和非酒精性脂肪肝疾病相关[1]。与新陈

---

[\*] Both investigators contributed equally to this work.
[\*\*] Correspondence: christopher. blesso@ uconn. edu.

代谢相关的轻度慢性炎症可能会因为血循环中的脂多糖（LPS，也称为"内毒素"）增高而加重，LPS 是革兰氏阴性细菌外膜中的一种促炎分子[2]。宿主细胞对细菌 LPS 的识别可以触发一种由 Toll 样受体-4（TLR4）介导的促炎信号级联，TLR4 是一种模式识别受体[3]。人类的胃肠道有一个"肠道屏障"，可限制微生物穿过宿主肠道细胞（例如，肠细胞之间的紧密连接）进入血液[4]。肠道屏障降低了肠道对 LPS 的渗透性，LPS 如果进入血液会引发宿主产生炎症和疾病[5]。然而，饮食脂肪水平高可促进 LPS 从肠道进入血液循环[6]。已有研究表明高脂肪饮食（HFD）会增加肠道后段炎症，导致保护性肠屏障受损，使 LPS 进入宿主血循环中[7]。高脂肪饮食也会改变肠道菌群，导致有益细菌，如一些双歧杆菌数量减少，使肠道对 LPS 的通透性增高[7]。此外，富含甘油三酯和胆固醇的饮食在消化和吸收过程中会增加乳糜微粒的产生。研究表明，LPS 可以结合到乳糜微粒中，并转运到小鼠的血液中[6]。总之，HFD 的这些作用导致 LPS 通过细胞旁和跨细胞途径从肠道转运到血液循环中。LPS 在血液循环中激活了免疫系统的炎症反应，主要是通过 TLR4 的激活。脂多糖通过 LPS 结合蛋白（LBP）和 CD14 与 TLR4/MD-2 受体复合物结合。Toll 样受体 4 信号接着激活核因子-κb（NF-κb）转录因子，导致促炎细胞因子的产生，如肿瘤坏死因子 α（TNF-α）。有研究证明结肠内的巨噬细胞最先对 HFD 的促炎症作用作出免疫反应[9]，因此，抑制 LPS 的转运，从而抑制巨噬细胞的炎症反应，很有可能可减少高脂饮食的危害。

包括鞘磷脂在内的膳食磷脂可以通过影响脂质吸收和炎症来减轻慢性疾病。食物中的鞘脂类，包括鞘磷脂（SM）、神经酰胺和鞘氨醇，主要存在于牛奶、鸡蛋和大豆中[12]。据估计，美国人平均每天摄入 0.3~0.4g 鞘脂类[12]。鞘磷脂被认为是一种动物化学物质，存在于动物细胞膜中，但在植物中不存在[13]。牛奶中的鞘磷脂是牛奶脂肪球膜的重要组成部分[14]。有人已对饮食 SM 和其他鞘脂类对血脂异常的影响进行研究，因为它们可影响膳食脂肪和胆固醇的吸收[15-21]。除了对脂质吸收有影响外，饮食中的 SM 还可能通过减少炎症和 LPS 活性而具有进一步的生物活性，可能对慢性疾病有影响。食用牛奶 SM 已经被证明可以减轻小鼠由葡聚糖硫酸钠（DSS）诱导的结肠炎，表明它在肠道中具有抗炎作用[22]。然而，饮食中的 SM 对结肠炎症的作用尚有争议，因为有人观察到喂食蛋类 SM 后小鼠结肠炎反而恶化了[23,24]。磷脂和鞘磷脂似乎可影响 LPS 水平，因为它们已经被证明可以抑制 LPS 诱导的炎症[25,26]。血液循环中的 LPS 还导致肝脏通过鞘脂生物合成限速酶，丝氨酸棕榈酰转移酶（SPT）上调鞘脂的生物合成，这可能是一种代偿机制[27]。我们之前已经证明，喂食 0.25%（w/w）牛奶 SM 4 周后可以减少血清 LPS，并改变 HFD 喂养小鼠的肠道菌群[28]。我们最近也报道过饮食中添加 SM（0.1% w/w）减轻了由饮食诱导肥胖小鼠肝脂肪变性和脂肪组织炎症[29]。本研究目的是通过 HFD 诱导的肥胖小鼠模型来评估食用牛奶 SM 对全身炎症和肠道炎症的影响。我们也试图阐明牛奶 SM 及其水解产物（神经酰胺、二氢神经酰胺和鞘氨醇）是否可直接影响由 LPS 刺激的巨噬细胞的炎症反应。

## 2 材料和方法

### 2.1 试验动物和饮食

将购自杰克逊实验室（美国缅因州巴尔港）的 6 周龄雄性 C57BL/6J 小鼠，养于康涅狄格大学（斯托尔斯）动物中心的温控房里，每天保持 12h 光照/12h 黑暗。康乃狄格大学的动物护理和使用委员会批准了本研究中采用的所有程序。正式试验开始前，小鼠经过 2 周的适应期，然后开始喂以用猪油配制的高脂肪高胆固醇饮食（HFD；60%能量来自脂肪，添加 0.15%的胆固醇；n=14）或添加 0.1%的牛奶 SM 的 HFD（HFD-MSM；n=14）。饮食的详细成分见表 1。实验饲料由市面上可以买到的 Dyets 公司（美国宾夕法尼亚州伯利恒）生产的纯化原料配制而成。奶 SM（来自牛奶；纯度>99%）购自 Avanti Polar 脂类公司（美国阿拉巴马州 Alabaster），在处理组中取代等量的猪油。考虑到试验期间的增重，HFD-MSM 提供的 MSM 相当于体重 70kg 的人（根据体表面积进行标化）每天摄入约 405~670mg 的牛奶 SM。

表 1 日粮组成

| 日粮组成（g/kg） | 高脂日粮 | 高脂日粮+0.1%牛奶 SM |
| --- | --- | --- |
| 酪蛋白 | 265 | 265 |
| L-胱氨酸 | 4 | 4 |
| 玉米淀粉 | 0 | 0 |
| 麦芽糊精 | 0 | 0 |
| 蔗糖 | 253.5 | 253.5 |
| 猪油 | 310 | 309 |
| 大豆油 | 30 | 30 |
| 纤维素 | 64 | 64 |
| 矿物预混料，AIN-93G-MX（94046） | 48 | 48 |
| 维生素预混料，AIN-93-VX（94047） | 21 | 21 |
| 酒石酸氢胆碱 | 3 | 3 |
| 胆固醇 | 1.5 | 1.5 |
| 牛奶鞘磷脂 | 0 | 1 |

实验鼠自由采食，每周投喂饲料 2 次。每周称重 1 次，每次投料时计算饲料摄入

量。10周后，小鼠禁食6~8h，然后安乐处死，通过心脏穿刺采血。血样在室温下凝血30min后，离心（在4℃，10 000×g离心10min）分离出血清，置-80℃保存备用。从采血到分离血清整个过程都采取了特别的措施，尽量减少样品被内毒素污染。同时对肠系膜脂肪、小肠和结肠组织进行分离，用液氮速冻，再置-80℃保存。

## 2.2 血清生化分析

血清中的IL-6、TNF-α、IFNγ和MIP-1β用EMD Millipore公司（美国马塞诸塞州Billerica）生产的MAGPIX仪器，通过Luminex/xMAP磁珠多元分析法进行测定。血清LPS用显色的鲎变形细胞溶解物试验（QCL-1000）测定，试剂购自Lonza公司（瑞士巴塞尔）。

## 2.3 肠道微生物分析

收集小鼠粪便样本，送康涅狄格大学（斯托尔斯）的微生物分析、资源和服务中心（MARS），用16S V4分析进行微生物区系鉴定。根据Eppendorf epMotion自动移液工作站生产商的使用指南，用MoBio PowerMag Soil 96孔试剂盒（美国加利福尼亚州Carlsbad的MoBio实验设备公司），从0.25g粪便样品中提取DNA。DNA提取物用Quant-iT PicoGreen试剂盒（美国马塞诸塞州Waltham的ThermoFisher科学公司）进行定量分析。用30 ng提取的DNA作为模板，扩增部分细菌的16S rRNA（V4）基因和真菌的ITS2基因。使用具有Illumina接头引物和双指数的515F和806R扩增V4区域（3′上有8个碱基对，5′上有8个碱基对）。用Accuprime PFX PCR预混液（美国马塞诸塞州Waltham的Thermo Fisher Scientific公司），添加10μg BSA（美国马塞诸塞州Ipswich的新英格兰BioLabs公司）将样品扩增（3个重复）。PCR反应在95℃下保温2min，然后在95.0℃下30个循环15s，在55℃1min，68℃1min，最后在68℃延伸5min。PCR产物合并起来用QIAxcel DNA快速测定仪（德国Hilden的Qiagen公司）进行定量分析和可视化分析。根据随后用QIAgility自动移液工作站收集起来的链长250~400bp的DNA浓度对PCR产物进行标化。合并的PCR产物用Mag-Bind RXNPure Plus（美国乔治亚州Norcross的Omega Bio-Tek公司）进行洗涤，洗涤按生产商的说明进行。产物洗涤后用v22×250碱基对试剂盒（美国加利福尼亚州SanDiego的Illumina公司）在MiSeq上进行测序。

用机载bclfastq对序列进行解复用。在MiSeqSOP之后，在Mothurv.1.39.4中处理解复用的序列[32]。具体命令可在文献[33]找到。删除不确切或不符合链长要求的合并序列。将序列与Silva nr_v119数据库进行比对[34]。使用RDP贝叶斯分类器对Silva nr_v119分类数据库进行操作分类单位（OTU）的识别。

## 2.4 细胞培养

小鼠RAW264.7巨噬细胞购自ATCC公司（美国弗吉尼亚州Manassas），在

37℃、5% $CO_2$ 的加湿培养箱中培养。细胞培养液是 Dulbecco 的改良 Eagle 培养液 (4g/L 葡萄糖),含丙酮酸钠、10%胎牛血清(美国犹他州 Logan Hyclone)、2mM L-谷氨酰胺、100U/mL 青霉素和 100μg/mL 链霉素(美国马萨诸塞州 Waltham 的 ThermoFisher Scientific 公司)和 100μg/mL Normocin (Invitrogen, Carlsbad, CA, USA)。细胞计数和活力用台盼蓝和 TC-20 自动细胞计数器(Bio-Rad 公司,Hercules, CA, USA)进行常规测定。

## 2.5 鞘磷脂对 LPS 对 RAW264.7 巨噬细胞的刺激作用的影响

牛奶鞘磷脂、鞘氨醇 (d18:1)、c16-神经酰胺 (d18:1/16:0)、c24-神经酰胺 (d18:1/24:0)、c16-二氢神经酰胺 (d18:16:0) 和 c24-二氢神经酰胺 (d18:0~24:0) 购自 Avanti Polar 脂质公司,纯度>99%。将牛奶 SM 和鞘氨醇溶解在 100%乙醇中,将神经酰胺溶解在乙醇/十二烷 (98.8/0.2, v/v) 中。将 RAW264.7 细胞接种在 24 孔板中并在实验前黏附过夜。为了检测乳 SM 的抗炎作用,将 RAW264.7 巨噬细胞与乳 SM (0.8~8μg/mL) 或乙醇作对照预培养 1h,然后在存在或不存在 1ng/mL LPS (大肠杆菌 0111:B4) (Sigma-Aldrich, St. Louis, MO, USA) 的条件下培养 4h。由于乳 SM 由 SM 的天然混合物组成,据报道浓度为 0.8~8μg/mL,与 1~10μM 的纯 SM 相当。为了确定 SM 的效果是否与 SM 水解有关,将细胞先加 100μM 丙咪嗪 (Sigma-Aldrich, St. Louis, MO, USA) 培养 2h,再加入牛奶 SM 或乙醇作对照培养 1h,最后加入或不加入 LPS 培养 4h。试验已证明丙咪嗪在培养 2h 后可将酸性鞘磷脂酶 (SMase) 活性降低至基础水平约 20%[36]。为了测试各种神经酰胺和鞘氨醇的作用,将 RAW264.7 巨噬细胞与神经酰胺 (10μM),二氢神经酰胺 (10μM),鞘氨醇 (1~10μM) 或溶剂作对照,加或不加 LPS (1ng/mL) 培养 4h。用乙醇作乳 SM 和鞘氨醇处理的溶剂对照,乙醇/十二烷 (98.8/0.2, v/v) 作为神经酰胺处理的对照。为了测试细胞毒性,在用不同的鞘脂处理细胞后,使用细胞计数试剂盒-8 (CCK-8) (Sigma-Aldrich, St. Louis, MO, USA) 进行计数。用十二烷基硫酸钠 (SDS, 50μM) 作细胞毒性阳性对照。根据制造商的使用说明,用比色蛋白酶试验试剂盒 (ThermoFisher Scientific, Waltham, MA, USA) 测定胱天蛋白酶 3 活性作为细胞凋亡的指示物。将 50μM 的顺铂 (ThermoFisher Scientific, Waltham, MA, USA) 用于细胞作为阳性对照以诱导细胞凋亡。

## 2.6 RNA 的分离,cDNA 合成和 qRT-PCR

用 TRIzol 试剂 (Life Technologies, Carlsbad, CA, USA) 对小肠、结肠、肠系膜脂肪组织和 RAW264.7 巨噬细胞的所有 RNA 进行提取。RNA 先用 DNA 酶 I 处理,再用 iScript cDNA 合成试剂盒 (Bio-Rad) 进行逆转录。用 iTaq Universal SYBR Green Supermix 在 CFX96 实时 PCR 检测系统 (Bio-Rad) 上进行实时 qRT-PCR 检测。对小

肠、结肠和肠系膜脂肪组织，使用 $2^{-\Delta\Delta Ct}$ 方法，用参照基因甘油醛-3-磷酸脱氢酶（Gapdh）和 β 肌动蛋白的几何平均值对 mRNA 的表达进行标化。将巨噬细胞 mRNA 标准化为 Gapdh 表达。使用的所有引物序列列于表 S1 中。

## 2.7 统计分析

使用 GraphPad Prism 6 分析数据。平均值采用 Student 的 t 检验或单因素方差分析进行比较，必要时用 Holm-Sidak 事后分析进行分析。对于肠道微生物分析，在 Mothur 中通过将每个样品的 1 000 个随机子样本的平均值计算为 10 000 个读数来计算 α 和 β 多样性统计数据。在 R3.3.2 中进行非度量多维尺度分析（NMS）和 Permanova 分析。指示物分析采用二次采样物种矩阵[37]。用 ggplot 22.2.1 和 RColor-Brewer1.1~2 在 R3.3.2 中制图。数据为平均值±SEM。差异显著记为 $P<0.05$。

# 3 结果

## 3.1 膳食牛奶 SM 减轻全身炎症且有降低血液 LPS 水平的倾向

所有喂食基于猪油的 HFD 的小鼠在 10 周后都出现肥胖和胰岛素抵抗，与 HFD 对照组相比，添加 0.1%（w/w）的乳 SM 不影响食物摄取、体增重或组织增重[29]。然而，与 HFD 对照组相比，喂食乳 SM 大幅降低血清炎性细胞因子/趋化因子（图 1A）。与 HFD 对照组相比，牛奶 SM 倾向于降低 LPS（-36%），但差异不显著（$P=0.08$）（图 1B）。牛奶 SM 也倾向于增加小肠 Niemann-Pick C1-Like1（NPC1L1）mRNA 表达（$P=0.07$）（图 2A），其表达可由细胞胆固醇耗竭诱导[38]。在小肠中没有观察到与脂质吸收相关的基因表达的其他显著变化。有趣的是，添加牛奶 SM 使结肠 C-C 基序趋化因子配体 2（CCL2）的 mRNA 表达显著增加（图 2B）。然而，这似乎没有改变肠道的健康水平，因为与巨噬细胞浸润/炎症（F4/80，Cd68，Cd11c，Tnf）和肠道屏障功能（Tjp1，Alpi，Ocln）相关基因的 mRNA 表达大部分不受牛奶 SM 的影响（图 2B）。此外，与炎症相关的肠系膜脂肪组织 mRNA 表达也未改变，而 GLUT4mRNA 表达则有增加的趋势（$P=0.09$）（图 2C）。

## 3.2 肠道微生物群的组成基本上不受 0.1%（ww）饮食牛奶的影响

为了确定肠道微生物群的改变是否可以解释本研究中全身炎症的差异，通过 16SrRNA 序列分析检查盲肠粪便微生物群组成，结果如图 3 所示。疣微菌门是盲肠粪便中一个主要的门，但组间相对丰度或其主要属 Akkermansia 差异并不显著（图 3B）。此外，没有观察到厚壁菌门或拟杆菌门组间的相对丰度有显著差异（图 3B）或当门分为革兰氏阴性菌时（HFD：76.9%±1.5%对比 HFD-MSM：73.5%±2.8)%，

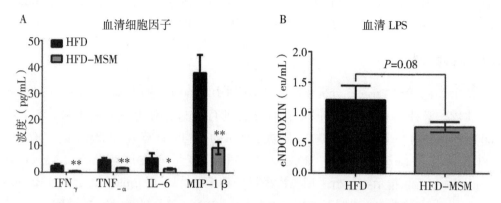

**图1 膳食牛鞘磷脂（SM）可降低饮食诱导的肥胖小鼠的血清炎症标志物**

雄性 C57BL/6J 小鼠喂食高脂饮食（60%能量由脂肪提供，31%猪油，添加 0.15%胆固醇）（高脂饮食（HFD）或 HFD 再添加 0.1%（w/w）牛奶 SM（HFD-MSM），为期 10 周。血清细胞因子/趋化因子（A）和内毒素浓度（B）分别通过基于磁珠的测定和显色鲎变形细胞溶解物（LAL）试验来测定。平均值±SEM，每组 n=13~14。与 HFD 相比，* $P<0.05$，** $P<0.01$。

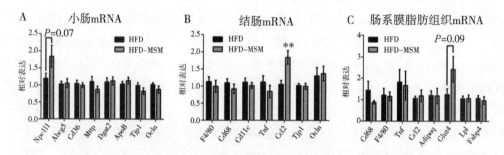

**图2 日粮诱导肥胖小鼠肠和肠系膜脂肪组织 mRNA 表达的变化**

小肠 mRNA（A），结肠 mRNA（B）和肠系膜脂肪组织 mRNA（C）用实时 qRT-PCR 测定，并用 $2^{(-\Delta\Delta Ct)}$ 方法根据 Gapdh 和 β-actin 参照基因的几何平均值进行标化。平均值±SEM，每组 n=13~14。与 HFD 相比，** $P<0.01$。

$P=0.31$）。然而，与 HFD 对照组相比，喂食牛奶 SM 组中的 Acetatifactor（Firmicutes 门的一个属）的相对丰度明显更高（图3B）。通过逆 Simpson 指数确定的 α 多样性分析（样品内的多样性）各组之间没有显著差异（HFD：2.19±0.16 对比 HFD-MSM：2.46±0.32，$P=0.45$）。此外，Bray-Curtis 的 β 多样性分析（样品间的多样性）显示没有显著的按饮食的样品聚类（图3C）。因此，在饮食诱导的肥胖的情况下，肠道微生物群组成总的来说不受饮食中补充 0.1%（w/w）乳 SM 的影响。

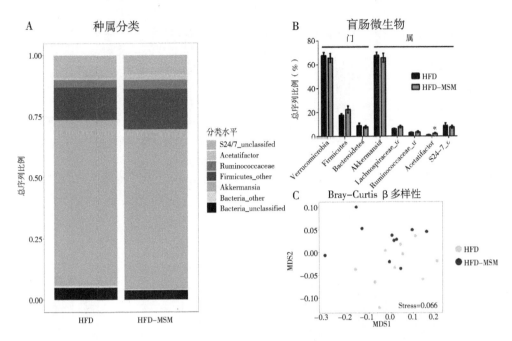

**图 3 饮食诱导的肥胖小鼠的肠道微生物群组成**

收集盲肠粪便样品，并如材料和方法中所述通过 16SrRNA 测序评估微生物群组成。小鼠的平均系统发育丰度（总序列的百分比）（A）和分类群比较（B）。基于 Bray-Curtis 的非度量多维缩放图所示的 β 多样性，以在样本多样性（C）之间可视化。平均值±SEM，每组 n=10。与 HFD 相比，*$P<0.05$。缩写：Lachnospiraceae_u，未分类 Lachnospiraceae；Ruminococcaceae_u，未分类 Ruminococcaceae；S24-7_u，未分类 S24-7。

## 3.3 牛奶 SM 抑制了 LPS 对巨噬细胞的刺激

由于膳食乳 SM 除了能抑制脂质吸收之外，还可能直接影响炎症过程，我们检测了它对 RAW264.7 巨噬细胞促炎基因表达的影响。添加牛奶 SM（0.8 和 8μg/mL）后，4h 的 LPS 刺激引起 TNF-α 和 CCL2 的 mRNA 表达增加的幅度均显著降低（图 4A，B）。没有 LPS 时，添加牛奶 SM 并不影响促炎基因表达。此外，在已证明可影响促炎基因表达的浓度下，乳 SM 不影响细胞活力（图 4C）。加入丙咪嗪后，在乳 SM 存在下 LPS 刺激的炎症没有减轻（图 4D）。异丙咪嗪能引起酸性鞘磷脂酶的蛋白降解，使 SM 水解为神经酰胺和磷酰胆碱。这表明，SM 的水解产物（如神经酰胺、鞘氨醇）对牛奶 SM 对炎症的作用是很重要的。

## 3.4 神经酰胺和鞘氨醇可抑制 LPS 对巨噬细胞的刺激，但二氢神经酰胺不能

由于牛奶 SM 是不同脂肪酸链长和鞘氨醇骨架的鞘磷脂的混合物，我们测试了

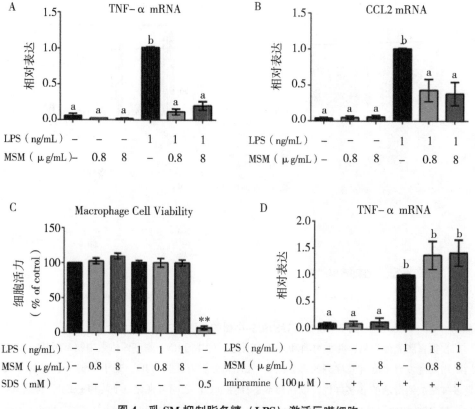

**图4 乳SM抑制脂多糖（LPS）激活巨噬细胞**

将RAW 264.7巨噬细胞与乳SM（MSM）或乙醇溶液作对照预培养1h，然后添加或不添加LPS（1ng/mL）进行4h培养。通过实时qRT-PCR测量TNF-α的mRNA（A）和CCL2的mRNA（B）。使用细胞计数试剂盒-8（C）测定细胞活力。十二烷基硫酸钠（SDS）（0.5mM）用于细胞作为阳性对照以诱导细胞死亡，与对照组相比，** $P<0.001$。TNF-αmRNA的测量方法是：细胞先用100μM 丙咪嗪培养2h，再加入乳SM或只加入乙醇培养1h，最后加或不加LPS培养4h（D）。平均值±SEM，n=3~7个独立实验。Holm-Sidak事后检验字母不同表示$P<0.05$。

C16-神经酰胺，C24-神经酰胺，C16-二氢神经酰胺和C24-二氢神经酰胺对巨噬细胞促炎基因表达的影响（图5A，B）。有趣的是，10μM浓度的C16-神经酰胺和C24-神经酰胺均显著降低了LPS刺激的巨噬细胞的TNF-αmRNA（图5A）和CCL2 mRNA（图5B），但其相应的二氢神经酰胺却没有。在没有LPS的情况下，所测试的神经酰胺都不影响炎性基因的表达。神经酰胺（鞘氨醇碱）有抗炎作用而二氢神经酰胺（二氢鞘氨醇碱）没有，表明鞘氨醇对SM的生物活性很重要。与这一观点相符的是，鞘氨醇显著降低LPS刺激的巨噬细胞TNF-αmRNA（图6A）和CCL2 mRNA（图6B）的表达。在测试的浓度下，神经酰胺和鞘氨醇都不显著影响细胞活力（图7A，B）或胱天蛋白酶3活性（图7C），表明细胞死亡不是抗炎作用的原因。

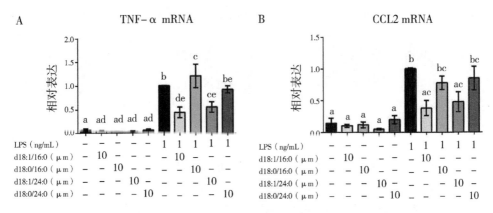

**图5 长链神经酰胺能抑制 LPS 激活巨噬细胞**

将 RAW264.7 巨噬细胞与神经酰胺（10μM）、二氢神经酰胺（10μM）或溶剂作对照，添加或不添加 LPS（1ng/mL）培养 4h。对 C16-神经酰胺（d18:1/16:0），C24-神经酰胺（d18:1/24:0），C16-二氢神经酰胺（d18:0/16:0）和 C24-二氢神经酰胺（d18:0/24:0）进行了测试。通过实时 qRT-PCR 测量 TNF-α mRNA（A）和 CCL2 mRNA（B）。平均值±SEM，n=3~7 个独立实验。Holm-Sidak 事后检验字母不同表示 $P<0.05$。

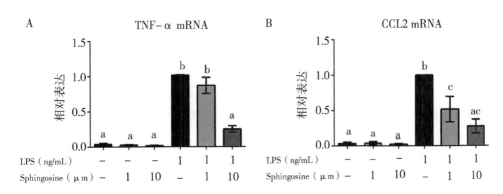

**图6 鞘氨醇可抑制 LPS 激活巨噬细胞**

将 RAW264.7 巨噬细胞与鞘氨醇（1~10μM）或溶剂作对照，添加或不添加 LPS（1ng/mL）培养 4h。通过实时 qRT-PCR 测量 TNF-α mRNA（A）和 CCL2 mRNA（B）。平均值±SEM，n=3~7 个独立实验。Holm-Sidak 事后检验字母不同表示 $P<0.05$。

## 4 讨论

轻度慢性炎症是困扰西方国家的许多疾病，包括糖尿病、非酒精性脂肪肝和动脉粥样硬化的共同根本因素[39]。血液循环中的 LPS（也称为内毒素[2]）可加剧这些状态的轻度炎症。脂质吸收可增强脂多糖从肠道到血循环的转运[6]。已经研究了膳食 SM 对血脂异常的影响，因为它减少了其他脂质（例如脂肪和胆固醇）的吸收，因此

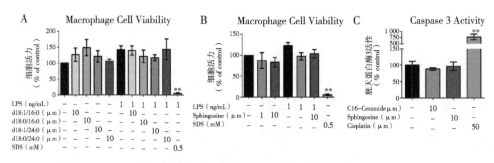

**图7 神经酰胺和鞘氨醇不影响细胞活力或细胞凋亡**

使用细胞计数试剂盒-8测定神经酰胺（A）和鞘氨醇（B）对细胞活力的影响。将十二烷基硫酸钠（SDS）（0.5mM）用于细胞作为阳性对照以诱导细胞死亡。测量胱天蛋白酶3活性作为细胞凋亡的指标（C）。将顺铂（50μM）用于细胞作为阳性对照以诱导细胞凋亡。平均值±SEM，n=3~5次独立实验。与对照组相比，** $P<0.01$。

可能会影响全身性炎症。在本研究中，添加0.1%（w/w）的膳食牛奶SM到以猪油为基础的HFD后，显著降低了全身炎症标志物水平，并趋于降低血循环LPS，但对肠系膜脂肪组织、小肠或结肠炎症的基因表达或肠道屏障功能标志物无影响。此外，盲肠粪便的微生物群组成大多数不受向HFD添加乳SM的影响，表明肠道微生物群组成差异在改变全身炎症标志物中不起主要作用。牛奶SM直接减弱了LPS对RAW264.7巨噬细胞促炎基因表达的刺激作用。有趣的是，乳SM（C16-神经酰胺，C24-神经酰胺和鞘氨醇）的水解产物显示出类似的抗炎作用，而SM用丙咪嗪抑制水解之后则没有这种作用。这些结果表明，除了通过降低巨噬细胞炎症反应来抑制脂质吸收外，膳食SM可能还有其他生物活性作用，可能会影响代谢疾病。

在啮齿动物研究中，富含饱和脂肪和胆固醇的饮食模式，即所谓的西方饮食，因为会增加炎症所以与慢性疾病有关[40,41]。西方饮食对小鼠的有害影响似乎受到胃肠道微生物的影响，因为口服抗生素杀灭肠道微生物群会减少炎症反应[42]。这部分与西方饮食可使血液循环中LPS升高（称为"代谢性内毒素血症"）有关，在动物模型中的研究中已证明LPS升高出现在全身炎症增加之前[2,42,43]。还有证据表明，高脂肪和高胆固醇的饮食会增加人体血液内毒素浓度[44,45]。在本研究中，我们给喂以HFD（60%热能由脂肪提供；添加0.15%胆固醇）的小鼠喂食SM（0.1%）10周以确定饮食SM是否会影响轻度慢性炎症。牛奶SM大幅降低了血清炎性细胞因子/趋化因子，并有降低血清LPS的倾向（$P=0.08$）。先前在喂食乳SM的小鼠中也显示了血清CCL2和附睾脂肪组织炎症标志物的mRNA表达较低。我们之前曾报道，在喂食基于乳脂的高脂肪饮食的小鼠中，在日粮中添加高剂量牛奶SM（0.25% w/w）4周，使血液循环LPS降低了35%[28]。尽管我们未观察到小肠中肠屏障标志物的mRNA表达有任何差异，但血液循环LPS的减少估计部分归因于乳SM对脂质吸收的抑制作用。我们之前曾观察到喂饲牛奶SM时血清和肝脏脂质减少，与这一观点相符。

最近的研究表明，小鼠长期喂饲 HFD 可增加结肠促炎巨噬细胞和肠道炎症，从而促进 LPS 的转运、胰岛素抵抗和脂肪组织炎症[9]。这些作用是通过肠上皮细胞中 CCL2 的早期诱导介导的，CCL2 的早期诱导将促炎性巨噬细胞吸引到结肠组织。在本研究中，虽然我们观察到摄入牛奶 SM 时结肠 CCL2 mRNA 表达显著增加，但我们没有观察到肠道屏障标志物基因表达或结肠和肠系膜脂肪组织中巨噬细胞浸润/炎症细胞间有任何显著变化。这表明 CCL2 mRNA 表达可能是由牛奶 SM 诱导的，因为到达结肠的膳食脂肪/胆固醇更多，但这不会诱导结肠和周围脂肪组织中的巨噬细胞浸润和 TNF-α 表达。虽然已知饮食中的 SM 会抑制胆固醇的吸收，但肠腔内的胆固醇反过来也可以抑制 SM 的消化[16]。小鼠喂饲 HFD 也被证明可以降低 SM 消化中一种关键酶，碱性鞘磷脂酶的表达[46,47]。因此，在本研究中使用添加胆固醇的高脂肪猪油饮食可能会影响到回肠和结肠与 SM 和生物活性代谢产物（神经酰胺，鞘氨醇和 1-磷酸鞘氨醇）的接触，这反过来又会影响结肠炎症[48,49]。

摄入 HFD 已被证明会对肠道微生物群产生负面影响[50]。在小鼠模型中已证明肠道生态失调与内毒素介导的慢性疾病有关[51,52]。已知饮食 SM 的水解产物鞘氨醇具有杀菌作用[53]。我们之前曾报道，喂以 HFD 的小鼠补充 0.25%（w/w）牛奶 SM，通过减少革兰氏阴性细菌门和增加双歧杆菌改变了粪便微生物群组成[28]。然而，在本研究中，我们没有观察到肠道微生物群组成有大的变化，可能与使用的 SM 剂量较低或 HFD 脂肪含量较高有关。我们观察到 Acetatifactor 属细菌的相对丰度存在显著差异，喂食牛奶 SM 的小鼠水平较高。该属细菌是从肥胖小鼠肠道中分离出来的能产生短链脂肪酸乙酸和丁酸的细菌[54]。肠道中的 Acetatifactor 的丰度也被证明与小鼠的猪油摄入量有关，并与小鼠盲肠中次级胆汁酸浓度相关[55]。我们还观察到在低脂肪饮食条件下饲喂 0.25%（w/w）牛奶 SM，Acetatifactor 属细菌增加了（Norris 和 Blesso，未发表论文，2016）。目前，尚不清楚这些细菌是否与观察到的炎症变化有关，或是否响应于乳 SM 对脂质吸收的影响。需要进一步研究以澄清这些关联。

牛奶 SM 显著降低 LPS 刺激的 RAW264.7 巨噬细胞中 TNF-α 和 CCL2 mRNA 的表达。有几种可能的机制可以解释这种观察到的效果。第一，在培养介质中乳汁 SM 和 LPS 之间可能存在直接相互作用，未水解的 SM 可能中和 LPS，可能是通过形成复合体来起作用。在本研究中，这将意味着 LPS 还没与细胞相互作用就被 SM 中和掉，SM 作为脂囊泡的一部分，对 LPS 的反应性脂质起到遮蔽作用。据报道，在存在可溶性 CD14 和 LBP 的条件下，用 100μM 牛脑 SM 孵育可抵消 LPS 对多形核白细胞（PMN）的刺激作用[25]。此外，SM 水解可以产生生物活性产物，包括神经酰胺和鞘氨醇。丙咪嗪是一种三环类抗抑郁药（TCA），可导致酸性酶 SMase 的蛋白水解降解。此外，SM 水解可以产生生物活性产物，包括神经酰胺和鞘氨醇。丙咪嗪是一种三环类抗抑郁药（TCA），可导致酸性 SMase 的蛋白水解降解[36]。除了酸性-SMase 降解外，丙咪嗪还可能具有其他作用，因为研究表明酸性神经酰胺酶被另一种 TCA，地昔帕明下调[56]。有趣的是，添加丙咪嗪完全消除了牛奶 SM 的抗炎作用。这表明 SM 的一种水解产物（例如神经酰胺、鞘氨醇、磷酸胆碱）可能是炎症减轻的原因。如果 SM 分别被 SMase 和神经酰胺酶水解成神经酰胺和鞘氨醇，那么这些产物的每一种都可能发挥抗炎作用。较长链的神经酰胺可能与 LPS 竞争，阻断 TLR4 信号传导，因为研究证明它们可与单核细胞中的 CD14 结合并形成含 CD36 而不含 TLR4 的多分子复合体[57]。为证实这一点，我们测试了含有不同脂肪酸链长（16∶0 和 24∶0）和鞘氨醇碱（二氢神经酰胺）的神经酰胺。我们使用的是 16 碳和 24 碳脂肪酸链长的神经酰胺，因为乳 SM 水解产生的就是这些神经酰胺的混合物。另外，神经酰胺的脂肪酸链长可改变其生物活性。具体来说，研究已经证明细胞内 C16-神经酰胺具有特别的促凋亡作用，而 C24-神经酰胺和二氢神经酰胺对碳链较短的神经酰胺诱导的细胞凋亡有拮抗作用[59-61]。有趣的是，用 C16-神经酰胺和 C24-神经酰胺处理巨噬细胞，都导致 TNF-α 和 CCL2 mRNA 表达显著降低，而二氢神经酰胺则没有作用。神经酰胺或二氢神经酰胺都不影响细胞活力或早期凋亡标记物半胱天冬酶 3 的活性，表明这些作用不是由于诱导细胞死亡。尽管研究已表明胞内神经酰胺具有促凋亡作用[58]，但外源添加的长链神经酰胺并不影响巨噬细胞的活力。这些结果表明，乳 SM 的抗炎作用是由神经酰胺引起的，进一步证实了用丙咪嗪试验得到的结果。然而，由于只有含鞘氨醇碱的神经酰胺才有抗炎作用，而含二氢神经鞘氨醇的二氢神经酰胺无抗炎作用，我们测试了鞘氨醇对 LPS 刺激巨噬细胞的影响。我们观察到鞘氨醇（d18∶1）对 TNF-α 和 CCL2 mRNA 具有与 C16-和 C24-神经酰胺相似的抑制作用，且不影响细胞活力或细胞凋亡。鞘氨醇可通过激活细胞核受体，过氧化物酶体增殖物激活受体-γ（PPARγ）表现出抗炎作用[22]。先前有人已报道外源性 C8-神经酰胺和鞘氨醇可减少由 LPS 刺激的巨噬细胞中 TNF-α 的分泌，与我们的研究结果相符[63]。此外，研究已经证明 C16-神经酰胺和膜可渗透的 C2-神经酰胺都可通过翻译后机制减少由 LPS 刺激的巨噬细胞的 TNF-α 分泌。

总之，在日粮中添加乳 SM 可减轻饮食诱导的肥胖小鼠的全身性炎症，而不改变巨噬细胞和肠系膜脂肪组织及结肠屏障功能标志物的基因表达。牛奶 SM 直接减弱 LPS 对 RAW 264.7 巨噬细胞中促炎基因表达的刺激。未水解的 SM 没有抗炎作用，水解产物 C16-神经酰胺，C24-神经酰胺和鞘氨醇才有抗炎作用。除了对脂质吸收有影响之外，饮食添加 SM 还可通过减轻炎症和降低 LPS 活性而具有其他生物活性效应，可能可对代谢疾病有影响。有必要进一步研究以确认膳食乳 SM 对炎症的作用机制和作用。

# 参考文献

[1] Hotamisligil, G. S. Inflammation and metabolic disorders. *Nature* 2006, 444: 860-867.

[2] Cani, P. D.; Amar, J.; Iglesias, M. A.; Poggi, M.; Knauf, C.; Bastelica, D.; Neyrinck, A. M.; Fava, F.; Tuohy, K. M.; Chabo, C.; et al. Metabolic endotoxemia initiates obesity and insulin resistance. *Diabetes* 2007, 56: 1761-1772.

[3] Lu, Y. C.; Yeh, W. C.; Ohashi, P. S. Lps/tlr4 signal transduction pathway. *Cytokine* 2008, 42: 145-151.

[4] Suzuki, T. Regulation of intestinal epithelial permeability by tight junctions. *Cell. Mol. Life Sci.* 2013, 70: 631-659.

[5] Neurath, M. F. Cytokines in inflammatory bowel disease. *Nat. Rev. Immunol.* 2014, 14: 329-342.

[6] Ghoshal, S.; Witta, J.; Zhong, J.; de Villiers, W.; Eckhardt, E. Chylomicrons promote intestinal absorption of lipopolysaccharides. *J. Lipid Res.* 2009, 50: 90-97.

[7] Serino, M.; Luche, E.; Gres, S.; Baylac, A.; Berge, M.; Cenac, C.; Waget, A.; Klopp, P.; Iacovoni, J.; Klopp, C.; et al. Metabolic adaptation to a high-fat diet is associated with a change in the gut microbiota. *Gut* 2012, 61: 543-553.

[8] Tilg, H.; Moschen, A. R.; Kaser, A. Obesity and the microbiota. *Gastroenterology* 2009, 136: 1476-1483.

[9] Kawano, Y.; Nakae, J.; Watanabe, N.; Kikuchi, T.; Tateya, S.; Tamori, Y.; Kaneko, M.; Abe, T.; Onodera, M.; Itoh, H. Colonic pro-inflammatory macrophages cause insulin resistance in an intestinal ccl2/ccr2-dependent manner. *Cell Metab.* 2016, 24: 295-310.

[10] Blesso, C. N. Egg phospholipids and cardiovascular health. *Nutrients* 2015, 7: 2731-2747.

[11] Norris, G. H.; Blesso, C. N. Dietary sphingolipids: Potential for management of dyslipidemia and nonalcoholic fatty liver disease. *Nutr. Rev.* 2017, 75: 274-285.

[12] Vesper, H.; Schmelz, E. M.; Nikolova-Karakashian, M. N.; Dillehay, D. L.; Lynch, D. V.; Merrill, A. H., Jr. Sphingolipids in food and the emerging importance of sphingolipids to nutrition. *J. Nutr.* 1999, 129: 1239-1250.

[13] Hannich, J. T.; Umebayashi, K.; Riezman, H. Distribution and functions of sterols and sphingolipids. *Cold Spring Harb. Perspect. Biol.* 2011, 3, a004762.

[14] Rombaut, R.; Dewettinck, K. Properties, analysis and purification of milk polar lipids. *Int. Dairy J.* 2006, 16: 1362-1373.

[15] Noh, S. K.; Koo, S. I. Egg sphingomyelin lowers the lymphatic absorption of cholesterol and alpha-tocopherol in rats. *J. Nutr.* 2003, 133: 3571-3576.

[16] Nyberg, L.; Duan, R. D.; Nilsson, A. A mutual inhibitory effect on absorption of sphingomyelin and cholesterol. *J. Nutr. Biochem.* 2000, 11: 244-249.

[17] Duivenvoorden, I.; Voshol, P. J.; Rensen, P. C.; van Duyvenvoorde, W.; Romijn, J. A.; Emeis, J. J.; Havekes, L. M.; Nieuwenhuizen, W. F. Dietary sphingolipids lower plasma cholesterol and triacylglycerol and prevent liver steatosis in apoe*3leiden mice. *Am. J. Clin. Nutr.* 2006, 84: 312-321.

[18] Noh, S. K. ; Koo, S. I. Milk sphingomyelin is more effective than egg sphingomyelin in inhibiting intestinal absorption of cholesterol and fat in rats. *J. Nutr.* 2004, 134: 2611-2616.

[19] Garmy, N. ; Taieb, N. ; Yahi, N. ; Fantini, J. Interaction of cholesterol with sphingosine: Physicochemical characterization and impact on intestinal absorption. *J. Lipid Res.* 2005, 46: 36-45.

[20] Eckhardt, E. R. ; Wang, D. Q. ; Donovan, J. M. ; Carey, M. C. Dietary sphingomyelin suppresses intestinal cholesterol absorption by decreasing thermodynamic activity of cholesterol monomers. *Gastroenterology* 2002, 122: 948-956.

[21] Chung, R. W. ; Kamili, A. ; Tandy, S. ; Weir, J. M. ; Gaire, R. ; Wong, G. ; Meikle, P. J. ; Cohn, J. S. ; Rye, K. A. Dietary sphingomyelin lowers hepatic lipid levels and inhibits intestinal cholesterol absorption in high-fat-fed mice. *PLoS ONE* 2013, 8: e55949.

[22] Mazzei, J. C. ; Zhou, H. ; Brayfield, B. P. ; Hontecillas, R. ; Bassaganya-Riera, J. ; Schmelz, E. M. Suppression of intestinal inflammation and inflammation-driven colon cancer in mice by dietary sphingomyelin: Importance of peroxisome proliferator-activated receptor gamma expression. *J. Nutr. Biochem.* 2011, 22: 1160-1171.

[23] Fischbeck, A. ; Leucht, K. ; Frey-Wagner, I. ; Bentz, S. ; Pesch, T. ; Kellermeier, S. ; Krebs, M. ; Fried, M. ; Rogler, G. ; Hausmann, M. ; Humpf, H. U. Sphingomyelin induces cathepsin D-mediated apoptosis in intestinal epithelial cells and increases inflammation in DSS colitis. *Gut* 2011, 60: 55-65.

[24] Leucht, K. ; Fischbeck, A. ; Caj, M. ; Liebisch, G. ; Hartlieb, E. ; Benes, P. ; Fried, M. ; Humpf, H. U. ; Rogler, G. ; Hausmann, M. Sphingomyelin and phosphatidylcholine contrarily affect the induction of apoptosis in intestinal epithelial cells. *Mol. Nutr. Food Res.* 2014, 58: 782-798.

[25] Wurfel, M. M. ; Wright, S. D. Lipopolysaccharide-binding protein and soluble cd14 transfer lipopolysaccharide to phospholipid bilayers: Preferential interaction with particular classes of lipid. *J. Immunol.* 1997, 158: 3925-3934.

[26] Parker, T. S. ; Levine, D. M. ; Chang, J. C. ; Laxer, J. ; Coffin, C. C. ; Rubin, A. L. Reconstituted high-density lipoprotein neutralizes gram-negative bacterial lipopolysaccharides in human whole blood. *Infect. Immun.* 1995, 63: 253-258.

[27] Memon, R. A. ; Holleran, W. M. ; Moser, A. H. ; Seki, T. ; Uchida, Y. ; Fuller, J. ; Shigenaga, J. K. ; Grunfeld, C. ; Feingold, K. R. Endotoxin and cytokines increase hepatic sphingolipid biosynthesis and produce lipoproteins enriched in ceramides and sphingomyelin. *Arterioscler. Thromb. Vasc. Biol.* 1998, 18: 1257-1265.

[28] Norris, G. H. ; Jiang, C. ; Ryan, J. ; Porter, C. M. ; Blesso, C. N. Milk sphingomyelin improves lipid metabolism and alters gut microbiota in high fat diet-fed mice. *J. Nutr. Biochem.* 2016, 30: 93-101.

[29] Norris, G. H. ; Porter, C. M. ; Jiang, C. ; Millar, C. L. ; Blesso, C. N. Dietary sphin-

gomyelin attenuates hepatic steatosis and adipose tissue inflammation in high-fat-diet-induced obese mice. *J. Nutr. Biochem.* 2017, 40: 36-43.

[30] Nair, A. B.; Jacob, S. A simple practice guide for dose conversion between animals and human. *J. Basic Clin. Pharm.* 2016, 7: 27-31.

[31] Caporaso, J. G.; Lauber, C. L.; Walters, W. A.; Berg-Lyons, D.; Huntley, J.; Fierer, N.; Owens, S. M.; Betley, J.; Fraser, L.; Bauer, M.; et al. Ultra-high-throughput microbial community analysis on the illumina hiseq and miseq platforms. *ISME J.* 2012, 6: 1621-1624.

[32] Kozich, J. J.; Westcott, S. L.; Baxter, N. T.; Highlander, S. K.; Schloss, P. D. Development of a dual-index sequencing strategy and curation pipeline for analyzing amplicon sequence data on the miseq illumine sequencing platform. *Appl. Environ. Microbiol.* 2013, 79: 5112-5120.

[33] Bioinformatics/mothur. batch. Available online: https://github.com/krmaas/bioinformatics/blob/master/mothur.batch (accessed on 18 July 2017).

[34] Quast, C.; Pruesse, E.; Yilmaz, P.; Gerken, J.; Schweer, T.; Yarza, P.; Peplies, J.; Glockner, F. O. The silva ribosomal rna gene database project: Improved data processing and web-based tools. *Nucleic Acids Res.* 2013, 41, D590-596.

[35] Wang, Q.; Garrity, G. M.; Tiedje, J. M.; Cole, J. R. Naive bayesian classifier for rapid assignment of rrna sequences into the new bacterial taxonomy. *Appl. Environ. Microbiol.* 2007, 73: 5261-5267.

[36] Hurwitz, R.; Ferlinz, K.; Sandhoff, K. The tricyclic antidepressant desipramine causes proteolytic degradation of lysosomal sphingomyelinase in human fibroblasts. *Biol. Chem. Hoppe Seyler* 1994, 375: 447-450.

[37] De Caceres, M.; Legendre, P. Associations between species and groups of sites: Indices and statistical inference. *Ecology* 2009, 90: 3566-3574.

[38] Alrefai, W. A.; Annaba, F.; Sarwar, Z.; Dwivedi, A.; Saksena, S.; Singla, A.; Dudeja, P. K.; Gill, R. K. Modulation of human niemann-pick c1-like 1 gene expression by sterol: Role of sterol regulatory element binding protein 2. *Am. J. Physiol. Gastrointest. Liver Physiol.* 2007, 292, G369-G376.

[39] Baker, R. G.; Hayden, M. S.; Ghosh, S. Nf-kappab, inflammation, and metabolic disease. *Cell Metab.* 2011, 13: 11-22.

[40] Wouters, K.; van Gorp, P. J.; Bieghs, V.; Gijbels, M. J.; Duimel, H.; Lutjohann, D.; Kerksiek, A.; van Kruchten, R.; Maeda, N.; Staels, B.; et al. Dietary cholesterol, rather than liver steatosis, leads to hepatic inflammation in hyperlipidemic mouse models of nonalcoholic steatohepatitis. *Hepatology* 2008, 48: 474-486.

[41] Wang, Y.; Qian, Y.; Fang, Q.; Zhong, P.; Li, W.; Wang, L.; Fu, W.; Zhang, Y.; Xu, Z.; Li, X.; et al. Saturated palmitic acid induces myocardial inflammatory injuries through direct binding to tlr4 accessory protein md2. *Nat. Commun.* 2017,

8: 13997.

[42] Cani, P. D. ; Bibiloni, R. ; Knauf, C. ; Waget, A. ; Neyrinck, A. M. ; Delzenne, N. M. ; Burcelin, R. Changes in gut microbiota control metabolic endotoxemia-induced inflammation in high-fat diet-induced obesity and diabetes in mice. *Diabetes* 2008, 57: 1470-1481.

[43] Ding, S. ; Chi, M. M. ; Scull, B. P. ; Rigby, R. ; Schwerbrock, N. M. ; Magness, S.; Jobin, C. ; Lund, P. K. High-fat diet: Bacteria interactions promote intestinal inflammation which precedes and correlates with obesity and insulin resistance in mouse. *PLoS ONE* 2010, 5: 12191.

[44] Pendyala, S. ; Walker, J. M. ; Holt, P. R. A high-fat diet is associated with endotoxemia that originates from the gut. *Gastroenterology* 2012, 142: 1100-1101.

[45] Erridge, C. ; Attina, T. ; Spickett, C. M. ; Webb, D. J. A high-fat meal induces low-grade endotoxemia: Evidence of a novel mechanism of postprandial inflammation. *Am. J. Clin. Nutr.* 2007, 86: 1286-1292.

[46] Zhang, Y. ; Cheng, Y. ; Hansen, G. H. ; Niels-Christiansen, L. L. ; Koentgen, F. ; Ohlsson, L. ; Nilsson, A. ; Duan, R. D. Crucial role of alkaline sphingomyelinase in sphingomyelin digestion: A study on enzyme knockout mice. *J. Lipid Res.* 2011, 52: 771-781.

[47] Cheng, Y. ; Ohlsson, L. ; Duan, R. D. Psyllium and fat in diets differentially affect the activities and expressions of colonic sphingomyelinases and caspase in mice. *Br. J. Nutr.* 2004, 91: 715-723.

[48] Nagahashi, M. ; Hait, N. C. ; Maceyka, M. ; Avni, D. ; Takabe, K. ; Milstien, S. ; Spiegel, S. Sphingosine-1-phosphate in chronic intestinal inflammation and cancer. *Adv. Biol. Regul.* 2014, 54: 112-120.

[49] Nilsson, A. Role of sphingolipids in infant gut health and immunity. *J. Pediatr.* 2016, 173, S53-S59.

[50] Murphy, E. F. ; Cotter, P. D. ; Healy, S. ; Marques, T. M. ; O'Sullivan, O. ; Fouhy, F. ; Clarke, S. F. ; O'Toole, P. W. ; Quigley, E. M. ; Stanton, C. ; et al. Composition and energy harvesting capacity of the gut microbiota: Relationship to diet, obesity and time in mouse models. *Gut* 2010, 59: 1635-1642.

[51] Henao-Mejia, J. ; Elinav, E. ; Jin, C. ; Hao, L. ; Mehal, W. Z. ; Strowig, T. ; Thaiss, C. A. ; Kau, A. L. ; Eisenbarth, S. C. ; Jurczak, M. J. ; et al. Inflammasome-mediated dysbiosis regulates progression of nafld and obesity. *Nature* 2012, 482: 179-185.

[52] De Minicis, S. ; Rychlicki, C. ; Agostinelli, L. ; Saccomanno, S. ; Candelaresi, C. ; Trozzi, L. ; Mingarelli, E. ; Facinelli, B. ; Magi, G. ; Palmieri, C. ; et al. Dysbiosis contributes to fibrogenesis in the course of chronic liver injury in mice. *Hepatology* 2014, 59: 1738-1749.

[53] Sprong, R. C. ; Hulstein, M. F. ; Van der Meer, R. Bactericidal activities of milk lipids. *Antimicrob. Agents Chemother.* 2001, 45: 1298-1301.

[54] Pfeiffer, N. ; Desmarchelier, C. ; Blaut, M. ; Daniel, H. ; Haller, D. ; Clavel, T. Ac-

etatifactor muris gen. Nov. , sp. Nov. , a novel bacterium isolated from the intestine of an obese mouse. *Arch. Microbiol.* 2012, 194, 901-907.

[55] Kubeck, R. ; Bonet-Ripoll, C. ; Hoffmann, C. ; Walker, A. ; Muller, V. M. ; Schuppel, V. L. ; Lagkouvardos, I. ; Scholz, B. ; Engel, K. H. ; Daniel, H. ; et al. Dietary fat and gut microbiota interactions determine diet-induced obesity in mice. *Mol. Metab.* 2016, 5: 1162-1174.

[56] Zeidan, Y. H. ; Pettus, B. J. ; Elojeimy, S. ; Taha, T. ; Obeid, L. M. ; Kawamori, T. ; Norris, J. S. ; Hannun, Y. A. Acid ceramidase but not acid sphingomyelinase is required for tumor necrosis factor- {alpha} -induced pge2 production. *J. Biol. Chem.* 2006, 281: 24695-24703.

[57] Pfeiffer, A. ; Bottcher, A. ; Orso, E. ; Kapinsky, M. ; Nagy, P. ; Bodnar, A. ; Spreitzer, I. ; Liebisch, G. ; Drobnik, W. ; Gempel, K. ; et al. Lipopolysaccharide and ceramide docking to cd14 provokes ligand-specific receptor clustering in rafts. *Eur. J. Immunol.* 2001, 31: 3153-3164.

[58] Grosch, S. ; Schiffmann, S. ; Geisslinger, G. Chain length-specific properties of ceramides. *Prog. Lipid Res.* 2012, 51: 50-62.

[59] Bielawska, A. ; Crane, H. M. ; Liotta, D. ; Obeid, L. M. ; Hannun, Y. A. Selectivity of ceramide-mediated biology. Lack of activity of erythro-dihydroceramide. *J. Biol. Chem.* 1993, 268: 26226-26232.

[60] Stiban, J. ; Fistere, D. ; Colombini, M. Dihydroceramide hinders ceramide channel formation: Implications on apoptosis. *Apoptosis* 2006, 11: 773-780.

[61] Stiban, J. ; Perera, M. Very long chain ceramides interfere with c16-ceramide-induced channel formation: A plausible mechanism for regulating the initiation of intrinsic apoptosis. *Biochim. Biophys. Acta* 2015, 1848: 561-567.

[62] Shabbits, J. A. ; Mayer, L. D. Intracellular delivery of ceramide lipids via liposomes enhances apoptosis in vitro. *Biochim. Biophys. Acta* 2003, 1612: 98-106.

[63] Jozefowski, S. ; Czerkies, M. ; Lukasik, A. ; Bielawska, A. ; Bielawski, J. ; Kwiatkowska, K. ; Sobota, A. Ceramide and ceramide 1-phosphate are negative regulators of tnf-alpha production induced by lipopolysaccharide. *J. Immunol.* 2010, 185: 6960-6973.

[64] Rozenova, K. A. ; Deevska, G. M. ; Karakashian, A. A. ; Nikolova-Karakashian, M. N. Studies on the role of acid sphingomyelinase and ceramide in the regulation of tumor necrosis factor alpha (tnfalpha) -converting enzyme activity and tnfalpha secretion in macrophages. *J. Biol. Chem.* 2010, 285: 21103-21113.

# 有机牛奶与传统牛奶脂溶性维生素和碘含量比较

Pamela Manzi* and Alessandra Durazzo

Consiglio per la ricerca in agricoltura e l'analisi dell'economia agraria—Centro di ricerca Alimenti e Nutrizione（CREA-AN），Via Ardeatina 546，00178 Roma，Italy；alessandra.durazzo@crea.gov.it

**摘要**：全球有机食品市场发展相当快，有机奶制品市场在有机食品市场中名列第三。其原因在于，消费者往往把有机奶制品与正面的认知联系在一起，认为有机奶是生态友好与符合动物福利的，生产过程中不使用抗生素或激素，而且普遍认为，有机牛奶更有营养，好处更多。因此，有机奶价格比较高也是有道理的。这就是为什么人们要对有机牛奶和传统牛奶化学成分含量的差异进行广泛的研究。然而，从营养的角度来确定有机食品的潜在优势并不容易，因为这应该在整个膳食结构的背景下来确定。因此，考虑到上述所有因素，本研究的目的是比较有机牛奶和传统牛奶中特定营养素（即碘和脂溶性维生素，如α-生育酚和β-胡萝卜素）的含量，以每份牛奶该营养素占每日推荐摄入量的百分比表示。具体地说，为了确定这些生物活性化合物在总膳食中所占的实际比例，其提供营养占膳食的百分比是用欧洲食品安全局采用的成年人（包括男性和女性）的膳食参考值计算出来的。根据这些初步考虑，有机牛奶价格较高的主要原因是有机农场的管理成本较高，有机牛奶的消费对人的健康没有显著或实质性的好处。在这方面，虽然还需要进一步的研究，但本文希望对有机食品的潜在价值和营养健康益处的评估做出一点贡献。

**关键词**：有机牛奶；传统的牛奶；饮食的评估；化学成分

# 1 前言

在过去的10年中，有机食品市场迅猛发展[1]。北美和欧洲有机食品生产在世界上处于领先地位。据预测，未来10年有机食品将增长40%。除了有机水果和蔬菜市场，有机牛奶和有机肉类在过去10年中也得到了广泛的发展。2006—2013年，有机

---

\* Correspondence：pamela.manzi@crea.gov.it

牛奶的销量有所增长（其中德国和法国销量增长最快）。在 2016 年，英国有机牛奶消费增加约 3%，但同期传统牛奶的摄入量却减少约 1.9%[3]。

消费者通常将有机农业与生态学措施联系起来，即注重生物多样性、土壤质量和动物福利，以及降低农药残留水平。然而，这些技术是昂贵的。因此，最终产品的价格较高，这仍然是消费的主要障碍[4]。一般来说，消费者对有机牛奶有正面的看法，因为根据他们的说法，有机牛奶是环境友好且符合动物福利的，生产过程中不使用抗生素或激素，而且他们认为有机牛奶营养更丰富，益处更多。因此有机奶价格比较高也是有道理的。然而，有机牛奶价格在购买决策中的作用仍然是一个有争议的问题。

如上所述，人们对有机食品需求旺盛的原因之一是对环境和动物福利的关注。特别是，有人已经观察到，虽然有机养殖不能保证奶牛不患乳房炎，但当地品种的动物更能适应当地环境，对许多疾病具有更强的抵抗力[5,6]。Mueller 等的研究分析、比较了一些有机奶牛场对环境的潜在有益影响[7]，考虑的环境影响因素有能源消耗、气候影响、土地需求、土壤肥力保护、生物多样性、动物福利和牛奶质量等几种。研究表明，低投入农业对动物福利和牛奶品质有正向影响。然而，影响有机农业的主要难题之一与牛奶产量有关。目前能查询到的大多数研究[8-10]都表明，有机牛奶产量平均比传统牛奶产量大约低 20%。

因此，本研究的目的是比较特定营养素的含量，即有机牛奶和传统牛奶中的脂溶性维生素（α-生育酚和 β-胡萝卜素）和碘的含量，以每份牛奶提供的养分占每日推荐摄入量的百分比表示。具体来说，为了确定这些营养素占整个膳食中推荐摄入量的实际比例，有机牛奶和传统牛奶中这些生物活性物质占每日推荐摄入量的百分比是用欧洲食品安全局采用的成年人（男性和女性）的膳食参考值计算出来的。

## 2 有机牛奶和传统牛奶营养含量对比（重点是脂肪和矿物质含量）

在过去的几年中，人们对有机牛奶和传统牛奶中化学成分的差异进行了许多研究。一些研究者强调，在评估有机牛奶和传统牛奶的差异的研究中，很重要的一点是，除了农业系统（有机：传统）之外，所有其他影响牛奶成分的因素都必须完全相同[11]。

有关牛奶蛋白质和碳水化合物的差异的研究经常是相互矛盾的[11]，而脂肪酸组成的研究则基本一致，这是因为牛奶脂肪酸的比例很容易随着日粮的变化而变化。Capuano 等人报道 3 种不同牛奶 [有机牛奶、传统牛奶和放牧奶牛的牛奶（每年至少放牧 120d，每天至少放牧 6h，标为"weidemelk"的牛奶）] 中脂肪酸和甘油三酯组成有一些差异[12]。该研究证实了传统牛奶和有机牛奶在脂肪成分方面存在显著差异。而且，据研究者报道，脂肪酸组成一定程度上可用来对待售的有机牛奶进行认证。

从营养的角度来看，根据一些研究，有机牛奶比传统牛奶含有更少的 Ω-6 脂肪酸和更多的 Ω-3 脂肪酸[13,14]。其中，有机牛奶中 α-亚麻酸、二十碳五烯酸和二十二碳五烯酸的含量比传统牛奶高，尽管存在一些季节性变化。同样，一些研究者在波兰生产的传统牛奶和有机牛奶中也观察到了类似的结果。这些研究者发现有机牛奶中多不饱和脂肪酸和 Ω-3 脂肪酸的含量高于传统牛奶[15]。

在牛奶的脂肪成分中，共轭亚油酸（CLA）——亚油酸的位置和几何异构体——是近年来研究最多的化合物。CLA 的特征是在 8h 和 10h、9h 和 11h、10h 和 12h，或 11h 和 13h 位有共轭双键。在牛奶中，丰度最高的异构体是顺式 9、反式 11（瘤胃酸，占总 CLA 的 75%~90%）。关于 CLA 的生物效应报道很多：瘤胃酸主要具有抗癌作用，而反式 10、顺式 12 异构体能够降低体脂，影响血脂[16,17]。

据多篇论文报道，有机牛奶的脂肪酸谱比传统牛奶含有更多 α-亚麻酸和共轭亚油酸的异构体[13,18]。这种差异可能归因于奶畜饲料（以放牧为主的日粮）的组成，特别是摄入的新鲜饲草和精料数量的差异。放牧奶畜比圈养奶畜的奶含有更多的顺式 9-反式 11 共轭亚油酸，尽管因日粮、奶牛的个体差异、泌乳阶段、饲养制度，或季节不同会有一些差异[19-22]。Butler 等研究发现，在放牧饲养期间，传统（高投入）和有机（低投入）养殖生产的牛奶中 CLA（C18∶2 顺式 9、反式 11）的含量分别为每千克乳脂 8.8g 和 14.1g。但在圈养（以贮存的饲草为主）期间，差异缩小（分别为每千克乳脂 6.2g 和 7.8g）。

通过对意大利有机奶制品和传统奶制品中脂肪酸组成和脂溶性维生素含量的研究，研究者[23]得出如下结论：在几个参数中，顺式 9、反式 11 C18∶2 共轭亚油酸（CLA）/亚麻酸（LA）比值表明，有机牛奶的脂肪优于传统牛奶。而且，这个比值可以用作有机奶制品鉴别的参照标准。

值得一提的是，Palupi 等利用 meta 分析，总结了 29 项关于乳脂的研究。研究表明[24]，有机乳奶品比传统奶制品含有更多的 ALA（α-亚麻酸），Ω-3 脂肪酸，顺式 9-反式 11 共轭亚油酸，反式 11 异油酸，二十碳五烯酸和二十二碳五烯酸。他们还发现前者的 Ω-3 与 Ω-6 的比值以及 Δ9-脱氢酶指数比后者要高得多。同样，最近[25]根据 170 项已发表研究的 meta 分析证实，有机牛奶含有更高的 n-3 多不饱和脂肪酸（PUFAs）和共轭亚油酸。

一些人研究了美国国家有机计划中 Ω-6/Ω-3 脂肪酸的比值，以验证有机牛奶和传统牛奶中脂肪酸含量的差异[14]。在本研究中，传统牛奶两种脂肪酸比值（5.8）高于有机牛奶（2.3）。今天，西方饮食模式的特点是 Ω-6 含量高，Ω-6/Ω-3 的比值非常高（15∶1 或 20∶1），而不是 1∶1[26]，减小这一比值对人类健康有好处。

关于脂溶性维生素的含量，Manzi 等之前的一个研究[27]测定了来自 4 种类型的农场牛奶的营养成分：（1）集约化养殖（使用青贮料）；（2）集约化养殖（使用干草和精料）；（3）集约化养殖（有限度使用干草和精料）；（4）只放牧饲养。第 4 种类型的牧场α-生育酚和β-胡萝卜素含量最高；抗氧化剂保护程度指数（DAP）（以抗氧化剂与氧化对象的摩尔比计算）也有类似的情况。

图1中报告了Manzi等对数据的重新处理[27]。对4类牧场的牛奶样本中脂溶性化合物进行主成分分析（PCA），一定程度上可以将第1、2、3种类型和第4种类型的牛奶区分开来（主要成分：第1种类型47.6%，第2种类型27.6%）。通过对主成分的载荷分析，可以确定原有变量（即已测定的分析值），特别是α-生育酚、β-胡萝卜素和DAP与主要成分的比率。

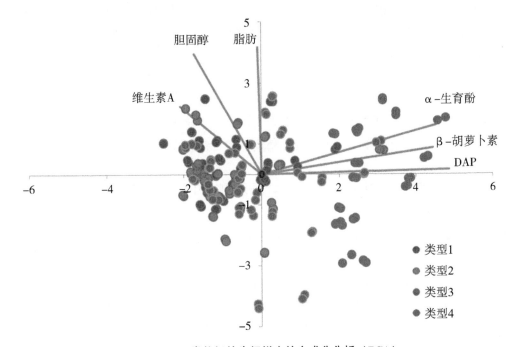

**图1 显示4类牧场的牛奶样本的主成分分析（PCA）**

（1）集约化养殖（使用青贮料）；（2）集约化养殖（使用干草和精料）；（3）集约化养殖（有限度使用干草和精料）；（4）只放牧饲养（改自参考文献[27]）。DAP：抗氧化剂保护程度指数

在这个问题上，值得一提的是最近Puppel等的一项研究中描述了类似的结果，他们采用相同的指数（DAP）来确定波兰在室内饲养季节、放牧饲养季节和补喂玉米粒的放牧饲养季节生产的牛奶的营养价值[29]。Puppel等人的结果证明脂溶性维生素（维生素E、A和β-胡萝卜素）在放牧饲养时和放牧饲养再补喂玉米粒时奶牛生产的牛奶中的含量最高，DAP指数和总抗氧化状态（TAS）值在这些牛奶也是最高的[29]。同样，有人[13,30]证实，低投入养殖体系的牛奶中脂溶性维生素（α-生育酚和类胡萝卜素）的浓度明显高于高投入养殖体系的牛奶。

一般认为牛奶是人体矿物质的一个主要来源[31]。因此，必须重视有机牛奶中的矿物质含量。传统牛奶中的矿物质来自精饲料，而有机牛奶中的矿物质主要来自土壤，特别是来自不同的牧草。这就是为什么有机牛奶会存在微量元素缺乏的原因。然而，Srednicka-Tober 等[25]的研究表明，由于农场管理的差异相对较小，主要矿物质（如钙、镁、磷、和 K）的浓度在有机牛奶和常规牛奶中，并没有很大差异[32]。然而，传统牛奶中碘和硒的浓度高于有机牛奶。

在所有的矿物质中，应该特别注意碘浓度的监测：人需要从食物中获取微量元素，但饮食中往往缺乏这些物质。碘也是如此。碘是合成甲状腺激素所必需的，缺乏碘会导致甲状腺功能减退（甲状腺肿）、不可逆转的脑损伤或智力迟钝。牛奶和奶制品是碘的一个主要食物来源[33]。牛奶中碘的含量受多种因素的影响：饲草中碘的含量、饲料中的致甲状腺肿物质（十字花科植物或大豆、甜菜粕、小米、亚麻籽等）、农场管理（有机或常规农场）。

据测定，有机牛奶中碘的浓度比传统牛奶低 30%~40%[34,35]。在这方面，值得一提的是 Rey-Crespo 等 2013 年在西班牙进行的关于有机牛奶和传统牛奶中必需微量元素和部分重金属残留的研究。这项研究表明，传统牛奶中有部分矿物质（如铜、锌、碘和硒）含量高于有机牛奶，因为其在精饲料中含量较高[36]。

## 3 膳食中有机牛奶脂溶性维生素和碘的营养评价

总的来说，正如 Givens 和 Lovegrove[37] 所强调的，必须从整个膳食的角度来评估有机牛奶和传统牛奶的不同营养价值；他们指出，当从整个膳食的角度来考虑时，有机牛奶提供的脂肪酸的数量与传统牛奶相比，相差非常小。基于 Srednicka-Tober 等[25]的 meta 分析，他们计算了在整个饮食中 PUFA 的实际含量，估算出传统牛奶和有机牛奶多不饱和脂肪酸相差仅 0.44%，Ω-6 脂肪酸相差 0.04%，Ω-3 脂肪酸相差 1.86%[37]。

考虑以上因素，在本研究中，每份有机牛奶和传统牛奶（125g，按意大利膳食指南的标准[38]）提供的部分活性化合物（α-生育酚和 β-胡萝卜素）占整个膳食该营养素的百分比和碘的含量是用欧洲食品安全局（EFSA）采用的膳食参考值计算出来的。

为了进行膳食评价，我们考虑了来自两项不同研究的有机牛奶和传统牛奶的脂溶性维生素含量[27,39]。为了达到实验目的，有机牛奶是在春季和夏季从阿普里安（意大利南部的一个地区）奶牛场收集的[27]，而不同品牌的传统牛奶是从意大利的杂货店和超市收集的[39]。

图 2 分别是每份有机牛奶和传统牛奶提供的维生素 E 和 β-胡萝卜素占膳食需要量的实际百分比（数据来自参考文献[27,39]）。

根据 EFSA，维生素 A 的人群参考摄入量（PRIs）男性是 750μg RE/d，女性是 650μg RE/d[40]。因此，尽管有机牛奶和传统牛奶（无论男性还是女性）有显著的差

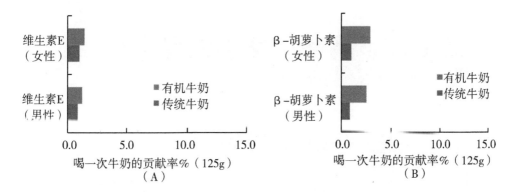

**图 2　（A）每份牛奶（125g）含维生素 E 占每日需要量的百分比；（B）每份牛奶含 β-胡萝卜素占人群维生素 A 参考摄入量的百分比**（评估所用数据来自参考文献[27,39]）

异（$P<0.05$），但每份有机牛奶和传统牛奶含 β-胡萝卜素占维生素 A 日推荐需求量的百分比方面的差异并不一致。

根据 EFSA[41]，健康人群维生素 E（以 α-生育酚计）的需要量，男性为 13mg/d，女性为 11mg/d。因此，虽然无论对男性和女性中来说，每份有机牛奶和传统牛奶之间维生素 E 的贡献率都有显著差异（$P<0.05$），但如果从提供的维生素 E 占整个膳食需要量的比例大小的角度来考虑，则这些差异是可忽略不计的，如图 2 所示。

最后，是评估每份牛奶（125g）含碘占膳食需要量的百分比。碘的膳食需要量采用欧洲食品安全局的人群参考摄入量（18 岁至大于 75 岁成人 150μg/d）[42]。

碘含量数据来自两项不同研究[34,36]。其中，在 Bath 等人[34]的研究中，传统牛奶和有机牛奶都是从英国超市收集的；而在 Rey-Crespo 等的[36]研究中，有机牛奶收集自奶牛场，传统牛奶收集自西班牙北部的奶牛场和超市。在这些研究中，每份牛奶中碘的贡献率[34,36]如图 3 所示。结果表明，有机牛奶碘的贡献率（6.3%[36]和 12.7%[34]）低于常规牛奶（17.1%[36]和 21.4%[34]）。

本研究的重点是脂溶性维生素和碘，主要有两个原因：一是文献中有很多关于传统牛奶和有机牛奶中这些营养素含量的研究；二是脂溶性维生素和碘是有机牛奶和传统牛奶某些营养物质含量有明显差异的两个典型。

关于脂溶性维生素，需要注意的是，奶制品不是维生素 E 的主要来源（在橄榄油和油籽等植物油中大量存在），但被认为是维生素 A 的良好来源。有机牛奶中所含的这些脂溶性维生素与饲料呈正相关，在禾本科牧草、豆科牧草和其他绿色植物中含量最高[30,43]。因此，正如许多研究所揭示的，有机牛奶比传统牛奶含有更多的 α-生育酚和 β-胡萝卜素（只存在于牛奶中）。似乎有必要评估这些营养素含量较高是否会以某种方式给人类健康带来相当大的好处[44]。从本研究中报道的以及从营养评估中获得的脂溶性维生素的初步数据来看，并没有明确的证据显示有推荐饮用有机牛奶的必要。

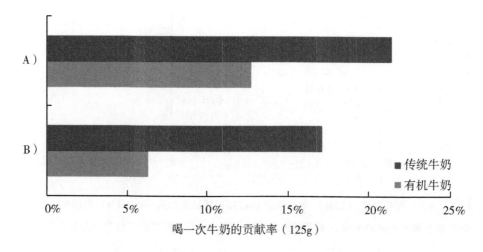

**图 3　每份牛奶（125g）含碘占人群碘参考摄入量的百分比**

进行估计所用数据（A）和（B）分别来自参考文献[34]和[36]。

同时，对碘的营养贡献评价表明，有机牛奶不能提供令人满意的日摄入量。影响牛奶碘含量的因素有多种，如饲料中含碘添加剂的水平、饲料中碘的拮抗剂（如硫代葡萄糖苷）或农场管理制度。常规养殖中经常使用含碘矿质混合物是导致常规牛奶中碘含量较高的原因之一。

碘是人类营养的一种重要元素。它对甲状腺激素调节细胞代谢，以及身体的正常生长发育都是必不可少的。从这个角度来看，牛奶是碘的重要来源。我们对有机奶的这些评价并不是想说食用有机牛奶毫无用处，我们这些观点可能会促使农民去改进产品和奶牛的饲料成分，我们只是想建议养殖者选择适当的有机农场方案，保持高标准的动物福利，提高有机奶对人类的有益影响。

# 4　结论

如今，消费者更加关注食品的质量和安全，他们知道有机食品生产过程中限制抗生素和激素的使用，可以满足这些需求。因此，研究人员的注意力应该集中在有机食品的消费如何给人类健康带来好处。

确定有机食品是否具有潜在的营养优势并不简单，关于这一方面的综述也越来越多[46,47]。然而，进行流行病学或干预研究并不简单，因为食用有机食品和奶制品的个体通常有不同的生活方式，这在此类研究的定义中也应该加以考虑。正如一些研究者最近所报道的[48]，目前还未进行长期的队列研究或饮食干预对照研究来比较基于有机或传统食物的饮食的效果。在这种情况下，有机牛奶价格高的理由只能由有机农场管理成本高来解释。

此外，值得一提的是，一些研究者认为[49]，有机农业实践通常对环境有积极的影响。然而，由于有机农场和传统农场各自千差万别，因而这一考虑也不应一概而论。

从营养的角度来看，根据这些初步结果，食用有机牛奶对人体健康没有显著或实质性的好处。在这方面，虽然还需要进一步的研究，但本文的目的是为估计有机食品的潜在价值和营养健康效益做出一点贡献。在此背景下，本研究想指出，评估有机牛奶营养益处的正确方法，首先必须考虑其所提供的营养素占整个膳食需要量的实际比例。

# 参考文献

［1］ Willer, H.; Yussefi, M.; Sorensen, N. The World of Organic Agriculture: Statistics and E-merging Trends; IFOAM: Bonn, Germany; FiBL: Frick, Switzerland, 2009.

［2］ Costa, S.; Zepeda, L.; Sirieix, L. Exploring the social value of organic food: A qualitative study in france. Int. J. Consum. Stud. 2014, 38: 228-237.

［3］ Organic Milk Market Report 2017. Available online: http://www.omsco.co.uk/marketreport (accessed on 24 July 2017).

［4］ Hughner, R. S.; McDonagh, P.; Prothero, A.; Shultz, C. J.; Stanton, J. Who are organic food consumers? A compilation and review of why people purchase organic food. J. Consum. Behav. 2007, 6: 94-110.

［5］ Rosati, A.; Aumaitre, A. Organic dairy farming in europe. Livest. Prod. Sci. 2004, 90: 41-51.

［6］ Bani, P.; Sandrucci, A. Yield and quality of milk produced according to the organic standards. Sci. Tec. Latt.-Casearia 2003, 54: 267-286.

［7］ Mueller, C.; de Baan, L.; Koellner, T. Comparing direct land use impacts on biodiversity of conventional and organic milk—Based on a swedish case study. Int. J. Life Cycle Assess. 2014, 19: 52-68.

［8］ Sundberg, T.; Berglund, B.; Rydhmer, L.; Strandberg, E. Fertility, somatic cell count and milk production in swedish organic and conventional dairy herds. Livest. Sci. 2009, 126: 176-182.

［9］ Müller-Lindenlauf, M.; Deittert, C.; Köpke, U. Assessment of environmental effects, animal welfare and milk quality among organic dairy farms. Livest. Sci. 2010, 128: 140-148.

［10］ Stiglbauer, K. E.; Cicconi-Hogan, K. M.; Richert, R.; Schukken, Y. H.; Ruegg, P. L.; Gamroth, M. Assessment of herd management on organic and conventional dairy farms in the united states. J. Dairy Sci. 2013, 96: 1290-1300.

［11］ Schwendel, B. H.; Wester, T. J.; Morel, P. C.; Tavendale, M. H.; Deadman, C.; Shadbolt, N. M.; Otter, D. E. Invited review: Organic and conventionally produced milk-an evaluation of factors influencing milk composition. J. Dairy Sci. 2015, 98: 721-746.

[12] Capuano, E.; Gravink, R.; Boerrigter-Eenling, R.; van Ruth, S. M. Fatty acid and triglycerides profiling of retail organic, conventional and pasture milk: Implications for health and authenticity. Int. Dairy J. 2015, 42: 58-63.

[13] Butler, G.; Nielsen, J. H.; Slots, T.; Seal, C.; Eyre, M. D.; Sanderson, R.; Leifert, C. Fatty acid and fat-soluble antioxidant concentrations in milk from high-and low-input conventional and organic systems: Seasonal variation. J. Sci. Food Agric. 2008, 88: 1431-1441.

[14] Benbrook, C. M.; Butler, G.; Latif, M. A.; Leifert, C.; Davis, D. R. Organic production enhances milk nutritional quality by shifting fatty acid composition: A united states-wide, 18-month study. PLoS ONE 2013, 8: e82429.

[15] Popovic-Vranjes, A.; Savic, M.; Pejanovic, R.; Jovanovic, S.; Krajinovic, G. The effect of organic milk production on certain milk quality parameters. Acta Vet. 2011, 61: 415-421.

[16] Kelley, N. S.; Hubbard, N. E.; Erickson, K. L. Conjugated linoleic acid isomers and cancer. J. Nutr. 2007, 137: 2599-2607.

[17] Churruca, I.; Fernández-Quintela, A.; Portillo, M. P. Conjugated linoleic acid isomers: Differences in metabolism and biological effects. BioFactors 2009, 35: 105-111.

[18] Butler, G.; Nielsen, J. H.; Larsen, M. K.; Rehberger, B.; Stergiadis, S.; Canever, A.; Leifert, C. The effects of dairy management and processing on quality characteristics of milk and dairy products. NJAS Wagening. J. Life Sci. 2011, 58: 97-102.

[19] Kelsey, J.; Corl, B. A.; Collier, R. J.; Bauman, D. E. The effect of breed, parity, and stage of lactation on conjugated linoleic acid (CLA) in milk fat from dairy cows. J. Dairy Sci. 2003, 86: 2588-2597.

[20] Elgersma, A.; Tamminga, S.; Ellen, G. Modifying milk composition through forage. Anim. Feed Sci. Technol. 2006, 131: 207-225.

[21] Collomb, M.; Schmid, A.; Sieber, R.; Wechsler, D.; Ryhänen, E.-L. Conjugated linoleic acids in milk fat: Variation and physiological effects. Int. Dairy J. 2006, 16: 1347-1361.

[22] Butler, G.; Collomb, M.; Rehberger, B.; Sanderson, R.; Eyre, M.; Leifert, C. Conjugated linoleic acid isomer concentrations in milk from high-and low-input management dairy systems. J. Sci. Food Agric. 2009, 89: 697-705.

[23] Bergamo, P.; Fedele, E.; Iannibelli, L.; Marzillo, G. Fat-soluble vitamin contents and fatty acid composition in organic and conventional italian dairy products. Food Chem. 2003, 82: 625-631.

[24] Palupi, E.; Jayanegara, A.; Ploeger, A.; Kahl, J. Comparison of nutritional quality between conventional and organic dairy products: A meta-analysis. J. Sci. Food Agric. 2012, 92: 2774-2781.

[25] Srednicka-Tober, D. ; Baranski, M. ; Seal, C. J. ; Sanderson, R. ; Benbrook, C. ; Steinshamn, H. ; Gromadzka-Ostrowska, J. ; Rembialkowska, E. ; Skwarlo-Sonta, K. ; Eyre, M. ; et al. Higher pufa and n-3 pufa, conjugated linoleic acid, alpha-tocopherol and iron, but lower iodine and selenium concentrations in organic milk: A systematic literature review and meta-and redundancy analyses. Br. J. Nutr. 2016, 115: 1043-1060.

[26] Simopoulos, A. P. The importance of the ratio of omega-6/omega-3 essential fatty acids. Biomed. Pharmacother. 2002, 56: 365-379.

[27] Manzi, P. ; Pizzoferrato, L. ; Rubino, R. ; Pizzillo, M. Valutazione di composti della frazione insaponificabile del latte vaccino proveniente da diversi tipi di allevamento. In Atti del 10° Congresso Italiano di Scienza e Tecnologia Degli Alimenti; Porretta, S. , Ed. ; Chiriotti: Pinerolo, Italy, 2012; pp. 482-486.

[28] Pizzoferrato, L. ; Manzi, P. ; Marconi, S. ; Fedele, V. ; Claps, S. ; Rubino, R. Degree of antioxidant protection: A parameter to trace the origin and quality of goat's milk and cheese. J. Dairy Sci. 2007, 90: 4569-4574.

[29] Puppel, K. ; Sakowski, T. ; Kuczynska, B. ; Grodkowski, G. ; Golebiewski, M. ; Barszczewski, J. ; Wrobel, B. ; Budzinski, A. ; Kapusta, A. ; Balcerak, M. Degrees of antioxidant protection: A 2-year study of the bioactive properties of organic milk in poland. J. Food Sci. 2017, 82: 523-528.

[30] Mogensen, L. ; Kristensen, T. ; Søegaard, K. ; Jensen, S. K. ; Sehested, J. Alfa-tocopherol and beta-carotene in roughages and milk in organic dairy herds. Livest. Sci. 2012, 145: 44-54.

[31] Cashman, K. D. Milk minerals (including trace elements) and bone health. Int. Dairy J. 2006, 16: 1389-1398.

[32] Poulsen, N. A. ; Rybicka, I. ; Poulsen, H. D. ; Larsen, L. B. ; Andersen, K. K. ; Larsen, M. K. Seasonal variation in content of riboflavin and major minerals in bulk milk from three danish dairies. Int. Dairy J. 2015, 42: 6-11.

[33] Chambers, L. Iodine in milk—Implications for nutrition? Nutr. Bull. 2015, 40: 199-202.

[34] Bath, S. C. ; Button, S. ; Rayman, M. P. Iodine concentration of organic and conventional milk: Implications for iodine intake. Br. J. Nutr. 2012, 107: 935-940.

[35] Payling, L. M. ; Juniper, D. T. ; Drake, C. ; Rymer, C. ; Givens, D. I. Effect of milk type and processing on iodine concentration of organic and conventional winter milk at retail: Implications for nutrition. Food Chem. 2015, 178: 327-330.

[36] Rey-Crespo, F. ; Miranda, M. ; López-Alonso, M. Essential trace and toxic element concentrations in organic and conventional milk in nw spain. Food Chem. Toxicol. 2013, 55: 513-518.

[37] Givens, D. I. ; Lovegrove, J. A. Invited commentary: Higher pufa and n-3 pufa, conjugated linoleic acid, alpha-tocopherol and iron, but lower iodine and selenium concentrations in organic milk: A systematic literature review and meta-and redundancy analyses. Br. J. Nutr.

2016, 116: 1-2.

[38] SINU Società Italiana di Nutrizione Umana. Larn-Livelli di Assunzione di Riferimento di Nutrienti ed Enregia per la Popolazione Italiana; SICS: Milan, Italy, 2014.

[39] Manzi, P.; di Costanzo, M. G.; Mattera, M. Updating nutritional data and evaluation of technological parameters of italian milk. Foods 2013, 2: 254-273.

[40] EFSA Panel on Dietetic Products, Nutrition and Allergie. Scientific opinion on dietary reference values for vitamin A. EFSA J. 2015, 13: 4028.

[41] EFSA Panel on Dietetic Products, Nutrition and Allergie. Scientific opinion on dietary reference values for vitamin E as α-tocopherol. EFSA J. 2015, 13: 4149.

[42] EFSA Panel on Dietetic Products, Nutrition and Allergie. Scientific opinion on dietary reference values for iodine. EFSA J. 2014, 12: 3660.

[43] Agabriel, C.; Cornu, A.; Journal, C.; Sibra, C.; Grolier, P.; Martin, B. Tanker milk variability according to farm feeding practices: Vitamins A and E, carotenoids, color, and terpenoids. J. Dairy Sci. 2007, 90: 4884-4896.

[44] Fiedor, J.; Burda, K. Potential role of carotenoids as antioxidants in human health and disease. Nutrients 2014, 6: 466-488.

[45] Flachowsky, G.; Franke, K.; Meyer, U.; Leiterer, M.; Schöne, F. Influencing factors on iodine content of cow milk. Eur. J. Nutr. 2014, 53: 351-365.

[46] Jensen, M. Comparison between conventional and organic agriculture in terms of nutritional quality of food—A critical review. CAB Rev. 2013, 8: 1-13.

[47] Huber, M.; Rembiałkowska, E.; 'Srednicka, D.; Bügel, S.; van de Vijver, L. P. L. Organic food and impact on human health: Assessing the status quo and prospects of research. NJAS Wagening. J. Life Sci. 2011, 58: 103-109.

[48] Baranski, M.; Rempelos, L.; Iversen, P. O.; Leifert, C. Effects of organic food consumption on human health: the jury is still out! Food Nutr. Res. 2017, 61: 1287333.

[49] Tuomisto, H. L.; Hodge, I. D.; Riordan, P.; Macdonald, D. W. Does organic farming reduce environmental impacts? — A meta-analysis of european research. J. Environ. Manag. 2012, 112: 309-320.